浙江省高职院校"十四五"重点立项建设教材

校企合作开发教材　中高职一体化教材

高等职业教育教学改革融合创新型教材·旅游类

茶道美学

Chadao Meixue

张海琼　主　编

瞿小丹　吴曼东　副主编

东北财经大学出版社　大连

Dongbei University of Finance & Economics Press

图书在版编目（CIP）数据

茶道美学 / 张海琼主编 . —大连：东北财经大学出版社，2024.12．—（高等职业教育教学改革融合创新型教材·旅游类）．—ISBN 978-7-5654-5000-6

Ⅰ.TS971.21

中国国家版本馆CIP数据核字第2024JX4306号

东北财经大学出版社出版

（大连市黑石礁尖山街217号　邮政编码　116025）

网　　址：http://www.dufep.cn

读者信箱：dufep@dufe.edu.cn

大连市东晟印刷有限公司印刷　　　东北财经大学出版社发行

幅面尺寸：185mm×260mm　　字数：276千字　　印张：12.75

2024年12月第1版　　　　　　2024年12月第1次印刷

责任编辑：魏　巍　徐　群　　责任校对：赵　楠　张晓鹏

　　　　　赵宏洋　宋雪凌　　　　　　　　石建华

封面设计：原　皓　　　　　　版式设计：原　皓

定价：36.00元

前　言

茶，源于自然，融于文化，是中华优秀传统文化的重要载体，亦是美学艺术的独特表现形式。茶道美学，不仅是对茶文化的深入探索，而且是对人生哲学与审美理念的精致追求。

本书旨在全面且系统地介绍茶道美学的理论与实践，引领读者走进茶的世界，感受茶的魅力，领悟茶的智慧。具体来说，本书具有以下特点：

1.融入思政元素，文化铸魂育人

党的二十大报告指出，"坚守中华文化立场，提炼展示中华文明的精神标识和文化精髓""深化文明交流互鉴，推动中华文化更好走向世界"。本书在编写过程中，以党的二十大精神为指引，深入挖掘茶道美学中蕴含的思政元素，通过设置"启智润心"栏目，探寻茶道美学的精神内涵，让学生在了解茶文化的过程中增强对中华优秀传统文化的认同感和自豪感，培养学生的工匠精神，厚植行业情怀和家国情怀。

2.项目任务式编写，彰显实用性

本书采用项目引领、任务驱动的编写方式，包括8个项目25个任务。项目一至项目三从理论层面对茶道美学进行深入剖析，通过介绍茶道美学的发展历程，分析茶道美学的审美特点和审美价值，帮助学生树立正确的审美观念，提升审美素养；项目四至项目八通过实践操作和案例分析对茶道美学进行运用，通过观色、闻香、品味、辨形等方式感受茶叶的色、香、味、形之美，通过了解茶具的制作工艺和历史背景感受茶具的艺术魅力和文化内涵，通过运用美学原理进行茶艺创作感受茶艺表演的艺术性和观赏性，通过了解茶空间的设计要求感受既符合茶道精神又充满艺术气息的品茗环境。

3.产教融合，对接岗位需求

本书编写团队积极响应产教融合的职业教育理念，与茶叶生产企业、茶艺馆等单位建立紧密的合作关系，通过校企合作、产学研结合等方式对接岗位需求，将茶道美学的理论知识与实践应用相结合，培养既具备理论知识又具备实践能力的茶道美学人才。

4.资源丰富，体验沉浸式学习

本书充分利用现代信息技术，打造丰富的数字资源，包括"茶课视频""茶诗赏析""茶画鉴赏""在线测评"等，并通过二维码的方式进行呈现，方便学生随时随地进行沉浸式学习。

本书由张海琼任主编，瞿小丹、吴曼东任副主编，同时邀请企业负责人、技能大师、中职学校骨干教师共同编写，具体编写分工如下：浙江工贸职业技术学院张海琼编写项目一；浙江工贸职业技术学院瞿小丹、温州华侨职业中等专业学校唐瑶佩共同编写项目二；苍南县江暖茶艺评茶技能大师工作室江暖编写项目三、项目四的任务一和任务二；温州市蔓享茶院文化发展有限公司二级茶艺师林鑫玉编写项目四的任务三；常州工业职业技术学院方静编写项目五；国家一级茶艺师、一级评茶师吴微颐编写项目六；浙江省"百千万"高技能领军人才培养工程优秀技能人才、温州市技能大师工作室领衔人吴曼东编写项目七和项目八。全书由张海琼总纂定稿。

　　本书在编写过程中，虽经反复校对，但由于编者水平所限，难免存在疏漏之处，恳请广大读者批评指正，我们将不胜感激。

编　者

2024 年 9 月

目　录

数字资源目录

续表

1

项目一　茶道寻根与美学传承

项目概述

　　茶道是有关人类品茗活动的根本规律，是从回甘体验、茶事审美升华到生命体悟的必由之路。中华茶道是自然之真、人文之善、艺术之美的统一，是待人以真、示人以善、予人以美的统一，更是艺术、仪礼与修行的统一，包含了一整套行之有效的通过品茗来享受生活、完善自我、体悟人生的研修方法。中华茶道内容丰富、体系完备、形式多样，虽历经千年；仍具有顽强的生命力。一方面，它植根于中华优秀传统文化的深厚土壤，贴近人们的心灵世界，带给人们宁静平和的审美体验；另一方面，它与健康、优雅、美好等现代生活追求的理念相结合，成为一种时尚之饮、快乐之饮和唯美之饮。

项目目标

知识目标 | 1.理解中国茶之源、茶道之源。
2.了解中国历代茶文化的发展变化。
3.掌握中国历代茶审美的变化。

能力目标 | 1.能够分析中国茶文化的内涵。
2.能够分析中国茶道的内涵。
3.能够运用茶道美学知识指导现实生活。

素养目标 | 1.深刻感悟中华优秀传统文化，坚定文化自信。
2.做弘扬中华优秀传统文化的传播者。

任务一 探究茶道源头

◎ 任务导入

《道德经》以"道可道,非常道;名可名,非常名"开篇。何为"道"?"道"是一个无所不在又无迹可寻、包罗万象又难以言传的概念,它是万物的起源和万物运行演化的规律。"道"在中华文化体系中占有非常重要的地位,可以说是中国古代哲学的核心范畴。那么,什么是"茶道"呢?

◎ 知识探究

中国是最早发现茶、种植茶、饮用茶的国家,也是世界茶文化的发祥地。世界上其他地方的植茶种子、产茶技艺、饮茶风俗等,无不是直接或间接地来自中国。如今,世界上种植茶的国家已遍布五大洲。茶是世界三大饮品之一,也是世界上仅次于水的健康饮料。但是茶的"根"在中国,这是中华民族对人类文明发展做出的重大贡献。

一、茶之源

一片树叶,惠及众生。茶不仅是人们日常生活的必需品,而且是人们交流感情、陶冶情操的天然媒介。茶穿越历史,跨越国界,融入人们的生活,发挥着多元文化功能,与经济、政治、社会、文化、生态、健康等各个方面密切相关。

追溯茶的源头,从茶的价值演变过程来看,茶的饮用大致经过药用→食用→饮用三个阶段。

(一)茶的药用

在中国浩瀚的古籍中,有关茶的记载可谓数不胜数。《神农本草经》中记载:"神农尝百草,日遇七十二毒,得荼而解之。"这里的"荼"即"茶",意思是神农氏为考察对人有用的植物亲自尝百草,多次中毒,吃了茶后解除了身上的毒。所以现在一般认为是神农氏发现并利用了茶。《尔雅》中记载:"檟,苦荼。"这说明周朝初期,人们便使用茶了。《华阳国志》中记载:"周武王伐纣,实得巴蜀之师……丹、漆、茶、蜜……皆纳贡之。"茶原产于以大娄山为中心的云贵高原,后随江河交通流入四川。武王伐纣,西南诸夷从征,蜀人将茶带入中原,周公知茶,当有所据。此时,茶主要是药用。

(二)茶的食用

《晏子春秋》中记载,晏婴为齐相时,吃的是粗粮饭,还有三五样烧烤的禽鸟、蛋类,除此之外,只吃些茶和蔬菜,由此认为春秋时有以茶为菜的阶段。一些少数民族保留了茶叶入菜的生活习惯,杭帮菜中有一道名菜叫"龙井虾仁",日常生活中人们常吃茶叶蛋……虽然有关茶的食用始于何时已无从考证,但可以看出人们有以茶为食的生活习俗。

(三)茶的饮用

我国饮茶最早的地区是西南产茶之地,饮茶的正式记载见于汉代。《华阳国志》

中记载："自西汉至晋，二百年间，涪陵、什邡、南安（今剑阁）、武阳（今彭山）皆出名茶。"顾炎武所著《日知录》中记述："自秦人取蜀而后，始有茗饮之事。"饮茶的风俗是在秦国吞并巴蜀之后，随着巴蜀和中原交流的增加而传入的。茶在这一时期被大量饮用有两个原因：一是秦统一六国后，随着交通的发展，滇蜀之茶已北向秦岭，东入两湖之地，从西南走向中原，这一点已被考古发现证明。例如，湖南长沙马王堆汉墓中曾出土了一箱茶。又如，湖北江陵马山曾发现西汉墓群，其中168号汉墓中出土了一具古尸，同时还出土了一箱茶叶。墓主人为西汉文帝时人，这说明西汉初期贵族中就有以茶为随葬品的风气。二是此时茶已从由原生树采摘发展到人工种植。我国自何时开始人工植茶尚有争议，庄晚芳先生根据《华阳国志》中"园有芳蒻、香茗"的记载，认为周武王封宗室于巴，巴王园中已有茶，说明人工植茶始于周初。

经过学者们的研究，中国饮茶历史经历了秦汉的启蒙、六朝的萌芽、唐代的确立、宋代的兴盛、明清的简化和普及等阶段。

二、茶道之源

中国人不轻言"道"，饮茶并称之为"道"，那便是领悟到了真谛。茶道就是由饮茶延伸出的沏茶技艺、精神内容、礼仪形式的交融结合，使茶人得其道、悟其理，求得主观与客观、精神与物质、个人与群体，乃至人类与自然、宇宙和谐统一的大道。中国茶道源远流长，自唐起源，于宋发扬，于明改革，于清盛极，传承至今。

"茶道"一词最早是唐代僧人皎然提出来的，其在《饮茶歌诮崔石使君》诗中言："三饮便得道，何须苦心破烦恼……孰知茶道全尔真，唯有丹丘得如此。"皎然认为，饮茶能清神、得道，茶和道之间有某种内在联系，神仙丹丘子深谙其中之道。

唐代封演所著《封氏闻见记·卷六·饮茶》中记载："楚人陆鸿渐为茶论，说茶之功效并煎茶炙茶之法，造茶具二十四事，以都统笼贮之。远近倾慕，好事者家藏一副。有常伯熊者，又因鸿渐之论广润色之。于是茶道大行，王公朝士无不饮者。"唐代，在陆羽所著《茶经》的影响下，加上常伯熊的润色，饮茶之风盛行，茶成为王公贵族和文人雅士的挚爱。当时社会上茶宴已经很流行，宾主在以茶代酒的社交活动中，品茗赏景，各抒胸臆。

明代茶人张源在《茶录》一书中单列"茶道"一条，记载："造时精，藏时燥，泡时洁。精、燥、洁，茶道尽矣。"张源将茶道的内容概括为"造茶要精、藏茶要燥、泡茶要洁"三个方面，认为做到这三点才是茶道。张源对茶道的理解，更多侧重于技术方法。

我国也是最早发掘茶道精神内涵的国家。唐代陆羽在《茶经》中极富创意地提出了"精行俭德"的茶道精神，由于这属于茶文化的重要范畴，因此引起了人们的广泛关注。"茶之为用，味至寒，为饮最宜精行俭德之人。"在陆羽看来，喝茶不再是单纯地满足解渴的生理需要，而是对饮茶之人提出了品德的要求，饮茶者应是具有俭朴美德之人。陆羽的茶人精神其实就是茶道精神。

茶事趣读1-1　　　　　　　　　　陆羽

陆羽（733—804年），名疾，字鸿渐，又字季疵，唐代复州竟陵（今湖北天门）人，唐代茶学家、茶文化奠基人。陆羽一生嗜茶，精于茶道，以著《茶经》而闻名于世，对世界茶业发展做出了卓越贡献，被誉为"茶仙"，尊为"茶圣"，祀为"茶神"。

天宝十五年（756年），陆羽为考察茶事，出游巴山峡川。一路上，他逢山驻马采茶，遇泉下鞍品水，目不暇接，口不暇访，笔不暇录，锦囊满获。

乾元元年（758年），陆羽来到升州（今江苏南京），寄居栖霞寺，钻研茶事。

上元元年（760年），陆羽从栖霞山麓来到苕溪（今浙江吴兴），隐居山间，闭门著《茶经》。其间常深入农家，采茶觅泉，评茶品水，或诵经吟诗，杖击林木，每每至日黑兴尽方归。

资料来源　佚名.陆羽［EB/OL］.［2020-05-13］.https://www.zhongguodiqing.cn/gjmr/202005/t20200513_5128070.shtml.

继陆羽之后，唐代刘贞亮又提出"饮茶十德"，即"以茶散郁气，以茶驱睡气，以茶养生气，以茶驱病气，以茶树礼仁，以茶表敬意，以茶尝滋味，以茶养身体，以茶可行道，以茶可雅志。"其中，"树礼仁""表敬意""可行道""可雅志"等就属于茶道的范畴。

宋徽宗赵佶在《大观茶论》中云："至若茶之为物，擅瓯闽之秀气，钟山川之灵禀，祛襟涤滞，致清导和，则非庸人孺子可得而知矣……"他把茶道精神概括为"祛襟、涤滞、致清、导和"四个方面，认为茶的芬芳能使人闲和宁静、趣味无穷。

三、茶道内涵

在博大精深的中国茶文化中，茶道是核心，是灵魂。关于茶道，我们可以做如下解读：

（一）"茶"字解读

"茶"字的构成，是典型的"人"在"草""木"中。这里包含三层含义：第一，茶是以"人"为中心的，茶叶是上天赐予人类的一款珍贵饮品，是一种特殊的人文关怀；第二，草木都是大自然的产物，人在其中，意味着人与大自然和谐共处，对现代人来说，品茶也意味着回归自然；第三，"茶"字可以拆解为"十""十""八十八"，加在一起为一百零八，也就是人们通常所说的"茶寿"，寓意健康和长寿。

（二）"道"字解读

"道"是中华优秀传统文化的精髓，它无形无状，却能生养万物，包容天地。

1.道家之"道"

从道家方面来看，道是自然。《道德经》中言："道生一，一生二，二生三，三生万物。"《韩非子·解老》中曰："道者，万物之所然也，万理之所稽也。"《易经》中强调："形而上者谓之道，形而下者谓之器。"道是天地万物的起源和万物运行演化的规律，主要用来说明世界的本原、本体、规律或原理。道无处不在、无时不有，它存在于山川湖泊、日月星辰之中，存在于一花一草、一枝一叶之中，也存在于我们的平凡生活之中。道者，人必由之路也，如生、老、病、死就体现了人生的自然规律。

2.儒家之"道"

从儒家方面来看，道是仁，仁即好的道德。孔子首先把仁作为儒家最高道德规范，提出了以仁为核心的一套学说。《论语·述而》中言："子曰：'志于道，据于德，依于仁，游于艺。'"孔子说培养学生要以道为志向，以德为根据，以仁为凭借，活动于六艺的范围之中，使学生得到全面均衡的发展。孔子的思想以"仁"为本，"仁"的内容包含甚广，但核心是爱人。"仁"字从人从二，也就是人们互存、互助、互爱的意思，故其基本含义是指对他人的尊重和友爱。世界万物本是一体，整个世界乃至整个宇宙都是我们自己，就像我们梦中的境界一样，里面的任何情节、人物、环境其实都是我们自己。

3.佛家之"道"

从佛家方面来看，道是真如。佛家是通过"禅"到达真如，真如就是本性。佛家认为，人的世俗生命是虚假的，不是人的本来生命。世俗生命的状态无论福与祸，都是虚幻的"空"，其本质都是"苦"。人存在的意义就是摆脱这种"苦"，达到生命的真实状态。"道"是消灭"苦"的道路。佛家讲修心，修心的方式即"禅"。佛家以修禅来静心，不仅仅讲究坐禅，更重视在实际生活中处处修行参悟。

（三）茶与"道"的融合

在汉语语境中，"道"具有特殊的崇高地位，是不能轻言的。"道"可用"艺""术""法""功"来表示，如"花艺""棋术""拳法""武功（术）"等。但茶独能与"道"合称，足以说明中国人对茶的格外看重，也足以体现"茶道"一词的特殊意义。

茶道是茶与道的结缘，是形而下的物质载体与形而上的道德理念的成功融合。在我国古代文学史上有"文以载道"之说，那么在茶文化领域里，"茶以载道"是完全可能的。所谓"茶以载道"，是指茶的精神可以融合在道中，道也可以融合在茶中，二者可以互融互通。原因是茶清和、淡雅、空灵的品质与道空灵、纯真、静寂的特性相吻合，具备可以融合的条件。

道是无形的，是难以描述、表达和超越的，即"道可道，非常道"；茶则是有形的，是直观的、体验的、平和的。茶文化作为一种重参与、重体验、重直观的中介性文化形态，为人们接近道、体验道、感悟道提供了一种有效的方式。以茶为媒介和平台，使难以捉摸、难于言表的道不再遥不可及，人们可以在轻松优雅的茶汤品饮艺术中，在平静柔和的氛围中，去感受道、参悟道。这一过程就是谈茶论道，由艺入道，品茶修道，饮茶悟道。

茶道应有深厚的思想、艺术和文化的积淀。茶道的思想内涵、艺术表现和文化土壤是构成茶道体系的主要内容。我国不仅有着悠久的饮茶历史，形成了饮茶的群体与文化氛围，发展出各种规范、优美的茶艺，而且在品茶过程中有着明确的精神诉求，并且与道家、儒家等思想融会贯通，因此称为茶道实至名归。

"茶道"既行，饮茶便不仅是为了消暑解渴，更是一种艺术的、审美的、与某种形而上的价值目的相联系的生活方式，以及生命存在的终极意义的追求方式。茶道在历史的长河中积淀为一种国粹文化，是基于饮茶活动的过程，内容涉及选茶、择水、识器、烹技、选境等一系列内容。

（四）茶道内涵的具体体现

1. 回甘体验

回甘是一种生理上的味觉感受。陆羽在《茶经》中记载："啜苦咽甘，茶也。"先喝一口，茶给人苦涩的感觉；咽下去之后，却徐徐有甘甜的回味，这就是茶的味觉特性——苦后回甘。其科学依据在于，茶中含有多种成分，其中，咖啡碱呈苦味，茶多酚呈涩味，氨基酸呈酸味，可溶性糖类呈甘甜味。喝茶时，舌头对滋味的感觉顺序不同，先感觉到苦味，再感觉到甜味。当呈甘甜味的物质较多时，就会有苦后回甘的感觉。

回甘又是一种心理上的奇妙体验。好茶和劣茶之分在于，好茶在苦涩之后会有回甘，让人觉得感动，劣茶却只有苦涩。趋甘避苦是人的天性，茶先予人以苦，再示人以甘，在苦与甘的鲜明对比中带给人们心灵上的触动。品茶讲究品三口，即"一苦二甜三回味"。感受茶汤入口后真实、自然、纯粹、本性的变化，领略茶性独一无二的色、香、味的美好，体验回甘、生津等各种滋味的巧妙转换及茶性、茶气，如同感悟人生的沉浮与变换。回甘体验是茶道生活的基础，也是茶道艺术的独特方法。不同的年龄阶段，不同的人生经历，对于茶的回甘有不同的体验。所以说，品味人生，犹如饮茶，甘苦自味，冷暖自知。关于回甘的艺术表现，吴远之、吴然在《茶悟人生》一书中有一段文字写得很有意思："茶之甘不同于蔗之甜。茶之甘是一种隐性的甜，是一种含有糖的成分而其鲜明特征却被消解掉的甜；甜藏身于茶中却不扮演标志性角色，存在于茶中却难以捕捉到它的身影；茶不以甜见长却以回甜诱人，茶貌似给人以苦，实则悄悄予人以甘。"

回甘可以引发人们对人生意义的思考。茶超越其他饮料的独特之处，在于通过苦后回甘这种含蓄的方式，传达出一种深刻的人生寓意，引人思考，耐人回味。五代吴越诗人皮光业说过"未见甘心氏，先迎苦口师"，茶的"苦口师"称号，有"良药苦口利于病，忠言逆耳利于行"的寓意。人生的旅途，不乏困难与挫折，也不乏痛苦与考验，面对这些困难和痛苦，如果知难而退，我们就会一事无成；只有勇往直前、意志坚定地走下去，才能取得最终的胜利。"宝剑锋从磨砺出，梅花香自苦寒来""千淘万漉虽辛苦，吹尽狂沙始到金"的诗句催人奋进，从这个角度看，回甘具有激励人生和启迪智慧的效果。诚如《孟子·告子下》中所言："故天将降大任于是人也，必先苦其心志，劳其筋骨……"先苦后甜的回甘体验体现了人生奋斗的真谛：没有辛勤的耕耘，就没有收获的喜悦。甘是对苦的回报，只有理解苦，才能享受甘。苦后回甘是一种生理上和心理上的回偿机制，也是我们学习茶道的不二法门。

2. 茶事审美

马克思说："社会的进步就是人类对美的追求的结晶。"美是能够使人们感到愉悦的一切事物。东汉许慎在《说文解字》中云："美，甘也。从羊从大。"因此，"美"有味道甘美的意思。"美"也称"美律"，美是茶的事物，律是茶的秩序。治茶事，必先洁其身，而正其心，并且与品茶的环境、器具、秩序之美融为一体。

审美是人类掌握世界的一种独特方式，是人与世界形成的一种非功利的、形象的和情感的关系状态，是一种主观心理活动的过程。陆羽对茶道的贡献，在于他发现、挖掘并向世人展示了茶事的人文之美，将茶事与美学结合，从而开启了中国茶文化的新时代。茶事审美是茶道的艺术化表现，是茶道理念与美学规律的完美结合。茶事审美的过程就是用自己的眼、鼻、口来欣赏茶的色、香、味、形等实物之美，再用心灵去感受茶的静、雅、朴、真等精神意境之美。茶是一种以水冲泡的饮品，更是一种能够陶冶情操，使人们在喧嚣尘世得以静心、凝神的精神饮料。

茶事之美，可在六个要素中展现：人之美、茶之美、水之美、器之美、境之美、艺之美。人之美是社会美的核心。茶由人制，境由人创，水由人择，茶具、器皿组合由人所选，茶艺由人编排、演示。人在这些美的事物中发挥着纽带的作用，也展示着人本身的美。所以，茶道美首先是人之美，以艺示道中要表现茶人的仪态美、神韵美、语言美和心灵美。其中，心灵美是茶事审美中对人的最高要求，因为它是人的内在品质的真正依托，是人的思想、情操、意志、道德和行为美的综合体现。心灵美只有与仪态美、神韵美、语言美等表层的美相和谐，才能够造就出茶人完整的美。心灵美的核心是善。孟子认为，善心包括"仁、义、礼、智"，即恻隐之心、羞恶之心、辞让之心、是非之心，而在现代社会，还应该加上爱国之心，从而构成心灵美的五个方面。

长期以来，茶道一直承担着中国社会美学启蒙和教育的功能。中国绝大部分艺术形态都是从茶道中汲取营养的，而茶道也从各种艺术门类中汲取精华，形成了自己独特的审美体系。所以说，茶通六艺，六艺成茶。

3.生命体悟

茶道中的生命体悟，是指人们通过品茗活动来探索、思考和体悟生命真谛的独特方式。茶道研修不是简单的习茶，习茶是对茶叶冲泡技艺和品饮方法的专门学习，茶道研修则是通过煎水、泡茶、品饮等具体活动，来实践茶道的精神理念，并从中感悟人生、明白事理、懂得取舍，达到明心见性的目的。

茶是通达心灵世界的饮品，这是茶的灵性所在，也是茶不同于其他饮品的本质之处。从这个意义上看，茶道已经超越了人的生理需要，具有了深刻的哲理意蕴。茶道是关于生命的哲学，通过对生命价值和意义的反思，来探讨人类的精神生活、文化、历史和价值问题，生命的关爱成了茶道哲学探索的出发点和归宿。

林语堂先生谈到中国人与茶的情感时说，在中国，茶是生活的必需品，"只要有一只茶壶，中国人到哪儿都是快乐的""捧着一把茶壶，中国人把人生煎熬到最本质的精髓"。在他看来，茶是中国人最好的朋友，是苦中作乐的来源；而那久经煎煮的茶壶，与饱受煎熬的人生，竟有相通之处：人情冷暖也好，世态炎凉也罢，在历经沧桑之后，这"最本质的精髓"就在其中了。

周作人先生在《喝茶》一文中的论述堪称经典："茶道的意思，用平凡的话来说，可以称作'忙里偷闲，苦中作乐'，在不完全的现世享乐一点美与和谐，在刹那间体会永久。"他阐述的"苦中作乐"与我们所说的"回甘体验"有相似之处；所说的"享乐一点美与和谐"，实际上可以理解为"茶事审美"；而"在刹那间体会永久"，则有了浓浓的禅味，喝茶本身就是一种"生命体悟"。

客观来说，有一定生活阅历的人，在经历了风雨沉浮，体会了喜怒哀乐，尝过了人生百味之后，对茶道的体验和感悟会更为深刻。此时，让他喝上一杯苦涩且回甘的茶、一杯清凉且甘醇的茶，他会有一种似曾相识的亲切感，一种久违的触动和感悟。茶的味道与生活的味道竟然如此相似，他会想起诸多往事，兴起无言的感慨，从此爱上这杯茶。

茶事趣读1-2　　　　　　　　　　　**禅意故事**

某日,一个落魄失意的年轻人去请教一位高僧:为什么他费尽心血,历经坎坷,却无所成就?高僧明白他的来意后,便在他面前放了两只杯子,一杯放了刚摘来的新鲜茶叶,另一杯则放了加工后的茶叶。高僧先用沸水冲泡第一杯茶,让年轻人喝。年轻人发现茶汤难以下咽,气味也不香。高僧又用沸水冲泡另一杯茶,不一会儿,一丝丝清香缓缓地从杯中溢出,年轻人闻到了沁人心脾的芳香,细细地品味着,满意地点了点头,说一切都明白了。

为什么同样是茶叶,一杯索然无味,另一杯却香气四溢?关键就在于茶叶的加工过程。茶叶的形成是磨砺的积淀,它在烈日下绽放,在暴雨中成长,在火焰上烘焙。没有这番磨砺,怎能使那浸在茶叶血液里的清香散发出来?人生犹如一片茶叶,只有在艰难险阻中沉浮,在痛苦考验中磨砺,才能真真实实地体味到生活的魅力,才能使生命变得光彩照人、芳香四溢。这便是人生如茶,茶悟人生。

资料来源　清一山长.自卑的年轻人向禅师请教的故事[EB/OL].[2020-04-20]. https://www.sohu.com/a/389528214_120651409.

四、茶道的中国之路

中国作为茶文化的发源地,具有悠久的文化传统。茶树之根在中国,茶道之魂亦在中国。

我国茶树品种有600多种,千姿百态,丰富多样。茶类制作优良,风味绝佳。这些都是世界上任何国家无法相比的。追本溯源,世界各国的茶树资源、栽培技术、茶叶加工工艺、饮茶习俗等,都直接或间接由中国越洋过海流入异域。可以说,茶对中国人的民族性格、审美观念以及道德规范发挥了不可替代的引导和启发作用。这就是茶之所以能够超越其物质属性而入道的根本原因,也是茶道的永恒生命力的来源。

启智润心1-1　　　　　　　　　　　**万里茶道**

自17世纪末至20世纪初,中国茶叶以福建武夷山为起点,经江西、安徽、湖南、湖北、河南、山西、河北、内蒙古等地,向北穿越戈壁草原,抵达中俄边境的通商口岸恰克图,继而销往欧洲和中亚各国。这条全长1.3万多千米、繁荣了两个半世纪的国际古商道,被称为"万里茶道"。

随着共建"一带一路"深入推进,万里茶道在一个世纪的沉寂后焕发出新的生机,其历史文化价值也被不断挖掘。

2013年9月,中、蒙、俄三方签署《万里茶道共同申遗倡议书》,迈出万里茶道联合申报世界文化遗产的关键一步。2017年,中、蒙、俄三方达成共识,正式开启万里茶道申遗之路。2019年3月,国家文物局发函,同意将"万里茶道"列入《中国世界文化遗产预备名单》。

资料来源　李璇.在喀山 习主席为何再提这条"万里茶道"[EB/OL].[2024-10-24]. http://politics.people.cn/n1/2024/1024/c1001-40346619.html.

思政元素：中华民族共同体意识　文明交流互鉴

学有所悟：党的二十大报告指出，"以铸牢中华民族共同体意识为主线，坚定不移走中国特色解决民族问题的正确道路""深化文明交流互鉴，推动中华文化更好走向世界"。一方面，万里茶道是铸牢中华民族共同体意识的重要纽带。万里茶道茶源地都是多民族居住区，这些地区生产的茶叶通过万里茶道运送到北方，成为南北方各民族交往、交流、交融的媒介，增进了各民族的了解、团结、互信。另一方面，万里茶道也是中国与俄罗斯、中亚、欧洲等国家和地区进行文化交流、文明互鉴的桥梁。18世纪，茶叶大量输入欧洲，饮茶逐渐成为西方人的生活习惯；同时，欧洲工业文明和商业文明的成果也经万里茶道传入中国。一片小小的茶叶，成为连接不同地域、不同民族、不同国家人民的纽带，对于增进交流互信、深化友好合作、构建人类命运共同体具有重要意义。

随着物质文明的飞速发展，人们对精神文化生活的需求也日益增长，开始对与茶相关的茶事、茶文化津津乐道，对名茶爱不释手，对茶艺表演产生兴趣。如今，全国和地方性的茶文化组织纷纷建立，茶文化研究日益成熟，茶博会、茶艺大赛等各种茶文化活动频频举办。

茶为健康之饮，是强身健体、修身养性的媒介。随着人们生活水平的提高，"健康""养生"已经成为人们关注的重要内容。茶富于营养，能够满足人体对多种维生素和微量元素的需要，且含有与人体健康关系密切的咖啡碱、儿茶素、氨基酸等物质。优质的茶不含有任何添加剂，具有良好的保健功效。也正因为如此，茶被誉为"21世纪的天然饮品"。同时，社会的文明进步使得茶道的独特魅力逐渐被越来越多的人所认识、感知和欣赏。茶道之美、茶道之甘、茶道之真、茶道之雅、茶道之洁、茶道之和，都是物质生活所不能满足的。茶道启示人们在忙碌的生活中保持内心的宁静，从而更好地面对生活中的挑战和压力。

茶为和谐之饮，是和谐、幸福的使者。党的二十大报告提出，要"把我国建成富强民主文明和谐美丽的社会主义现代化强国"。中国式现代化的本质要求是：坚持中国共产党领导，坚持中国特色社会主义，实现高质量发展，发展全过程人民民主，丰富人民精神世界，实现全体人民共同富裕，促进人与自然和谐共生，推动构建人类命运共同体，创造人类文明新形态。茶道作为人际关系的润滑剂和心灵的清新剂，能够让人们获得精神上的愉悦感、人际关系的认同感以及情感上的满足感，在实现中国式现代化进程中发挥着重要作用。

茶为和平之饮，是人与人乃至国与国之间友好交往的桥梁。2008年北京奥运会开幕式上，只出现了两个字，一个是"茶"，一个是"和"。茶之"和"在不同的层面有不同的内涵：在个体层面是指心态"平和"，在家庭层面是指"和睦"，在社会层面是指"和谐"，在国际层面则是指"和平"。中国茶叶像一只只和平鸽，飞翔到世界各地；像一个个绿色文明的使者，在五大洲生根开花。讲好中国故事，传播中华茶文明，是实现中华民族伟大复兴与构建人类命运共同体的必由之路。

如今，中国国力日益雄厚，以经济、军事和科技为代表的"硬实力"取得了长足的进步。在此基础上，我们有必要发展作为中华优秀传统文化代表的茶道这一"软实力",因为茶道中蕴含了"和谐""谦让""礼仪"等价值观念。中华民族的文化核心是和平,而不是战争;是谦让,而不是霸权;是合作,而不是掠夺。在和平与发展成为当今时代主题的背景下,弘扬"惜茶爱人""和融天下"的中国茶道,可以让其他国家通过读懂中国茶道的内涵,了解和认同中华民族的精神品质和文化理念。总之,茶道是东方文化和人文精神的精粹,是古老的中华文明贡献给全人类的宝贵财富。在中华民族伟大复兴的时代,弘扬千百年来一脉相承的中国茶道,传承中国博大精深的人文传统,是十分重要的。

五、茶道与相关概念

(一)茶道与茶文化

文化,在广义上是指人类在社会历史发展过程中所创造的物质财富与精神财富的总和;在狭义上是指人类意识形态所创造的精神财富,包括宗教信仰、风俗习惯、道德情操、学术思想、文学艺术、科学技术、各种制度等。文化是人们对生活的需要和要求、理想和愿望,是人们对伦理、道德、秩序的认定和遵循,是人们生活、生存的方式、方法和准则。茶文化则是茶与文化的有机融合。茶文化以茶为载体,通过茶来展示一定时期的物质文明和精神文明;经过几千年的历史积淀,融合了儒家、道家及佛家思想的精华,成为东方文化艺术殿堂中一颗璀璨的明珠。

一般而言,茶文化共有四个层次:

1.物态文化

物态文化是指人们从事茶叶生产的活动方式和产品的总和,即有关茶叶的栽培、制造、加工、保存、化学成分及疗效研究等,还包括品茶时所使用的茶叶、水、茶具以及桌椅、茶室等看得见、摸得着的物品和建筑物。

2.制度文化

制度文化是指人们在从事茶叶生产和消费的过程中所形成的社会行为规范。随着茶叶生产的发展,历代统治者不断加强对茶叶的管理,其相关的措施称为"茶政",包括纳贡、税收、专卖、内销、外贸等。

3.行为文化

行为文化是指人们在茶叶生产和消费的过程中约定俗成的行为模式,通常以茶礼、茶俗及茶艺等形式表现出来。比如,宋代诗人杜耒在《寒夜》一诗中有"寒夜客来茶当酒"的名句,说明客来敬茶是我国的传统礼节;千里寄茶表示对亲人、朋友的怀念;古代男方向女方下聘,以茶为礼,称"茶礼",送"茶礼"叫"下茶";古时有谚语"一女不吃两家茶",即女方受了"茶礼",便不能再接受别家聘礼。此外,还有以茶敬佛、以茶祭祀等。至于各地、各民族的饮茶习俗更是异彩纷呈,各种饮茶方法和茶艺形式也如百花齐放。

4.思想文化

思想文化是指人们在应用茶叶的过程中所孕育出来的价值观念、审美情趣、思维方式等主观因素。比如,人们在品饮茶汤时所追求的审美情趣,在茶艺操作过程中所追求的意境和韵味,以及由此产生的丰富联想;反映茶叶生产、茶区生活、饮茶情趣的文艺作品;将饮茶与人生哲学相结合,上升至哲理高度所形成的茶德、茶道等。这是茶文化的最高层次,也是茶文化的核心部分。

由此看来，茶道是茶文化的核心，是茶文化中具有哲学高度的思想理念。在茶文化中，除了茶道之外，还有更为丰富的内容，如茶艺、茶俗等。茶文化的发展对于茶道理念的形成有着重要影响。

（二）茶道与茶艺

作为中华优秀传统文化的一个重要组成部分，茶文化正在被越来越多的人所理解和接受，而茶艺这一独特的茶文化表现形式，更是受到人们的普遍关注和欢迎。茶艺是指茶人把人们日常饮茶的习惯，通过艺术加工，向宾客展现茶的冲、泡、饮的技巧，以提升品饮的境界，赋予茶更强的灵性和美感。这一概念最早酝酿于20世纪70年代中期，直到1982年正式推出，并得到广泛认可。

茶道和茶艺都是中国博大、丰富的茶文化的重要组成部分，但是二者的地位和作用又有所不同。茶艺是茶道精神指导下的茶事活动，它包括艺茶的技能、奉茶的礼仪、品茶的艺术以及茶人在事茶过程中以茶为媒介去沟通自然、内省身性、完善自我的心理体验。茶艺重在物质和行为，茶道则以精神领悟为主体。茶艺的"艺"，即制茶、烹茶、品茶等艺茶之术；茶道的"道"，即艺茶过程中所追求和体现的道德理想。茶艺是茶文化的重心，茶道则是茶文化的精神核心。

茶艺主技，载茶道而成艺；茶道主理，因茶艺而得道。茶道与茶艺相辅相成，相得益彰。只有通过茶艺活动，没有生命的茶叶才能与茶道联系起来，升华为充满诗情画意和富有哲理色彩的茶文化，而茶道也对茶艺具有引导和规范的作用。

王玲在《中国茶文化》一书中指出："有道而无艺，那是空洞的理论；有艺而无道，艺则无精、无神。"茶艺有名有形，是茶文化的外在表现形式；茶道，就是精神、道理、规律，源于本质，经常是看不见、摸不着的，但完全可以通过心灵去体会。茶艺与茶道融合，艺中有道，道中有艺，是物质与精神高度统一的结果。

只有真正理解和掌握了茶道的精神实质，茶艺才可以形神兼备、精彩动人，我们才可以在茶艺的过程中彻悟人生、完善自我。

（三）茶道与茶俗

所谓茶俗，是指一些地区性的用茶风俗，如婚丧嫁娶中的用茶风俗、待客用茶风俗、饮茶习俗等，讲茶俗一般指的是饮茶习俗。中国地域辽阔，民族众多，饮茶历史悠久，饮茶习俗也丰富多彩。不同的民族往往有不同的饮茶习俗，同一民族也因居住地区不同使得饮茶习俗有所不同，如四川的盖碗茶、江西修水的菊花茶、婺源的农家茶、江浙一带的熏豆茶、云南白族的三道茶、拉祜族的烤茶等。茶俗是茶文化的重要组成部分，具有一定的历史价值和文化意义。

茶道，既是一种品饮艺术，又是一种人生感悟和智慧的凝结。茶俗则侧重喝茶和食茶，目的是满足生理需求和物质需要。有些茶俗经过加工、提炼可以成为茶艺，但绝大多数只是民族文化、地方文化的一种。茶俗也可以表演，从这个角度来看，茶俗也可以被认为是茶艺的一部分。少数茶俗，如白族三道茶，也具有一定的茶道内涵，蕴含着丰富的人生哲理。

茶诗赏析1-1

1.佳作品读

饮茶歌诮崔石使君

唐　皎然

越人遗我剡溪茗，采得金牙爨金鼎。

素瓷雪色缥沫香，何似诸仙琼蕊浆。

一饮涤昏寐，情来朗爽满天地。

再饮清我神，忽如飞雨洒轻尘。

三饮便得道，何须苦心破烦恼。

此物清高世莫知，世人饮酒多自欺。

愁看毕卓瓮间夜，笑向陶潜篱下时。

崔侯啜之意不已，狂歌一曲惊人耳。

孰知茶道全尔真，唯有丹丘得如此。

2.作者简介

皎然，俗姓谢，字清昼，浙江湖州人，唐代著名诗僧。皎然在文学、佛学、茶学等许多方面造诣深厚，堪称一代宗师。其诗多为送别酬答之作，情调闲适、语言简淡。《诗式》是皎然所著的诗歌理论专著。

3.佳作赏析

《饮茶歌诮崔石使君》是一首浪漫主义与现实主义相结合的诗篇，是诗人在饮用越人赠送的剡溪茶（产于今浙江嵊州）后所作。诗人激情满怀，文思似泉涌，从友人赠送剡溪茶开始讲到茶的珍贵，赞誉剡溪茶清新隽永的香气、甘露琼浆般的滋味，在细腻描绘了茶的色、香、味、形后，生动描绘了一饮、再饮、三饮的感受，最后急转到"三饮"之功能。"三饮"神韵相连、层层深入，诗人对饮茶的精神享受做了最完美、最动人的歌颂。

茶诗赏析
1-1

《饮茶歌诮
崔石使君》

任务二　传承茶道美学

◎ 任务导入

中国的茶文化传承了几千年，凝聚了博大精深的文化内涵。茶道美学的发展有着鲜明的时代特征，在我国历史上，不同朝代的茶道审美风尚不尽相同。那么，我国茶道美学的发展历程是怎样的呢？

◎ 知识探究

美是人的感官能直接感受到的愉悦，美是茶道艺术的天然元素；无美，则茶道的魅力也荡然无存。茶道审美是人们在茶事活动过程中对美的感受、体验、传达与创造。陆羽对茶道的贡献，在于他发现、挖掘并向世人展示了茶道的人文之美，将茶道与美学结合，从而开启了茶文化的新时代。

中国美学思想的起源可追溯到春秋战国时期道家思想的"朴素""无为""道法自然""虚实与有无"的世界观。道家审美思想注重事物本质的美，而非"表现"之美；追求"纯""简""真"的境界，而非着重表现"繁""俗"的形式。

一、魏晋酝酿萌芽期

秦汉以前，茶主要被用作食物、药物或祭品。西汉辞赋家王褒所作的《僮约》中记载"烹荼尽具"，其中的"荼"指的就是茶。西汉中期，茶已经被当作饮品来享用了，当时的饮茶器具与食器、酒器并没有严格的区分，也就是说没有相对独立的饮茶器具。西晋茶学家杜育所作的《荈赋》，第一次对茶的产地、生长环境、采摘、选水、择器、烹制、饮用等方面进行了较为完整的描绘，使饮茶的过程具备了风雅文化，同时表明可以在饮茶过程中培养人们的修养。

魏晋文学家张载在《登成都白菟楼诗》中云："芳茶冠六清，溢味播九区。"该诗并无意写茶，却透露了当时饮茶之风的逐渐发展，突出了茶在饮用时所具有的审美趣味。魏晋之时，茶文化如雨后春笋，在茶的饮用、鉴赏、审美方面，也如"小荷才露尖尖角"。

二、隋唐发展创变期

隋代，与茶相关的内容基本上是沿袭传统，少有突破。唐代，宫廷茶盛行，并且有一套成熟严格的礼仪制度，王公贵族饮茶非常讲究。这一时期，不论是达官显贵，还是市井民众，均争相讴歌茶事，茶文学亦兴盛起来。唐代许多诗人，如李白、杜甫、皎然、卢仝、元稹等，都留下了众多脍炙人口的茶诗。由此可知，茶具有独特的审美意趣。

（一）茶道精神从诗歌中来

唐代诗僧皎然认为，"一饮涤昏寐""再饮清我神""三饮便得道"，不仅表达了喝茶与养生的关系，更具有突破性的是，他最先提出了"茶道"一词，"孰知茶道全尔真，唯有丹丘得如此"，揭示了茶道的修行宗旨。卢仝在《走笔谢孟谏议寄新茶》一诗中，细致入微地描写了饮茶的身体感受和心灵境界，如"五碗肌骨清，六碗通仙灵"，七碗时已经飘飘欲仙，与清风一同归去，同仙人对话了。饮茶风气的普及、茶文化的传播、饮茶精神境界的提升，部分原因得益于此诗。

（二）以茶为题材的书画艺术出现

这一时期，茶开始进入书画艺术创作题材之中，画家以茶入画，或记录茶事，或以画抒怀，使茶的审美性初具规模。唐代画家阎立本创作的《萧翼赚兰亭图》，描绘了客来煮茶的场景，记录了古代僧侣用茶招待客人的历史事实。《萧翼赚兰亭图》是目前发现的最早描绘唐代饮茶风俗的宝贵史料。唐代画家周昉创作的《调琴啜茗图》，以工笔重彩描绘了唐代宫廷贵妇品茗听琴的悠闲生活。唐代绢本墨笔画《唐人宫乐图》以工笔重彩描绘了唐代宫廷仕女品茗、奏乐、行酒令的盛大场面。

（三）陆羽《茶经》提出茶道审美

初唐年间诞生了煎茶法：将团饼茶经过炙烤、碾罗等工序，加工成茶末，然后根据水的煮沸程度，投盐、茶末，最后分而饮之。可以看出，煎茶法较煮茶法有了巨大的进步，茶叶作为饮用原料不再被直接食用，而是经历了一系列较为复杂的制作工艺，这说明饮茶逐渐成为一种带有品赏消遣意味的艺术行为。陆羽编撰《茶经》，创造性地将茶学精神和美学艺术结合在一起，使饮茶逐渐成为士大夫追求的一种高雅活动，并且乐此不疲。

陆羽在《茶经》中将"精神"二字贯穿于茶事活动，提出饮茶最宜"精行俭德"之人，即要求人们通过饮茶活动，把自身的思想行为和道德观念有意识地纳入"精俭"的轨道，使自己具有高尚的情操和良好的品德，从而实现人与人、人与社会和平共处的生态美学本色。纵观《茶经》中记载的制茶过程，从植茶的地理环境，到采茶的时机、方法，再到制茶、贮茶乃至煮茶用水、盛茶用具，无不慎之又慎，甚至连烘茶择炭、煮茶用柴均有讲究，火大火小均有学问，可谓精而又精。而在"精"的同时，陆羽提出了"茶性俭"，并且在事茶过程中一直贯穿着"俭"的精神。《茶经》中写到茶器的选用时，尽管当时宫廷茶讲究器之华贵，尚用金银美玉，陆羽却主张多用竹木之器，一则可益茶香，二则可免奢华，"用银为之，至洁，但涉于侈丽"。在此基础上，全身心沉浸于茶事活动的每一个细节，通过凝神遐想、心游天地，专注于对自然与社会的观照和体验，形成对现实的一种创造性和超越性的把握，使心灵在形式感受、意义领悟和价值体验中达到一种自由的精神状态，实现人与自然、社会的相融相和。这正是"可以把人的情感的强烈与细微、发展与变化充分体现出来，也可以在痛快淋漓或痴醉沉迷中得到净化和升华"的物我观。

据考证，陆羽著书时正值唐代茶道盛行之时，有寺院禅茶、文士茶道、宫廷茶道等，这些茶道各自都有着极其严格的礼仪制度和奢华的场面。不可否认的是，陆羽不但熟知，而且身临其境，但《茶经》中连陆羽道听途说的饮茶趣事都有记录，而富于奢华与苛求程式的宫廷茶道等并没有得到推崇。这正是因为陆羽所推崇的是一种淳朴自然的生态美，换言之，陆羽反对那种拘于形式、奢侈豪华的茶风，倡导"精行俭德"，始终追求俭朴自然的饮茶之道，这体现了他极富哲理的生态美学思想。

陆羽一生爱茶成癖，对他来说，茶不只是一种口腹之欲，他也没有一味地将人情冷暖消融在清茶之中，而是通过茶事活动，将茶、人与大自然融为一体，不仅追求茶的形、色、味之美，而且注重体验人与自然、社会的生命关联和生命共感——对大自然的热爱，对人自身生命价值的深度感悟，清醒地关注国计民生，寄寓对现实人世的关怀。

三、宋元完善兴盛期

宋代因其处于社会结构大变革时期，商品经济高度繁荣。宋王朝重文抑武的国策，使宋代文人士大夫的地位得到明显提高，宋代文化也以这一阶层的思想文化特点为主干被创造出来。宋代文化是一种相对内敛、色调淡雅的文化类型，宋人的审美态度也因此发生了变化。比如，在诗歌方面，追求超越绚烂的平淡老成之境，推崇陶渊明"外枯而中膏，似澹而实美"的枯淡美；宋代瓷器也以单色釉的高度发展著称，无论是北宋时期的青白釉，还是南宋时期的绿色釉，色调都极为清新淡雅；茶色尚白也是这种一以贯之的清雅的审美态度的体现。宋代的茶艺主要分为点茶和分茶两种形式，体现了素雅、脱俗、简洁、去雕饰的审美境界。

（一）极致茶品——龙凤团茶

自宋代始，茶成为与柴、米、油、盐、酱、醋一样普通的不可或缺的必需品，成为社会各阶层都需要的生活之物。宋代进一步提高茶叶产量，逐步完善茶叶市场体

茶课视频
1-3

宋代士大夫
茶道美学

系，茶叶的生产技术中心开始向东南沿海转移，并在建安（今福建建瓯）北苑设立"龙焙"，专门生产供宫廷使用的贡茶，也就是著名的"龙凤团茶"。宋真宗时，丁谓至福建任转运使，精心监造御茶，进贡龙凤团茶。宋仁宗时，蔡襄任福建路转运使，专门监制了一种小龙团茶，比龙凤团茶更加精美。宋神宗时，贾青任福建路转运使，又创制了密云龙，比小龙团还精细。宋徽宗时，郑可简任福建路转运使，创制出银丝水芽，造价昂贵至极。

♪ 茶事趣读1-3   极致茶品——龙凤团茶

龙凤团茶（如图1-1所示）是宋代最高规格的茶叶，也是北苑龙焙生产的主要茶叶品种，因饼茶上印有龙纹或凤纹而得名。龙凤团茶的加工工序异常复杂，包括采茶、拣茶、蒸茶、榨茶、研磨、造茶、过黄（烘焙）、封茶等。

图1-1　龙凤团茶

（二）清雅简淡的审美追求

1.茶色尚白

无论是点茶还是分茶，无论是茶叶还是茶汤，宋人都以纯白为最佳。宋代曾慥在《高斋漫录》中记载了司马光与苏轼之间的一段对话，从侧面反映了宋人崇尚茶白的倾向。司马光问苏轼："茶与墨正相反。茶欲白，墨欲黑；茶欲重，墨欲轻；茶欲新，墨欲陈。君何以爱此二物？"苏轼答曰："奇茶妙墨俱香，公以为然否？茶可于口，墨可于目。奇茶妙墨俱香，是其德同也；皆坚，是其操一也。"

白茶在宋代数量很少，确实是物以稀为贵。梅尧臣在《王仲仪寄斗茶》中写道："白乳叶家春，铢两直钱万。"可见白茶在当时价格的昂贵。宋人对茶色白净的崇尚，一方面是因为白茶罕见而不易得，但更多表现出了宋人清雅简淡的审美追求。

2.知白守黑

茶色尚白与所用茶盏也有很大关系。宋代斗茶所用的茶盏，在颜色上有一些比较特殊的要求。《大观茶论》中载："盏色贵青黑，玉毫条达者为上，取其煥发茶采色也。"可见，宋代茶盏以青黑为贵，宋代建州窑所出的黑色茶盏被认为是最好的斗茶用盏。以黑盏配白茶，一方面固然是取其黑白分明的视觉对比效果，另一方面和宋代道教思想的盛行也有一定关系。宋代皇帝大多笃信道教，到宋徽宗时尤甚。宋徽宗自称"教主道君皇帝"，多次下诏搜访道书，设立经局，整理校勘道籍，政和年间还编成《政和万寿道藏》，一时间崇道之风盛行。道教崇尚自然、含蓄、质朴的观念，信奉阴阳五行之说，这使得宋代的文人士大夫形成了尚淡尚理的审美取向，奉行代表太极图的"知白守黑"的审美创造法则。

（三）茶书画艺术繁荣

宋代是中国茶叶产业繁荣发展的关键阶段，也是茶审美发展的标杆时期。宋代皇室比唐代宫廷贵族更爱喝茶，宋太祖赵匡胤一生嗜茶，直至宋徽宗赵佶而达到顶峰。宋徽宗视茶为命，著有《大观茶论》一书。《大观茶论》反映了北宋以来我国茶业的发达程度和制茶技术的发展状况，是现代人了解宋代茶道的重要参考文献。

宋代，茶事活动空前繁盛，有斗茶、分茶等技艺类游戏和竞赛活动。斗茶也称茗战，斗茶时以沫饽出现早且消散迟为胜。分茶建立在点茶之上，通过技艺使茶盏面上的汤纹水脉变幻出各式图样，所以又称茶百戏、水丹青。范仲淹在《和章岷从事斗茶歌》一诗中生动地描述了茶事活动的盛景。"林下雄豪先斗美"，茶叶、用水、茶器等都是斗茶的对象，茶事活动中茶美、器美、水美、味美、艺美、境美，斗茶场面无处不美。南宋画家刘松年的《撵茶图》和《茗园赌市图》等茶画亦反映了当时斗茶的场景。同时，宋代茶会流行，《文会图》就是一场文人茶会的特写。宋人论茶，不仅追求茶品之美、斗茶之趣、茶会之乐，而且注重茶具之美，如宋代审安老人创作的《茶具图赞》一书，详细描绘了各种茶具的形态和功能，展现了古代茶文化的丰富内涵。

茶画鉴赏
1-3

《茗园
赌市图》

> ♪ **茶事趣读1-4**　　　　　　　　建盏与宋代点茶
>
> 　　2018年底，一部名为《知否 知否 应是绿肥红瘦》的电视剧受到了人们的广泛关注。剧中出现了宋代人最常用的饮茶器具——建盏，而建盏的备受推崇与斗茶紧密相关。宋代，斗茶之风盛行，建盏以其有别于其他茶具的特点而受到人们的追捧。建窑黑瓷中的建盏胎体厚重，胎内蕴含着细小气孔，有利于茶汤的保温，正好符合斗茶的需求。可以说，斗茶成全了建盏，建盏亦成全了斗茶之美，二者相依相存，共同谱写了宋代茶文化的美篇。
>
> 　　资料来源　廖设生.怀论古今，气象万千——论建盏与茶的密切关系［J］.东方收藏，2019（6）.

（四）淡泊自守、甘苦自怡的人生态度

崇尚茶的自然本香，体现了宋代文人保持本心的人生追求。宋徽宗认为，饮茶能够消除郁结，荡涤内心的尘埃，引导人们达到清净平和的心境，非平常人所能领会；饮茶时内心淡泊、韵致高雅、意态宁静，不是那种举止慌乱、手足无措的人可以消受得起的。宋代文人大多受到儒、释、道三家的共同影响，遵循着"穷则独善其身，达则兼善天下"的人生信条，富贵时不夸耀自满，失意时不妄自菲薄，不以物喜，不以己悲，时时刻刻拥有一颗温润平和的本心，不因外在环境的改变而迷失自己，如同茶叶一样保持本色真香。

宋代党争激烈，为官之路异常坎坷，显达之人如欧阳修、辛弃疾均经历过仕途的大起大落。但宋代文人大多坦然面对得失，不忧不喜、不惊不惧，从生活的苦难中发现可喜可乐之处，这种通达的生活态度类似于茶叶苦涩之后的回甘。苏轼先后被贬黄

州（今湖北黄冈）、惠州（今广东惠州）、儋州（今海南儋州），虽屡遭贬谪之苦，但每到一个地方，他都能发现当地风物的特异之处，都能找到心灵的慰藉和解脱。黄庭坚从贬谪之地归来，虽然有九死一生的感慨和悲凉，但是仍然兴致勃勃地雨中登岳阳楼观览景色，写下"未到江南先一笑，岳阳楼上对君山"的诗句，表现自己欣慨交织的复杂心情。因此，宋代文人虽然深谙茶道、热衷烹茶，但更多是出于一种心灵的慰藉和精神的寄托。

四、明代集成变革期

明代是我国茶业转型发展的重要时期，也是茶文化发展的又一个鼎盛时期。宋末至元代，民间饮用散茶的风气日盛，到明朝初期，这一现象更加普遍。此时，人们逐渐认识到团饼茶的一些缺点，如耗时费工，水浸和榨汁都会使茶味及茶香有损等。明洪武二十四年（1391年），朱元璋下诏"罢造龙团"，从此散茶正式成为主流茶叶，极大地促进了散茶生产技术的发展，这可以说是中国茶业发展史上的一次重大变革。

明代是茶具发展的一个转折时期。明正德年间后，江苏宜兴的紫砂壶异军突起，显赫一时。经过从万历年间到明末一段时间的发展，紫砂茶具发展达到一个高峰期，在众多茶具中独树一帜。名手制作的紫砂壶造型精美、色泽古朴、光彩夺目，被称为艺术精品。其中，供春（又称龚春）是紫砂工艺史上第一位被记载下名字的制壶大师，其所制的紫砂壶被称为"供春壶"。

明代，茶事书画也超越唐宋时期，众多书画作品被称为茶文化史上的佳作。明代画家文徵明创作的《惠山茶会图》不仅展现了深邃的山林之美，而且反映了文人生活的闲情逸致，从这幅画中可以窥探到明代文人在茶会中似乎更注重艺术化的情趣，更加崇尚雅韵，更加追求意境之美。

明代茶书著作颇丰，现存明代茶书数量占现存中国古代茶书数量的一半以上，如朱权的《茶谱》、徐渭的《煎茶七类》、田艺蘅的《煮泉小品》、徐献忠的《水品》、屠隆的《考槃馀事》、冯可宾的《岕茶笺》、万邦宁的《茗史》、屠本畯的《茗笈》等。茶品宜真，人们一般以茶喻君子，以茶品喻人品。例如，徐渭的《煎茶七类》中以"人品"为首，说明人品之美已经与茶品之美相得益彰。

田艺蘅的《煮泉小品》汇集了历代关于茶与水的诗文，并系统评述了烹茶用水的优劣。此著作以小品文的艺术手法进行描写，文辞优美、妙语连珠、平易流畅，不啻为佳作。其论"源泉"之美，注重"源""水""泉"三字构建的形态之美；其论"甘香"之美，注重甘香的味觉、嗅觉之美；其论"灵水"之美，则从自然与哲学的角度入手，注重天地自然之美。《煮泉小品》文笔灵动，诗心涓涓，如行云流水，似如花美眷，使人们不仅被作者的文辞所折服，而且惊叹于明代文人对以茶为载体的审美事物的精细研究。

五、清代圆满鼎盛期

清代是中国茶文化发展的圆满时期，总结千年茶史，汇编茶业资料，是清人得天独厚的条件，因此清人特别注重对历代茶学论著的整理与研究，并出现了中国第一部以"茶史"命名的著作，即刘源长的《茶史》。清初，随着商品经济的发展，国内外市场的扩大，茶叶消费量不断增加，茶产业有了一定的发展。清代中后期，茶叶产量和出口量显著增加，是中国茶业的国际化时期。

茶馆业在清代达到了鼎盛时期。清代茶馆多种多样，有以卖茶水为主的清茶馆；有在野外卖茶水的茶馆，称为野茶馆；有兼卖点心、茶食的荤铺式茶馆；有兼营说书和演唱的书茶馆。清代，戏园和茶馆紧密联系在一起，最早的戏园统称为茶园。清茶馆的茶客以文人雅士居多，因此布置往往十分雅致，器具清洁，墙上多挂有字画。野茶馆设备简陋，房屋和桌凳都没有过多讲究。书茶馆是人们娱乐的好去处，如清代北京东华门外的东悦轩、后门外的同和轩等。茶余饭后，人们都爱聚集在茶馆，听听说书，看看演唱。最初看戏不过是人们喝茶的附属行为，后期戏剧艺术才慢慢独立发展起来，如清代北京的广和楼、四川成都的悦来茶园、重庆的萃芳茶园等。

清代的饮茶方式与明代基本相同，茶具形态没有明显变化。清代，景德镇设内廷御窑，御窑烧制的茶具最为精美，以瓷质轻巧、造型别致、釉色清丽、制工精美而著称。在各式茶具中，盖碗可谓当时饮茶器具的一大改进。盖碗由盖、碗、托组合而成，盖为天、碗为人、托为地，寓意天、地、人三才合一，共同孕育茶之精华。盖利于保洁和保温，并且易于凝聚茶香；碗敞口利于注水，内壁渐敛利于茶叶沉积，并且易于茶汤浸出；托可以防止茶水溢出，又利于隔热且便于端接。饮时，左手托起茶托，右手捏起茶盖，使茶盖呈倾斜状，即可将茶汤吸进口中。盖可拨去浮在茶汤上的茶叶末，给人以优雅稳重、从容大方的美感。

清代，很多文学作品中都出现了描写茶事的片段，并且多带有审美意趣。其中，描写茶事最细腻生动且寓意深刻的非《红楼梦》莫属。

六、现代继承发展期

茶的现代继承发展期主要可以从以下两个阶段来概述：

(一) 恢复期 (1950年至20世纪80年代)

中华人民共和国成立后，政府高度重视茶叶生产，通过一系列政策扶持和资金投入，茶产业逐渐从衰落中恢复过来。这一阶段的主要特点是茶园面积扩大，茶叶产量提高，茶叶品质改善。

(二) 发展期 (20世纪80年代至今)

随着改革开放的深入，我国茶产业迎来了新的发展期，逐渐形成了中国特色茶叶生产体系和市场体系。茶叶生产逐步实现现代化，茶叶加工技术不断创新，茶叶品质进一步提升，茶叶市场也逐步开放。

同时，科技进步对茶产业转型升级发挥着重要的支撑作用，人工智能、遥感测绘等新兴技术逐渐应用到茶叶生产、加工、储运等领域，推动了我国茶叶科技以绿色、生态、安全、智能、健康为重点实现系统提升和质的飞跃。中国茶叶在国际市场上占有重要地位，中国成为世界茶叶生产大国和出口大国。

然而，我国现代茶产业的发展也面临着一些挑战，如市场竞争激烈、消费者对茶叶品质的要求越来越高、茶叶生产成本上升等。因此，我国茶产业需要进一步优化供给、生态发展，夯实茶产业发展基础；装备升级、智能发展，实现茶叶加工提质增效；营销创新、渠道发力，丰富场景促进消费；提升意识、健全体系，提高茶叶品牌经济比重；加速转型、规模适度，推动现代茶业企业建设；完善体系、应用推广，发挥标准规范引领作用；科技释能、机制创新，加快科技成果转化应用；产业融合、功能拓展，促进茶旅文康健协同发展；普及传承、丰富业态，构建现代茶文化产业体系；加强磋商、提升质量，确保茶叶出口实现新突破。

茶诗赏析1-2

1.佳作品读

七碗茶诗

唐　卢仝

一碗喉吻润，两碗破孤闷。

三碗搜枯肠，唯有文字五千卷。

四碗发轻汗，平生不平事，尽向毛孔散。

五碗肌骨清，六碗通仙灵。

七碗吃不得也，唯觉两腋习习清风生。

蓬莱山，在何处？

玉川子，乘此清风欲归去。

2.作者简介

卢仝（tóng），字玉川，号玉川子，唐代诗人，出生于河南济源。早年隐居少室山茶仙泉，后迁居洛阳，被世人尊称为"茶仙"。卢仝在少室山隐居期间著有《茶谱》一书（已佚失），该书与陆羽所著《茶经》齐名。卢仝好茶成癖，其诗风浪漫且奇诡险怪，人称"卢仝体"，其中《走笔谢孟谏议寄新茶》一诗传唱千年而不衰。

3.佳作赏析

卢仝的《走笔谢孟谏议寄新茶》一诗可分为三个部分，即茶的物质层面、茶的精神层面和茶农的苦难场面，本书节选的是第二部分，这也是全诗的重点及诗情洋溢之处，最为脍炙人口，常被称为《七碗茶诗》。卢仝从"一碗"到"七碗"，层层推进，写出了品茶的美妙意境，诙谐幽默之趣跃然于眼，而在"七碗"后，卢仝终于大声疾呼出"蓬莱山，在何处？玉川子，乘此清风欲归去"的梦想，这可能是所有茶人的梦想，是否能够实现？悬念就在于此。而恰恰是这"一碗"到"七碗"的精彩绝唱，把品茶的审美升华到精神领域，由此也确立了该诗在中国茶诗中的地位。

茶诗赏析
1-2

《七碗茶诗》

任务三　　感悟茶道美学

◎ **任务导入**

美商（BQ），全称美丽商数（beauty quotient），并不是指一个人的漂亮程度，而是一个人对自身形象的关注程度，对美学和美感的理解力，甚至包括一个人在社交中对声音、仪态、言行、礼节等一切涉及个人外在形象的因素的控制能力。中外专家早已指出，美育是塑造完美人格的最佳途径。那么，茶道在提高个人美学修养方面，发挥了哪些积极作用呢？

◎ 知识探究

审美教育，即通过艺术手段来陶冶人的情操，达到提高审美素养的效果。茶道承载着重要的美育功能，不管是有意还是无意，茶叶的冲泡与品饮都是一个多种艺术形态共同作用的过程，也是一种美的体验传达与欣赏的过程。茶道中的本真之美、中正之美、质朴之美、雅致之美、和谐之美等，可以使人精神愉悦、心灵平和，免受刺激和污染，这不仅是现代人的内在需要，而且是当代精神文明建设的客观要求。

一、茶道美学的内涵

茶道是关于美的学问，也是展示美的艺术。无美者，茶道的魅力也荡然无存。茶道美学是指人们在茶事活动中对于美的发现与创造，以及由此产生的审美趣味与艺术追求。

从审美对象来看，构成茶道之美的六要素是人、茶、水、器、境、艺。茶事活动是由多种艺术形式构成的审美过程，包括绘画、音乐、诗歌、雕塑、插花、香道、空间设计等。故茶道美学是综合之美，只有做到"六美"荟萃、相得益彰，才能使茶道达到尽善尽美的境界。

从审美主体来看，茶道是人的眼、耳、鼻、舌、身、意等共同参与的过程：眼观其色，耳听其乐，鼻嗅其香，舌品其味，身受礼仪，意合其境。也就是说，茶道美学涉及视觉之美、听觉之美、嗅觉之美、味觉之美、触觉之美、精神之美等多个方面。人们用视觉感受茶叶、茶汤、茶具、环境、服饰的色彩与搭配，用听觉感受音乐、水声及语言的节奏，用嗅觉、味觉感受茶叶、茶汤的香气和滋味，用触觉感受茶叶的质感和器具的材质，进而获得精神的愉悦感。

二、茶道美学的功能

（一）传承优秀文化

文化是一个民族的根和灵魂，文化传承是指对历史发展过程中形成的文化的沿袭、传播与继承。我国是一个有着五千年文明史的国家，茶文化是中国文明史的重要组成部分，茶道美学更是茶文化中的高层次文化。

唐代以来，很多文人雅士都对我国不同历史时期的茶道美学进行了搜集和整理，并使之艺术化，从而向世人展现了茶道美学历史的传承性、内容的广泛性、思想的深刻性。文化的传承不是简单的复制粘贴，而是在继承的基础上发展，在发展的过程中继承，同时进行创造性转化和创新性发展。

（二）塑造完美人格

茶道美学具有教化人心、完善人格的作用。茶道美学可以教会人们如何去感受茶的滋味之妙，去欣赏泡茶技艺之美、茶具之美、环境之美。人们通过自由自在、深入动情的茶事审美活动，可以使自己的言行举止大方得体、优雅从容，整体气质得到改善和提升；同时，在悦耳悦目的情景中将自己的感情、欲望、情绪、意志等融入审美情趣，心悦诚服地接受情感的规范和引导，使自己的心灵得到净化，某些私欲、冲动、不切实际的想法得到控制，从而进入超功利的审美境界。

茶道美学之魅力，是用口感留住人，用技艺吸引人，用文化熏陶人，用智慧启迪人，最终达到悦目悦耳、悦心悦意、悦神悦志的境界。

（三）促进健康休闲

茶道美学在满足人们的身心健康与休闲娱乐需求方面具有积极的作用。茶道是雅致、健康的文化，它能使人们紧绷的心弦得以放松，倾斜的心理得以平衡，其精要之处就在于"清""闲"二字。"清"，即环境清静，心情放松；"闲"，即忙里偷闲，品茶为乐。明代冯可宾在《岕茶笺》中提出了品茶的"十三宜"，第一条就是"无事"，即超脱凡尘，悠闲自得，无所牵挂。正如南宋僧人慧开所言："春有百花秋有月，夏有凉风冬有雪。若无闲事挂心头，便是人间好时节。"

让我们在泡茶、赏茶、品茶的过程中感受生活的闲适与惬意。择一个环境清雅之处，备一套得心应手的茶具，泡上一壶好茶。观其色，闻其香，赏其形，品其味，乐在其中。啜一口，徐徐体会，领略茶汤滋味的甘醇鲜爽，忘记时光的流逝，体会难言的欢喜……

（四）提高审美能力

法国著名雕塑艺术家罗丹说："美是到处都有的。对于我们的眼睛，不是缺少美，而是缺少发现。"也就是说，人们必须具备一定的审美能力，才能发现美的存在。审美能力是指人们感受、鉴赏、评价和创造美的能力，包括审美经验、审美修养、审美想象力、审美理解力和审美鉴赏力等。一般来讲，文化素养高的人，其审美能力也较高。例如，欣赏茶诗歌或者茶书画时，人们如果对作品的历史背景、文化内涵有所了解，就会对该作品反映出的茶事文化产生浓厚的兴趣，从而提高对茶道美学、茶艺技术等的审美质量。

审美能力的高低，决定了人们对美的感受的多少、体味的深浅。审美能力强、对美感灵敏的人，即使面对荒山野岭、废墟瓦砾，也能体味出深远的意境和无穷的乐趣；审美能力弱、对美感迟钝的人，即使面对名山大川、人文古迹，也会无动于衷。由于审美能力主要是通过后天教育和培养得来的，因此大力普及审美教育，是提高人们审美能力的重要途径。

茶道美学等美育教育可以逐步提高人们审美能力的层次，即从悦耳悦目的初级层次，到悦心悦意的中级层次，再到悦志悦神的高级层次，得到精神意志上的满足和激荡的愉悦，这是一种超道德的高级境界。

（五）提升茶艺水平

茶艺是指在泡茶的过程中融入诸多审美元素的艺术。茶艺注重陶冶情操，对美学非常讲究。茶艺重视人美（佳人冲泡表演）、神态美（含蓄典雅、气定神闲）、服饰美（得体、大方）、环境美（气氛得当），讲究冲泡技艺的娴静、轻盈、到位，还要茶好、水好等。茶艺中虽有类似四川长嘴茶壶表演的阳刚之美，但更多的是女性柔娴之美，这也是苏东坡"从来佳茗似佳人"的真实写照。

茶艺师必须认真学习茶道美学知识，并在茶艺展示过程中灵活运用，这样才能提升茶艺水平。

茶诗赏析 1-3

1.佳作品读

汲江煎茶

宋 苏轼

活水还须活火烹，自临钓石取深清。

大瓢贮月归春瓮，小杓分江入夜瓶。

雪乳已翻煎处脚，松风忽作泻时声。

枯肠未易禁三碗，坐听荒城长短更。

2.作者简介

苏轼，字子瞻，号东坡居士，世称苏东坡、苏仙、坡仙，眉州眉山（今四川省眉山市）人，北宋文学家、书法家、画家，唐宋八大家之一。其诗题材广泛，善用夸张、比喻，独具风格；其词开豪放一派；其文汪洋恣肆、明白畅达。苏轼精于品茶、煮茶、种茶，虽然一生仕宦沉浮，却能乐观旷达、随缘自适。长期的贬谪生活使苏轼有机会品尝各地的名茶，他也在文学创作中融入了对茶的独特感悟。

3.佳作赏析

《汲江煎茶》一诗是苏轼被贬儋州时所作，写出了月夜临江煎茶的独特妙趣。这首诗的特点是描写细腻生动，从汲水、舀水、煎茶、斟茶、喝茶到听更，全部过程绘影绘声。通过对这些细节的描写，诗人被贬后寂寞无聊的心理被生动地表现出来。为了泡好茶，诗人在月夜临江取宜茶美水，静听松涛，活火煎茶，茶之美、水之美、景之美、境之美、韵之美构成了一幅静雅怡人的茶事画卷。

茶诗赏析
1-3

《汲江煎茶》

知识巩固

一、选择题

1.道是天地万物的起源和万物运行演化的规律，主要用来说明世界的本原、本体、规律或原理。道无处不在、无时不有，它存在于山川湖泊、日月星辰之中，存在于一花一草、一枝一叶之中，也存在于我们的平凡生活之中。道者，人必由之路也，如生、老、病、死就体现了人生的自然规律。这个"道"是（   ）的观点。

A.儒家   B.佛家   C.道家

D.阴阳学家   E.艺术家

2.茶文化中的（   ）是指人们在从事茶叶生产和消费的过程中所形成的社会行为规范。随着茶叶生产的发展，历代统治者不断加强对茶叶的管理，其相关的措施称为"茶政"，包括纳贡、税收、专卖、内销、外贸等。

A.制度文化   B.物态文化   C.行为文化   D.思想文化

3.（   ）是茶文化的核心，是茶文化中具有哲学高度的思想理念。

A.茶艺   B.茶道   C.茶道美学   D.茶

4.《调琴啜茗图》以工笔重彩描绘了（   ）宫廷贵妇品茗听琴的悠闲生活。

A.唐代   B.宋代   C.明代   D.清代

5.（   ）编撰的《茶经》，创造性地将茶学精神和美学艺术结合在一起，使饮茶逐渐成为士大夫追求的一种高雅活动，并且乐此不疲。

A.皎然   B.李白   C.陆羽   D.卢仝

二、判断题

1.孟子认为，善心包括"仁、义、礼、智"，即恻隐之心、羞恶之心、辞让之心、是非之心，而在现代社会，还应该加上爱国之心，从而构成心灵美的五个方面。 （　　）

2.茶文化的制度文化是指人们从事茶叶生产的活动方式和产品的总和，即有关茶叶的栽培、制造、加工、保存、化学成分及疗效研究等，还包括品茶时所使用的茶叶、水、茶具以及桌椅、茶室等看得见、摸得着的物品和建筑物。 （　　）

3.从《唐人宫乐图》可以看出，当时的饮茶法是典型的"点茶法"，这也是晚唐宫廷中茶事昌盛的佐证之一。 （　　）

4.茶色尚白是清雅的审美态度的体现，是宋代典型的审美追求。 （　　）

在线测评
1-1

知识巩固

三、简答题

1.简述茶道的内涵。

2.简述中国历史上各个朝代茶道美学的发展情况。

3.简述茶道美学对现代人生活的指导意义。

实践训练

一、实训任务

以3~4人组成一个小组，每个小组搜集一幅有关茶的书画作品，并对该作品进行美学品鉴。

二、实训步骤

1.小组分工，开展自由讨论；

2.撰写品鉴报告，并制作PPT；

3.各小组选派1名代表进行汇报。

三、实训评价

实训评价见表1-1。

表1-1　　　　　　　　　　　　　实训评价表

考评教师		被考评小组	
被考评小组成员			
考评标准	内容	分值	得分
	主题鲜明，条理清楚，逻辑性强	20分	
	运用所学知识分析问题的能力强	20分	
	创新思维强，美学知识运用熟练	20分	
	表述清晰，语速适中，仪表大方	20分	
	PPT制作精美，体现美学元素	20分	
	合计	100分	

注：考评满分为100分，90~100分为优秀，80~89分为良好，70~79分为中等，60~69分为及格。

2

項目二 茶道美学与审美理论

项目概述

　　茶道美学是中华传统文化中一个独特的审美领域，它融合了哲学、伦理学、艺术、生活实践等多元文化元素，形成了一套关于品茗活动的审美理论体系。茶道美学的核心不仅在于茶叶本身及其冲泡技艺、器皿设计和环境布置上，而且关乎饮茶过程中的精神体验、人格修养及与自然和谐的关系，是一种生活美学和人文精神的集中体现。只有灵活运用不同的审美方法，才能更好地挖掘和领略生活中的美学价值，丰富我们的精神世界，提升生活品质与层次。

项目目标

知识目标
1. 理解茶道美学的本质。
2. 掌握茶道美学的意蕴。

能力目标
1. 能够对茶道之美进行分析。
2. 能够运用茶道审美方法领悟中国茶道之美。

素养目标
1. 培养爱国情怀，坚定文化自信。
2. 做弘扬中华优秀传统文化的传播者。

任务一　茶道美学的本质

◎ **任务导入**

美学家张世英说过："人生有四种境界：欲求境界、求知境界、道德境界、审美境界。审美为最高境界。"没有发现美的眼睛，何其可悲！一辈子匆匆忙忙，不发现美，生活的品质如何提高？那么，我们应如何欣赏茶道美学呢？

◎ **知识探究**

一、茶道美学的特征

茶道审美产生于生理和心理上的愉悦需求，体现在形态、色彩、动态、寓意、装饰、风情等维度之间，以及每一个维度所展示的人之美、茶之美、水之美、艺之美、境之美、技之美的综合感受。从根本上说，茶道是一种以追求愉悦和美好为目的的审美过程。饮茶作为一种短期性的闲暇生活方式，是一种集自然之美、艺术之美、社会之美的综合性审美。同时，茶事活动作为一种特殊的社会活动，在实践环节上还表现为一项综合性的审美活动。

（一）茶道是交往性的审美活动

茶为国饮，是待客的一种日常生活礼仪，茶事活动能够使人与人之间开展深厚的情感交流与精神对话。茶文化是我国具有民族特色的历史文化精髓，也是东西方文化交流的重要媒介。

一方面，以茶会友是积极健康的交往活动。交往是人类历史发展的必然现象，体现了人所共有的心理需求，也是人类生活中一种最基本的社会活动。人类通过交往可以进行思想、观点和感情的相互交流，目的是实现沟通、协调和建立一定的人际关系。东晋初年，司徒长史王濛遇有士大夫来访，遂煮茶相待，部分士族不懂茶滋味，觉得苦涩难咽，称之为"水厄"，成为笑谈。唐宋后，名人雅士更是以茶宴、茶会来宴请宾朋好友，还有互赠名茶以示友谊。茶是促成礼仪形成的一种特殊生活方式。早在周代，茶就已成为祭祀的珍品。佛教禅院"特为茶汤，礼数殷重"（见《禅院清规》）。通观《敕修百丈清规》，"举凡上法要礼仪，应接管待之际，必有奠茶、点茶、吃茶、会茶、请茶等茶礼，直至今天"。江南人沏茶待客忌满杯，一般只斟七分满。在品饮中殷切为客人斟茶添水，其意为茶未尽，慢慢饮慢慢聊。

另一方面，茶作为延绵发展千年的一种饮品，产生于中国，流行于世界，各国的种茶或饮茶都是直接或间接从中国传播出去的。茶的传播有多种途径：一是南北两条丝绸之路；二是使节互往；三是贸易往来。中华人民共和国成立后，茶被广泛用于外交，既承载着中国人民对外国友人的深情厚谊，更展现了我国"和静之美"的大国风范，堪称具有中国特色的"茶式外交"。

（二）茶道是普遍性的审美体验

茶之为饮，有喝茶、品茶、评茶之分。喝茶，为了满足人体生理的需要；品茶，为了满足生活高雅的享受；评茶，为了鉴定茶品的优次。饮茶大致有三层含义：一是保健功能；二是审美价值；三是道德实践和宗教体验的作用。

古代用"得味""得趣""得道"来表示饮茶的三个层次。"得味"指饮茶的物质方面的作用，比如饮茶能清肝明目、解渴提神、降压降脂、防辐射等，对健康有利，有保健作用。"得趣"指饮茶的审美价值，强调通过茶叶的色、香、味、形之美，幽雅清静的环境之美，以及茶人知识修养之美，达到审美的境界。"得道"是饮茶的最高层次，通过备茶品茶实践道德，追求与社会的和谐之美（儒）；体悟天人合一之境界，追求与自然的和谐之美（道）；感悟宇宙精神，追求与宇宙的和谐之美（佛）。

随着经济的发展和教育的进步，个人的收入、文化素养普遍提升，人人参与、全民饮茶成为一种普遍的社会现象。人们以茶为媒介，借助泡茶、赏茶、品茶等过程来传递情感、增进友谊、修身养性，并以此为契机进行人际沟通从而产生心灵共鸣。

（三）茶道是综合性的审美实践

茶具有很强的包容性，事茶是一项复杂多样的综合活动，涉及自然与社会、经济与文化等诸多因素，可以具有"琴、棋、书、画、诗、酒、茶"的高雅品位，也可以具有"柴、米、油、盐、酱、醋、茶"的人间烟火味。人类的实践活动构成了整个社会生活的核心，因而，实践活动的美、实践主体的美、实践成果的美是丰富多彩的社会美的具体表现。社会因饮茶、品茶、事茶的实践，碰撞出茶与人的融合、茶艺与茶道的渗透、茶器与茶饮的契合、茶养生与茶产业的整合等，延伸出的茶与诗词、茶与书画、茶与小说、茶与音乐等领域的交叉。

茶道审美活动的内容是丰富多彩的，集自然美、艺术美、社会美之大成，可满足各种不同层次的审美需求，使人们从中获得多种多样的审美感受。因而，茶道是一种综合的、层次丰富的、具有活力的和具有发展潜力的综合性审美实践活动。

二、茶道美学的维度

陆羽《茶经》开篇之语即"茶者，南方之嘉木也……树如瓜芦，叶如栀子，花如白蔷薇，实如栟榈，茎如丁香，根如胡桃"。陆羽开篇一"嘉"字饱含高度的善、美之情，已远远超过"最优良"和"最珍贵"之意。葱郁的树木，散发幽香的栀子，娇柔的白蔷薇，迷人的丁香，让人仿佛置身于万物繁荣，生机盎然的大自然中，一种对生活的无限热爱之情，在青翠的树木，袭人的花香观照之下油然而生，一幅令人神往的田园景象栩栩如生，意境之美令人神往。

> **❀ 茶事趣读 2-1**   **《茶经》**
>
> 　　《茶经》是陆羽的代表作，是中国乃至世界现存最早、最完整、最全面介绍茶的一部专著，被誉为茶叶百科全书。此书是关于茶叶生产的历史、源流、生产技术以及饮茶技艺、茶道原理的综合性论著，是划时代的茶学专著，也是精辟的农学著作。
>
> 　　《茶经》全书分为上中下三卷，共十篇。具体来说，上卷三篇，分为"一之源""二之具""三之造"；中卷一篇，为"四之器"；下卷六篇，分别为"五之煮""六之饮""七之事""八之出""九之略""十之图"。《茶经》系统地总结了唐代中期以前茶叶发展、生产、加工、品饮等方面的情形，传播了茶业科学知识，促进了茶叶生产的发展，将饮茶从日常生活习惯提升到了艺术和审美的层次，推动了中国茶文

化的发展，开中国茶道之先河。

资料来源　佚名.茶经［EB/OL］.［2024-04-12］. https://baike.baidu.com/item/%E8%8C%B6%E7%BB%8F/3770? fr=ge_ala.

（一）形态美

茶的形态美的内容十分丰富，涵盖了茶树、茶叶鲜叶、干茶茶叶等主要形态。

1.茶树之美

（1）古茶园旷野之美。茶树原产于中国，已为世界所公认。茶的英语为tea，茶的学名最早见于1753年瑞典植物学家林奈的《植物种志》。他在书中把茶的学名定为"Thea Sinensis"。"Sinensis"是拉丁文"中国"的意思。

《尔雅》中就提到野生大茶树，《吴普本草》中也有野生大茶树的记载。宋代沈括在《梦溪笔谈》中写道："建茶皆乔木。"明代《大理府志》中载"点苍山……产茶树高一丈"。

茶事趣读2-2　　　　　　　　**茶的相关知识**

茶树，灌木或小乔木，嫩枝无毛。叶革质，长圆形或椭圆形，先端钝或尖锐，基部楔形，上面发亮，下面无毛或初时有柔毛，边缘有锯齿，叶柄无毛。花白色，花柄有时稍长；萼片阔卵形至圆形，无毛，宿存；花瓣阔卵形，基部略连合，背面无毛，有时有短柔毛；子房密生白毛；花柱无毛。蒴果3球形或1~2球形，高1.1~1.5厘米，每球有种子1~2粒。花期10月至翌年2月。

野生茶树遍见于中国长江以南各省份的山区，为小乔木状，叶片较大，常超过10厘米长，长期以来，经广泛栽培，毛被及叶型变化很大。茶叶可作饮品，含有多种有益成分，并有保健功效。

唐代以前的古书中，关于茶的称呼有多种，包括"茶（tú）""荈（chuǎn）""槚（jiǎ）""蔎（shè）""茗""荼"等，其中尤以"荼"用得最多。当前茶学研究认为，"茶"较早出现在古玺印中。茶文字的规范，始于《广韵》一书。书中同时收录茶、茶等字，并说明"茶"是茶的俗称。唐开元年间官修《开元文字音义》时，正式收入了"茶"字，专指茶树和茶叶。至陆羽著《茶经》，就只用"茶"字，而不用"荼"了。

资料来源　佚名.茶［EB/OL］.［2024-04-19］. https://baike.baidu.com/item/%E8%8C%B6/6227?fr=aladdin.

中国有多个省份几百处发现了野生大茶树，西双版纳仍存在野生茶树及大量的古茶园，如云南勐海南糯山栽培型大茶树树龄达800年；勐海巴达野生型大茶树树龄约1 700年。从古至今，我国已发现的野生大茶树，时间之早、树体之大、数量之多、分布之广、形状之异，堪称世界之最。旷野中的古茶园，视野开阔，极目远眺，一望无际，富有野趣，自然古朴，是原生态的自然景观，不加雕琢和修饰，给人以心旷神怡、无以言表的美感。

旷野中的古茶园往往承载着深厚的历史文化底蕴与丰富的自然生态之美。古茶园通常位于远离城市喧嚣的偏远山区或丘陵地带，是大自然与人文历史交织的独特景观。在自然美方面，古茶园多被群山环抱，云雾缭绕，四季更迭中呈现出不同的风貌。古老的茶树依地势起伏而生，苍翠繁茂，与周围的野生动植物构建了和谐共生的生态系统，成为一幅生动的生态画卷。古茶园的布局和茶树自身的形态上体现了艺术之美。历经岁月洗礼的古茶树姿态各异，枝干遒劲有力，茶叶色泽鲜亮，满载岁月痕迹，给人以独特的审美享受。此外，采茶、制茶的过程本身也充满了艺术化的仪式感和节奏韵律。古茶园不仅是人们劳作的地方，也是传统农耕智慧和茶文化的积淀场所，通过世代相传的种茶技艺和品茶习俗，展现了人类文明与自然环境和谐共处的生活哲学和社会价值观。古茶园作为文化遗产，对当地社区及民族传统文化的传承与发展起着重要作用。总之，在旷野中的古茶园里，人们可以深刻体验到自然、艺术与社会三者交融的美感，并从中感悟到人与自然和谐共生、文化传承与生态保护的深远意义。

（2）现代茶园秀丽之美。茶树经过地质、气候、人的干预，处于不断进化之中。茶树按照其进化类型来看，分为野生型、过渡型、栽培型，外部形态分别为乔木型茶树、小乔木型茶树、灌木型茶树。在现代茶园中，人们看见的基本都是灌木型茶树。现代茶园里人工种植台地茶是秀丽之美。

现代茶园在延续传统茶文化精髓的同时，也注入了科技与艺术的现代元素，展现了独特的秀丽之美。首先，从景观设计角度来说，现代茶园注重整体规划和景观布局。茶园依山傍水，蜿蜒起伏的茶树梯田犹如大地的绿色音符，错落有致，线条流畅，与蓝天、白云、远山共同构成一幅层次分明、色彩丰富的田园画卷。部分茶园还通过增设观景台、步道以及园林小品等，为游客提供更佳的观赏体验。其次，现代茶园引入先进的种植技术和管理方式，使茶叶品质得到保证的同时，茶园生态环境更加优美。茶树整齐划一，绿意盎然，不仅提高了经济效益，而且有利于维护生物多样性，形成了人与自然和谐共生的生态茶园模式。最后，现代化的采茶设备和加工车间使得生产过程更为高效、洁净，也为茶园增添了工业美学的气息。透明的制茶工艺流程展示，将古老的茶艺与现代科技相结合，展示了茶叶从鲜叶到成品的华丽蜕变。此外，许多现代茶园还会举办各类茶文化节庆活动，结合茶艺表演、茶道研习、茶文化讲座等多元形式，将传统文化与现代审美相结合，丰富了茶园的文化内涵和社会功能。综上所述，现代茶园的秀丽之美既体现在其视觉景观的构建上，又表现在对传统茶文化的传承与创新、科学技术的应用以及生态环保理念的践行等多个层面。

2. 鲜叶奇特之美

这是指从茶树上采摘下来后未经任何加工处理的新鲜嫩叶所呈现出的直观的视觉和嗅觉体验上的自然之美。茶，"夜后邀陪明月，晨前独对朝霞"。茶吸收日月之精华，天地之灵气，鲜叶的奇特之美既体现在其直观的生物形态、色泽表现上，又融入了深层次的生态哲理与文化内涵。鲜叶的奇特之美让人感觉大自然物态构造的神奇，给人带来神秘、惊奇、非同一般、出人意料、不可思议的审美感受。茶是大自然创造出的个性作品，大自然中没有一模一样的两片茶，既神奇，又有趣。

（1）茶树叶片边缘锯齿一般为 16～32 对，有锯齿形、重锯齿形、齿牙形和缺刻形之分。但不论哪种形状，叶片锯齿都是上部密而深，下部稀而疏，近叶柄处平滑无锯齿。其他植物叶片多数叶缘四周布满锯齿，或者无锯齿。

（2）茶树叶片叶背叶脉凸起，主脉明显，并向两侧发出 7～10 对侧脉。侧脉延伸至离边缘 1/3 处向上弯曲呈弧形，与上方侧脉相连，构成封闭的网脉系统，这是茶树叶片的重要特征之一。其他植物叶片的侧脉则多呈羽状分布，直通叶片边缘。

（3）茶树叶片背面的茸毛，在放大镜或显微镜下观察，除主脉上的茸毛外，大多基部短，弯曲度大，通常呈 45～90 度弯曲，这也是茶树叶片的一个重要特征。其他植物叶片上的茸毛则多呈直立状生长或无茸毛。

（4）茶树叶片在茎上的分布呈螺旋状。其他植物叶片在茎上的分布通常是对生或几片叶簇状着生。

资料来源　懂茶帝.假茶！记住这 4 点，可以轻松防骗！[EB/OL].[2019-05-07].https://www.163.com/dy/article/EEJV7VAK0514CN0M.html.

3.干茶幽静之美

人们平常说的"茶"，多指加工后的干茶，也指用干茶冲泡而成的一种古老且健康的饮料。茶叶的种类繁多，形态各异，来自茶各个产地，品质也有所不同。我国是世界上茶类最多的国家之一，在千余年的生产实践中，我国劳动者在茶叶加工方面积累了丰富的经验，创造出了丰富的茶类。比如雀舌茶，因形状小巧似雀舌而得名；六（lù）安瓜片简称瓜片，似瓜子形的单片自然平展，叶缘微翘，色泽宝绿；福建安溪乌龙茶的代表铁观音，有"美如观音重如铁"的美称。无论哪种茶叶，都要经过风雨的洗礼、火的炙烤、热水的冲泡，方能成为芳香四溢的杯中茶。静等待泡的茶，呈现幽静之美，宁静无扰，静候欣赏它的人。

茶课视频 2-1
干茶幽静之美

相传，清代乾隆年间，福建安溪魏荫虔诚信佛，每天以清茶一杯奉在观音大士前。一天，魏荫上山砍柴，路过一座观音庙。他赶紧叩头跪拜，拜着拜着，魏荫只觉得眼前一片亮晶晶的，定神一看，庙前居然长着一株奇特的茶树，阳光下叶片闪闪发光，十分厚实、圆润。魏荫想：莫非观音显灵，赐我此树。于是，他将其移栽于茶园。以后，魏荫用这株茶的叶片制成乌龙茶，色泽厚绿，重实如铁，香味特异。人们称其为"重如铁"，后来得知魏荫的奇遇，遂改名为"铁观音"。

资料来源　怡隐人风狂.茶：铁观音，在历史中的由来及发展 [EB/OL].[2019-05-21].https://baijiahao.baidu.com/s?id=1634108646869009487&wfr=spider&for=pc.

（二）色彩美

色彩美能够使人产生直接的、强烈的视觉冲击力。变幻无穷的自然色彩给人们带来赏心悦目的视觉美感，令人愉悦。大自然中的花草树木、烟岚云霞、山水映衬以及太阳光线等，把红、橙、黄、绿、青、蓝、紫等色彩进行无穷变幻，人们通过视觉感受到大自然的艳丽多彩，从而有了强烈的美感体验。

茶叶色泽是判断茶叶品质、种类及加工工艺的重要指标之一。六大茶类就是根据绿、黄、黑、青、白、红六种颜色来确定的。不同类型的茶叶，其色泽各有特点。如绿色，有深绿、浅绿、淡绿、翠绿、黄绿、乌绿、灰绿之分。

茶汤色泽，简称汤色。汤色是指茶叶冲泡后溶解在热水中的茶汤所呈现的色泽。茶汤颜色除了与茶树品种、鲜叶老嫩程度有关外，主要是受发酵程度影响而呈现不同颜色。在茶汤颜色审美上，可以通过视觉的颜色辨识，察觉茶汤的正常色、劣变色、陈变色等。观茶汤颜色还可以判断茶叶的内含物质，如红茶可以看汤面沿碗边的金黄色的圈（俗称金圈）的厚度，以判别茶叶质量优劣。

在日常饮茶中，人们还总结出了不同茶具适合冲泡不同的茶，这也是从美学视角判断的。

茶的色彩美涵盖了从茶叶本身到茶汤乃至与茶相关的器物等多个维度，是茶文化视觉艺术的重要组成部分。茶的色彩美是一种流动的、多层次的、融合了自然与人文审美的艺术享受。

（三）动态美

茶冲泡的动态之美是中国茶艺中不可或缺的一部分，茶冲泡将技艺、艺术与生活哲学融为一体，给人以强烈的视觉享受和心灵触动。

一是茶冲泡时行云流水般的动作。茶艺师在进行茶道表演时，每一个手势都有其深意和规范，无论是温杯烫盏、取茶置茶、注水润茶，还是高冲低斟，每个步骤都如行云流水般流畅自然，充满了韵律美。手腕轻翻，茶壶优雅起伏，体现了一种从容不迫的生活态度和对细节的极致追求。

二是水与茶叶间的互动。当沸水注入茶器，茶叶在水中上下翻腾，犹如舞蹈一般，这被称为"凤凰三点头"或"鱼翔浅底"。茶叶吸水膨胀，慢慢释放出香气，这一动态过程犹如一幅生动的画面，既展示了茶的生命力，又为品茗者预示了即将呈现的美好滋味。

三是注水的艺术。注水时，茶艺师巧妙控制水流速度与力度，形成或细长如丝、或饱满如珠的水柱，高冲入茶具时发出潺潺之声，仿佛是在演奏乐曲。不同种类的茶有不同的注水方式，如绿茶通常采用缓柔的"润泡"，而乌龙茶则需要刚劲有力的"悬壶高冲"。

四是光影流转的意境。在光线的映照下，透明的茶具内，茶汤色泽的变化、茶叶在水中舒展的姿态以及热气升腾的景象构成了一幅流动的画卷。透过这光影变幻，饮茶者可以欣赏到茶的内在变化与外在形态的完美结合。

五是静与动的和谐统一。茶冲泡的过程虽然充满动态美，但这种动态并非躁动不安，而是与静态的茶具、环境及内心的宁静相辅相成，共同构成了东方文化中的动静结合之美，体现了中国传统文化中的阴阳平衡思想。

（四）布局美

茶与器、茶席、茶空间的布局之美，是中国茶文化中不可忽视的重要组成部分，它既包含了实用功能、搭配和谐的考虑，又融入了深厚的艺术与哲学内涵。茶席设计讲究空间、色彩、质地、光影等元素的和谐统一，以及器物与环境的相互映衬，共同营造出一种宁静雅致、韵味悠长的饮茶氛围。

　　首先，在空间规划上，茶席通常遵循"疏密有致，高低错落"的原则。茶台作为核心区域，摆放得宜，既要方便操作，又要体现出视觉层次感。茶具、花插、香炉等物品的布置应保持适当距离，避免拥挤或过于分散，形成既有紧凑有序又有留白透气的空间布局。

　　其次，色彩搭配是茶席美学的一大亮点。茶席主色调往往以淡雅为主，如竹木之色、陶瓷之釉、布艺之质朴，辅以茶叶、花朵或饰品的自然色泽点缀，整体色彩清丽而不失沉稳，呼应四季变换，彰显人与自然的亲和关系。再者，器物的选择与搭配体现了主人的审美情趣与文化底蕴。古朴的紫砂壶、晶莹的白瓷杯、精致的竹编茶垫，每一件器具都有其独特的线条美与质感美。此外，茶席上的挂画、书法、盆景等艺术装饰，进一步丰富了茶席的文化内涵。

　　最后，光影在茶席布局中的作用不容忽视。自然光线或是柔和灯光下，光影斑驳间呈现出茶席的立体感与生动性，让每一处细节都仿佛被赋予生命，增加了品茗时的情境美感。

　　综上所述，茶席布局之美体现在诸多方面，它是实用与审美的结合，传统与创新的交融，更是一种生活态度与精神追求的外化表达。通过精心布置的茶席，人们不仅能在品茗过程中享受味觉的愉悦，更能体验到中国传统文化的博大精深与和谐共生的理念。

（五）风情美

　　风情美确实是一种综合性的美学体验，它超越了单一元素或单体的美感，是通过多元、多维度的设计和布局，以及各元素之间的和谐共生与互动，共同营造出的一种独特的氛围和情感共鸣。茶室的整体结构、色彩搭配、材料质感等，形成了一个既独立又融合的空间环境。茶空间的风情美，是一种将中国传统文化、艺术美学与现代生活方式融为一体的独特韵味，其不仅是一个品茗饮茶的空间载体，更是一个展示人文精神和生活哲学的艺术殿堂。茶空间的设计往往蕴含着古典雅致的气息，结合了东方园林的造景手法和室内装饰艺术，追求自然和谐与宁静致远。古色古香的木质家具、竹编藤椅、传统字画或盆景摆设等元素共同构建出浓厚的文化氛围。而一席洁净素雅的茶席，搭配精巧细致的茶具，无不体现出茶人对细节的极致追求和对生活的精致态度。

　　此外，茶空间中的光线设计尤为关键，不论是透过竹帘洒下的斑驳光影，还是明暗适度的暖黄灯光，都能营造出宜人的视觉效果，使人在光影交错间感受到时间的流转与静谧的美好。茶空间的布局也十分注重"空"与"实"的对比运用，既有精心设置的焦点区域，如茶台、壁挂等，又有大量留白，给人以无限遐想空间。在这样的环境中泡茶、品茶、谈茶，既能品味茶汤之韵，又能领略到中华茶文化的深远魅力。

　　茶空间中流淌着音乐、焚香、插花等多重感官体验，它们共同构成了丰富多元的风情之美，让每一位步入其中的人，在喧嚣世界中找到一方心灵归宿，于平淡生活中体味禅意悠长。

茶诗赏析2-1

1. 佳作品读

一字至七字诗·茶

唐　元稹

茶，

香叶，嫩芽。

慕诗客，爱僧家。

碾雕白玉，罗织红纱。

铫煎黄蕊色，碗转曲尘花。

夜后邀陪明月，晨前命对朝霞。

洗尽古今人不倦，将知醉后岂堪夸。

2. 作者简介

元稹，字微之，别字咸明，洛阳人，北魏昭成帝拓跋什翼犍十九世孙，唐代文学家。唐贞元进士，官至宰相，但因与宦官相善，为时论所不满。擅诗文，与白居易共同提倡"新乐府"，并称"元白"，有《元氏长庆集》。

3. 佳作赏析

这首诗采用了宝塔诗的形式，从一字句的塔尖开始向下延伸，逐层增加字数至七字句，形如宝塔。诗的内容表达了茶的味美、形美，以及人们对茶的喜爱；说明了茶的煎煮方式、饮茶习俗、功用，以及茶道的最高境界"洗尽古今人不倦"。

茶诗赏析
2-1

《一字至七
字诗·茶》

任务二　茶道的美学意蕴

◎ **任务导入**

茶道的美学意蕴包括形式审美和精神审美两个方面。形式审美是指茶道在仪式和器物上的美感。例如，泡茶时需要掌握水温、时间等技巧，使茶叶能够充分释放出香气和滋味；品茶时需要用心感受茶汤的口感、香气和回甘，体会茶的韵味；茶具和茶室则需要与茶叶和泡茶技巧相匹配，营造出一种和谐、宁静的氛围。精神审美则是指茶道所蕴含的文化内涵和精神追求。二者相互融合、相互渗透。

◎ **知识探究**

一、茶道美学的形象审美

（一）人之美

茶道美学中的人之美，是一种深深植根于中国传统文化土壤，并在茶事活动中得以体现与传承的独特人文精神。它不仅关乎品茗赏艺的表面形式，更深入到参与茶各个环节之人的道德修养、技艺造诣和精神追求。

在茶的世界里，茶艺师不仅是茶叶的传播者与诠释者，更是中国传统文化艺术的传承者和创新者。茶艺师对泡茶技艺的精湛掌握，对空间布局、色彩搭配、光影运用等方面的审美体现，倡导和谐共处、尊重他人的人际关系理念，深厚的文化底蕴和独特的人格魅力，演绎出茶道世界中一幅幅生动的画卷。茶农作为茶产业链的基础环节，他们的劳作体现了人与自然和谐共生的理念。他们依时而作，遵循四时节气，细心照料茶园，通过辛勤努力和智慧耕耘出优质的茶叶，这种脚踏实地、勤劳淳朴的精神风貌就是真善美的生动写照。茶叶加工者凭借精湛的手工艺，将鲜叶加工成形态各异、香韵丰富的茶制品，其一丝不苟的工作态度和精益求精的工匠精神，充分展示了人文之善的内涵。茶商则在流通领域诠释着诚信经营和文化推广的人文之美。他们不仅以公平交易、货真价实的原则赢得消费者的信任，而且通过传播茶文化、倡导健康饮茶的生活方式来提升大众的生活品质。茶艺师、茶农、茶叶加工者还有茶商共同构成了茶道美学中精神之美的一面。这种美源于对中华传统美德的恪守，体现在敬业乐群、尊崇自然、追求卓越的价值观上。

在茶道的世界里，人们通过对茶的热爱与追求，修炼内心，陶冶情操，塑造高尚的人格魅力，从而达到"以茶修身，以茶养性"的至高境界。综上所述，茶道美学中的人之美，是从田间地头到市场流通再到杯盏之间的全方位展现，是劳动者的智慧与汗水凝结而成的真实之美，是从业者精神世界的高度提炼与升华，更是中华优秀传统文化在现代社会中生生不息、历久弥新的有力证明。

启智润心 2-1　　"大国茶匠"肖时英

在茶界，肖时英久负盛名，有着"云南无性系茶树良种之父"的美誉，民间也有人称他为"台地茶之父"。在第十五届中国普洱茶节上，肖时英被评选为"大国茶匠"。

1953年，武汉大学毕业后，肖时英不远万里来到云南省茶叶科学研究所勐海基地从事茶叶科研工作。此后，肖时英全身心投入到普洱茶上，他仿佛就是为普洱茶而生。

半个多世纪的坚守，肖时英和妻子张木兰只做了一件事，那就是为大叶种茶树选育优良品种，进行无性繁殖的扦插育苗，并先后选育出了"云抗10号""雪芽100号""矮丰""云梅""云瑰""木兰一号"等多个无性系茶树良种，为云南大叶种茶树新品种选育和繁殖奠定了基础。其中，1987年"云抗10号"被审定为国家级良种，现已成为云南茶区种植面积最大的无性系茶园。同时，肖时英还致力于茶树良种良法配套推广，创制良种名优茶，栽种千万亩茶树，造福茶农，同时让云南的茶叶品质稳步提高。

他的一生，"种"在了普洱；他的一生，只育一株苗……

资料来源　佚名.他，"种"在了普洱［EB/OL］.［2022-08-18］. https://mp.weixin.qq.com/s?__biz=MzU5MTQ3NjkxOQ==&mid=2247640674&idx=1&sn=0ec8a72310d754438e4b37b06b9a8d40&chksm=fe2287bac9550eac5a9f74120cc5d5a76efef5620b1b96234f747c5a4fd7238cfc734bd4adee&scene=27.

思政元素：工匠精神　文化传承

> **学有所悟：**党的二十大报告指出："加快建设国家战略人才力量，努力培养造就更多大师、战略科学家、一流科技领军人才和创新团队、青年科技人才、卓越工程师、大国工匠、高技能人才。"在"大国茶匠"肖时英的身上，我们看到了一种执着与坚守。半个多世纪，只做一件事，这种专注和坚持令人动容。他用自己的行动诠释了什么是真正的热爱，什么是为了理想而不懈奋斗。我们应该学习肖时英的精神，在自己的工作和生活中，找到自己热爱的事业，并为之付出努力。要有执着的信念和坚守的勇气，不被困难和挫折所打败；要具有创新精神，不断探索和尝试，为推动行业的发展贡献自己的力量。肖时英是我们的榜样，他的事迹将激励着我们不断前行，为实现自己的人生价值而努力奋斗。

（二）茶之美

茶之美，是一种多维度的美学体验，它不仅仅局限于人的品格与精神风貌，更延伸至自然、生态以及健康等多个方面。

1.自然之美

茶，作为大自然的恩赐，其美首先体现在它的自然属性上。茶树生长在山野之间，与蓝天白云、青山绿水相伴，吸收着大自然的精华。每一片茶叶都是大自然赋予我们的礼物，它们承载着阳光、雨露、土壤和时间的痕迹，呈现出独特的色泽、香气和口感。

2.绿色生态之美

在现代社会，绿色生态已成为人们追求的生活方式。茶，作为一种绿色饮品，其种植和加工过程都强调生态环保。茶园管理注重生态平衡，避免化学农药和化肥的使用，确保茶叶的品质和安全。这种绿色生态之美不仅体现在茶叶的外观和口感上，更体现了人们对自然和环境的尊重与保护。

3.健康之美

茶，自古以来就被誉为"万病之药"。它含有丰富的茶多酚、氨基酸、矿物质等营养成分，具有提神醒脑、降压降脂、抗氧化等多种保健功能。品茶，不仅是一种味觉的享受，更是一种健康的追求。它让人们在忙碌的生活中找到了一种健康的生活方式，让身心得到放松和滋养。

（三）器之美

茶器之美，不仅体现在其工艺精巧、造型雅致上，更在于它所蕴含的文化内涵与生活哲学。

首先，茶器的形态之美，各具特色，各有韵味。如紫砂壶以其独特的双气孔结构，既保温又透气，能最大程度地保留茶叶原香；白瓷茶具质地细腻，色泽洁白如玉，能够真实映衬出茶汤的颜色，令品茗者尽享视觉盛宴；青花瓷茶具则以蓝白相间的图案，展示出中国传统绘画的艺术魅力。

其次，茶器的功能之美，体现为每一款茶器都与其对应的茶艺流程紧密相连，从茶船到茶荷、从茶壶到茶杯，每一个环节都体现出设计者的匠心独运和对茶道精神的理解。例如，公道杯均匀茶汤，盖碗便于闻香观色，茶漏过滤茶渣，茶匙优雅取茶，无不体现其在泡茶过程中的实用功能与美学价值。

再次，茶器的精神之美，则表现在其与茶道理念的高度契合。无论是素朴无华的陶器，还是精美绝伦的瓷器，都在提醒我们追求自然和谐，倡导简朴淡泊的生活态度。正如明代文人张源在《茶录》中所述："茶器为助茶之具，目的在于洁饮赏心，不可重物轻用。"

最后，茶器之美还体现在其承载的人文情感和历史记忆中。每一件历经岁月沉淀的古董茶器，都是一个时代的缩影，见证着茶文化的变迁与发展。它们身上留下的磨损痕迹、手工制作的温度，以及背后的故事传说，都赋予了茶器更加丰富的审美层次和人文内涵。

综上所述，茶器之美是物质与精神、实用与艺术、传统与现代相结合的完美诠释，是中国茶文化独特魅力的重要载体。

🌙 茶事趣读2-5　　　　　宋代士大夫"盏贵青黑"的美学思想

宋代人认为黑色位于北方，是万物之根。总之，宋代，人们对黑色更多是出于一种积极的态度，由此也延伸影响到瓷器釉色上。建窑所出的黑釉盏作为黑釉瓷代表因其地区土质含铁量高，不同于传统黑釉的单调沉闷，其色泽幽深变幻，能够生出兔毫、油滴、曜变等特殊纹理，增加了观赏性。其本身底色的玄黑与道家的"玄之又玄"不谋而合，而茶汤为水符合老子观念"道"的意象代表、深幽的黑釉盏与乳白的茶汤同道家思想中的"玄"与"道"相辅相成，恰好呼应了"玄以载道"，也与宋人饮茶时的自省心性达成共性，得到上下推崇。

资料来源　圆透纪史.宋代点茶"盏贵青黑"文化成因及美学意涵［EB/OL］.［2023-12-01］.https://baijiahao.baidu.com/s?id=1784050018952983920&wfr=spider&for=pc.

（四）水之美

水，作为自然界中最基本且不可或缺的元素之一，其美体现在多个维度和层次上。第一，水在不同状态下的变化赋予了它多样的形态美。液态时，水可以是静谧的湖面、奔腾的江河或澎湃的瀑布，展现着宁静与激昂的对比美；凝固为冰，形成千姿百态的雪花或是晶莹剔透的冰凌，显现出微观世界的精致纹理之美；升腾为气，化作云雾缭绕山间，或晨露点缀叶尖，呈现出灵动而梦幻的画面。第二，流水潺潺，波光粼粼，它们诠释着动中有静、静中有动的哲学意蕴。水流动的姿态变化无穷，无论是涓涓细流还是汹涌波涛，都给人以强烈的视觉冲击，同时又带有一种抚慰人心的力量。第三，水对光线有极强的反射和折射能力，日出日落时分，水面映照天空的色彩斑斓，创造出如诗如画的景象；夜晚月光洒落，水面上泛起银色涟漪，营造出宁静神秘的氛围。第四，水是生命的源泉，万物生长离不开水的滋养。它不仅孕育了丰富多彩的水生生物世界，更是陆地上所有生命得以延续的基础。从这个意义上说，水的生命之美在于它的滋养力与包容性。第五，在诸多文化和哲学体系中，水被赋予了丰富的象征意义，诸如"上善若水"的道家智慧、"智者乐水"的儒家精神以及"善心如水"的儒家禅语等，这些内涵都使水之美超越了物理层面，上升到了精神与道德的高度。综上所述，水之美不仅仅是一种感官体验，更是一种深层次的文化哲思与生命感悟。

（五）艺之美

茶艺，是中国传统文化中极具魅力的一环，它融合了美学、哲学、礼仪和生活艺术，展现了深厚的文化内涵与独特的审美情趣。茶艺之美可以从以下几个方面来解读：

1.形式之美

从器皿选择到操作流程，茶艺无不体现出精致而严谨的形式美。如精美的茶具，包括紫砂壶、白瓷杯、公道杯、茶则、茶匙等，每一件都蕴含着工匠精神的巧夺天工；泡茶的动作流畅优雅，每招每式都讲究规范与节奏，形成了富有韵律感的动态之美。

2.意境之美

茶艺不仅仅是品饮的过程，更是一种创造意境的艺术。在布置茶席时，会考虑季节、环境、主题等因素，通过插花、挂画、焚香、听乐等方式营造出雅致的氛围，使人沉浸于一种宁静、淡泊的心境之中。

3.品味之美

茶艺的核心在于品茗，茶叶的选择、水的品质、火候的掌控以及冲泡的时间都有严格的要求，以充分释放茶叶的香气和滋味，体现茶汤的色、香、味、形四绝之美。品茗的过程中，不仅品味茶本身的味道，而且在品味人生的甘苦与变化。

4.人文之美

茶艺是人与自然、人与人之间沟通交流的重要载体。通过茶艺活动，人们可以共享清心悦目的雅趣，增进友谊，传承文化，弘扬和谐共生的人文理念。

5.哲理之美

茶艺背后蕴含着丰富的哲学思想，如"和敬清寂"的茶道精神，提倡的是平和、尊重、纯净和静寂的生活态度，这与中国传统文化中的儒家、道家、禅宗等诸多哲学流派的理念相互交融，体现了中国传统文化的精神内核。

因此，茶艺之美既体现在实际的操作技巧和感官体验上，也深深根植于中华民族悠久的历史文化和人生哲学之中。

二、茶道美学的精神审美

（一）"洁"之美

茶课视频
2-2

茶道美学的
精神审美

"洁"，是茶事审美的基本前提。茶生于灵山妙峰，承甘露之芳泽，蕴天地之精气，自然成为品性高洁的代表。品茶要在干净整洁的环境下进行，用洁净的双手、洁净的茶具，泡出洁净的茶汤。茶无洁，则不美；茶无净，则不清。饮茶可以引申为一种心灵的洗涤：用纯净的茶水洗心，带来心灵的纯洁与纯净。韦应物所写的"纯洁不可污，为饮涤尘烦"，就描述了茶之性本洁。现代作家林语堂在《茶与交友》中认为，"茶是凡间纯洁的象征，在采制烹煮的手续中，都须十分清洁"。

"洁"中也有敬重、诚挚的含义。历史上，王公贵族在举行重大庆典或者祭祀活动时，都必须斋戒沐浴，以示敬重，类似的做法在儒、释、道中均有体现。茶道是一件干干净净的事业，必须以敬重、认真、诚恳的态度去实践。凡事"心诚则灵"，如果过于随意散漫，心不敬不诚，则必然难以在修习中悟道，达不到预先设想的身心受益的效果。

"洁"与"清"字有异曲同工之妙。《说文解字》记载:"凡人洁之亦曰清。"饮茶者清,事茶者洁。清即明朗透彻,净洁无染,是受到文人雅士所推崇的修养要素。老子说,"天得一以清";苏轼感叹,"人间有味是清欢"(《浣溪沙·细雨斜风作晓寒》)。日本茶道四谛中就有"清":在被称为"露地"的茶庭里,茶人们要随时泼洒清水,在迎接贵客之前,用抹布擦净茶庭里的树叶和石头,茶室里是一尘不染的,连烧水用的炭都被提前一天洗去了浮尘,茶人就是这样通过去除身外的污浊达到内心的清净。

(二)"静"之美

"静"是茶事审美的必由之路。喝茶乃静心之举。从烧水、洗杯到烫壶、冲茶、斟茶,一道道程序缓缓而行,一招招茶式循序渐进,要做到有条不紊,需要研修者平心静气,气定神闲。心不静则乱,气不定则浮。茶道之静,绝非静止不动,而是静中有动,动中有静,动中蕴美,静中含智,动静结合,美不胜收。茶饮具有清新、雅逸的特性,能静心、静神,有助于陶冶情操,去除杂念,修炼身心。静的作用是多方面的:

其一,静能养心。喧嚣尘世,可谓熙熙攘攘,纷纷扰扰,忙忙碌碌。如今快节奏的生活状态导致人心日益浮躁,出现种种"亚健康"的状态。如果人们能够在繁忙紧张之中,静下心来品尝一杯清凉的茶,不仅是一种惬意的享受,更是难得的心灵放松。心静,是一种气质,一种修养,也是一种境界。有人说得好:浮躁的社会,心静者胜。

其二,静能生慧。古语云:"宁静以致远""静故了群动,空故纳万境"(苏轼)。《荀子·解蔽》中说:"虚一而静。"文学家老舍说过:"有一杯好茶,我便能够万物静观皆自得。"(《戒茶》)善于静观,就能在静中观察世间诸种现象的根源;善于静思,就能透过纷繁的人生现象,把握生活的本质;善于静悟,才能够了悟人生的真谛,领悟真正的哲理。

其三,静能悟道。古往今来,无论是道士、高僧还是儒生,都把"静"作为茶道修习的必经之路。因为静则明,静则虚,静可虚怀若谷,静可洞察明鉴。老子说:"夫物芸芸,各复归其根。归根曰静,是谓复命。"(《道德经》)庄子也说:"圣人之心静乎,天地之鉴也,万物之镜也。"(《庄子·外篇·天道》)因此,静是人们明心见性,洞察自然,反观自我,体悟大道的无上妙法。

(三)"正"之美

"正"是茶事审美的必然要求。《礼记·大学》中列举了"格物、致知、诚意、正心、修身、齐家、治国、平天下"八个德智修养的环节,其中,承上启下的就是"正心"。可见,心之"正"非常重要,是"修身、齐家、治国、平天下"的基础。孟子说:"我善养吾浩然之气。"这种"浩然之气"就是人间正气。"正"在茶道中可以解读为四层意义:

第一层意义是身体端正。茶者在茶事活动中要做到:头平、身正、臂曲、足稳。头平是为了保证视线的平正,既不过高,也不太低;身正是指身体端正,不偏不斜,且随着冲泡流程的变化而自然移动;臂曲是指手臂做到沉肩坠肘,游刃有余;足稳是指无论坐还是站,都要站如松、坐如钟,非常沉稳。

第二层意义是公正、公平。茶道里有一款茶具称为公道杯，用于调和茶汤的颜色、浓度及分量，其中就隐含了中国茶道中公平待人、无所偏私的道理。所谓茶汤面前人人平等，茶汤面前公道自在。据说茶传入朝鲜半岛后，被当地人看成一种修养。在茶桌上，无君臣、父子、师徒之差异，茶杯总是从左传下去，茶水均匀，中正而平和。很多人从中悟出商道：诚实守信，公平经商。

第三层意义是正直。《吕氏春秋·君守》中注："正，直也。"做人要有正直之心，不做有损国家民族之事，不做违背良知之事。茶人更应如此。佛家有云："直心是道场。"直心即诚实心，正直无弯曲，此心乃是万行之本。所以，茶道研修，须以虔诚、纯直、真诚的心来修学，不可形顺心违，自欺欺人。

第四层意义是指正中。至正为中，至中为正，不偏不倚，符合"中庸"之道。朱熹在《四书集注》中解释说："中者不偏不倚，无过与不及之名；庸，平常也。""中"是天下的正道，"庸"是天下的定理，意思是做任何事情都要合乎常理，恰到好处。古希腊哲学家亚里士多德说过："过度与不及都破坏完美，唯有适度才保存完美，那么德性就必定是以求取适度为目的。"因此，"中道"也是一种美学理念。

（四）"雅"之美

"雅"是茶事审美的外在体现。中国人，尤其是强调修为的知识分子，无不崇尚一个"雅"字。求雅，才能够克服自身的不足，增长自己的学识与修养。荀子在《荀子·荣辱》中说："譬如越人安越，楚人安楚，君子安雅。"宋徽宗有"雅尚"一语，旨在以茶饮倡导一种雅尚风气。

茶生于青山秀谷之中，得日月灵气滋养，本身就是高洁素雅、清新超俗之象征。潜心修习茶道者，受其感化与熏陶，且常与棋琴书画为友伴，耳濡目染，自然离俗去庸，生活清雅，举止轻舒。雅不是矫揉造作的故意作秀，而是率性纯真的自然流露，它是一种内在的气质，一种洒脱的风度。雅者有三种：心雅者，心有雅意，思想纯净；口雅者，口出雅言，谈吐谦和；行雅者，行为高雅，举止得体。

"雅"之美是对茶道形式的充分形容与表达，其体现的是文化、修养、品位。茶是雅物，泡茶是雅事，茶者是雅士，饮茶是雅趣，茶道是雅修。雅，是社会文明与进步的标志，人类社会之发展，就是一个趋雅避俗的过程。

茶诗赏析2-2

1.佳作品读

与赵莒茶宴

唐　钱起

竹下忘言对紫茶，全胜羽客醉流霞。

尘心洗尽兴难尽，一树蝉声片影斜。

2.作者简介

钱起，唐代诗人，字仲文，吴兴（今浙江省湖州市）人。751年（唐玄宗天宝十年）登进士第，曾任蓝田尉，官终考功郎中。其诗以五言为主，多送别酬赠之作，有关山林诸篇，常流露追慕隐逸之意。钱起与刘长卿齐名，称"钱刘"；又与郎士元齐名，称"钱郎"。著有《钱考功集》。

3.佳作赏析

唐代饮茶风气日炽，上自权贵，下至百姓，皆崇尚茶当酒。茶宴的正式记载见于中唐，钱起曾与赵莒一块办茶宴，地点选在竹林，但不像"竹林七贤"那样狂饮，而是以茶代酒，所以能聚首畅谈，洗净尘心，在蝉鸣声中谈到夕阳西下。钱起为记此盛事，写下这首《与赵莒茶宴》。

全诗采用白描的手法，写作者与赵莒在翠竹下之下举行茶宴，一道饮紫笋茶，并一致认为茶的味道比流霞仙酒还好。饮过之后，已浑然忘我，自我感觉脱离尘世，红尘杂念全无，一心清净了无痕。俗念虽全消，茶兴却更浓，直到夕阳西下才尽兴而散。

诗里描绘的是一幅雅境啜茗图，除了令人神往的竹林外，诗人还以蝉为意象，使全诗所烘托的娴雅志趣愈加强烈。蝉与竹一样是古人用以象征峻洁高志的意象之一，蝉与竹、松等自然之物构成的自然意境是许多文人穷其一生追求的目标，作者在自然山水的幽静清雅中拂去心灵的尘土，舍弃一切尘世的浮华，与清风明月、浮云流水、静野幽林相伴，求得心灵的净化与升华。

茶诗赏析
2-2

《与赵莒茶宴》

任务三　茶道审美的方法

◎ 任务导入

从远古时代开始，人类便以各种方式追问生命的终极价值与意义，由此产生了各种艺术、信仰与哲学等精神文明成果。茶道与之如影随形，"茶以载道"，茶道不能离开茶的媒介作用；在美与快乐中悟道，茶道不是枯燥乏味的苦修，而是轻松愉悦的体验。那么，茶道审美有哪些路径与方法呢？

◎ 知识探究

茶道美学，具体表现为茶事美学，是一项寻觅美、欣赏美、享受美的综合性审美活动。它不仅能满足人们爱美、求美之需求，而且能起到净化情感、陶冶情操、增长知识的作用。

茶道审美方法融合了视觉、听觉、触觉、味觉和嗅觉等多种感官体验，以及内心的情感与哲理思考。审美方法论探析在人类精神文化生活中，审美活动占据的位置。审美不仅是对美的感受与鉴赏，更是一种内在的、具有主观能动性的认知过程。探讨审美方法，旨在引导我们如何以更为科学和深入的方式去发现、理解和评价生活中的美。首先，客观性审美方法是基础。它要求我们在欣赏艺术作品或自然景观时，应尊重其本身的特质和内在规律，不带偏见地感知其形式、结构、色彩、线条等元素所构成的整体美感。例如，在欣赏一幅画作时，我们可以从构图、色彩运用、主题表达等方面进行客观解读，理解画家的艺术构思和技巧表现。其次，主观性审美方法强调个体体验的重要性。每个人的审美观都深受个人经历、情感状态、文化背景的影响。再者，历史性和社会性审美方法提示我们要将审美活动置于特定的历史和社会语境之中。任何艺术品都是其创作时代的产物，都承载着特定的社会信息和历史文化内涵，理解这些背景可以帮助我们更全面、深入地把握审美对象的价值。最后，辩证统一的审美方法要求我们在审美实践中既要注重直观感受，又要善于理性思考；既要保持开放的心态接纳多元审美观念，又要有独立判断的能力，形成个性化的审美见解。总之，审美方法多种多样，涵盖了客观分析、主观体验、历史考察和社会审视等多个维度，必须灵活运用。

一、茶道审美的路径
（一）传递审美信息

在茶道中，正确传递审美信息意味着通过茶叶品质、茶艺表演、空间布置、器皿选择等元素，传达出茶文化的精神内涵与美学价值，让参与者理解并感受茶道艺术中的和谐、自然、简朴和雅致。

陆羽一生淡泊功名利禄，一片丹心在《茶经》，成为几千年来中国文明史上空前绝后的茶中第一人。陆羽在《六羡歌》中云："不羡黄金罍，不羡白玉杯。不羡朝入省，不羡暮登台。千羡万羡西江水，曾向竟陵城下来。"他以茶叶为媒介，奉行"精行俭德"的行为准则，以"和"美的品茶意境来引导世人进行茶道审美。

◆ 茶事趣读 2-6　　　　　陆羽和皎然的友谊

陆羽与皎然的友谊是中国茶文化史上的一段佳话。他们相识于湖州，相知于茶，结下了深厚的友情。

皎然是当时著名的诗僧，陆羽则是茶道的开创者和《茶经》的作者。他们都对茶有着深厚的热爱和理解，这也成为他们友谊的纽带。他们共同探讨茶道，品味茶香，留下了许多传颂千古的诗篇和茶事佳话。

他们的友谊不仅体现在诗词唱和上，更在于心灵上的相通。皎然曾在诗中写道："一饮涤昏寐，情来朗爽满天地。再饮清我神，忽如飞雨洒轻尘。三饮便得道，何须苦心破烦恼。"这充分表达了皎然对茶的热爱和对陆羽的深厚情感。

陆羽在创作《茶经》的过程中，也得到了皎然的大力支持和帮助。他们一起品茶论道，共同探讨茶道的精髓。皎然的诗歌和茶道理念对陆羽产生了深远的影响，使得《茶经》更加完善和丰富。

这段友谊也成为中国茶文化史上一段珍贵的记忆。

资料来源　佚名.文人与茶——中国茶文化［EB/OL］.［2020-08-21］. https://baijiahao.baidu.com/s?id=1675601200898083696&wfr=spider&for=pc.

（二）分析审美感受

茶道审美感受是一种沉浸于中国传统文化与生活美学的独特体验。在茶事活动中，从选茗、赏器、观水到泡茶、品饮的每一个环节，都凝聚着深邃的文化内涵与高雅的艺术追求。茶汤色泽之美，似碧玉生辉；香气之韵，如兰芷幽然；口感之妙，回味无穷，是大自然与人类智慧的完美交融。茶艺表演中的一举手一投足，无不体现出和敬清寂的茶道精神。此外，茶空间的布置亦蕴含了深远的哲学意境与艺术格调，让人在品味茶的同时，也感悟人生哲理，实现心灵的净化与升华。茶道审美不仅关乎视觉、嗅觉、味觉的享受，更在于它引领我们深入探索内心世界，体验生活的淡泊与宁静。我国著名美学家李泽厚就将审美感受分为"悦耳悦目""悦心悦意""悦志悦神"

三个层次。

1. 悦耳悦目

悦耳悦目是茶道审美体验的第一个层次。茶道审美体验中的"悦耳悦目"是指获得视觉与听觉的享受，更是一种全方位、多层次的感官体验。首先，"悦目"体现在茶席布置的美学追求上。茶具精巧雅致，器物之间搭配和谐；茶叶色泽翠绿或醇红，汤色清澈透亮；插花、挂画等装饰艺术亦融入其中，营造出宁静致远的氛围，给人以视觉上的愉悦和心灵的宁静。其次，"悦耳"则表现在品茶过程中的诸多细节。如煮水时壶中沸腾的声音，仿佛山泉潺潺，又似林间鸟鸣，给人以自然和谐之感；茶艺师动作轻柔流畅，器具碰撞发出的清脆之声，犹如丝竹入耳，富有韵律之美。此外，有时还会伴有悠扬的古琴音乐或空灵的禅音，让人心旷神怡，达到视听统一的艺术效果。在茶道审美的过程中，人们通过观看茶事活动，体验到"悦耳悦目"的外在美。

2. 悦心悦意

悦心悦意，是茶道审美体验中较高层次的审美感受，是指通过茶道活动，使人的内心得到愉悦和满足，达到心灵的和谐与平静。

首先，茶道环境的布置与营造对于悦心悦意至关重要。一个幽雅、宁静的茶室，可以让人远离尘嚣，放松身心。其次，茶道注重礼仪和仪式感，每一个动作都有其独特的意义。茶人在泡茶、倒茶、品茶的过程中，需要全神贯注，用心去感受每一个细节。这种专注和投入，不仅可以让人忘却烦恼，还可以提升人的审美能力和生活品质。最后，在茶道活动中，茶人们可以相互交流心得、分享感受，增进彼此之间的了解和友谊。这种情感交流不仅可以让人感受到温暖和关爱，还可以让人在心灵上得到滋养和升华。

3. 悦志悦神

悦志悦神是茶道审美体验中的最高层次，是指茶人在参与茶道活动的过程中，通过感知、理解、想象等多种心理活动，品味茶的韵味，领悟茶道的内涵，从而实现精神的愉悦和升华。

诗僧皎然在诗中曾写道："一饮涤昏寐，情来朗爽满天地。再饮清我神，忽如飞雨洒轻尘。三饮便得道，何须苦心破烦恼。"意思是饮下第一碗，顿时洗去了昏寐，心情大好，天地间一片神清气爽；第二碗饮罢，神思清明，仿佛忽然降下的飞雨洒灭了浮尘；饮罢第三碗，智慧明达，顿悟得道，再不需煞费苦心地破除烦恼。最后一句"孰知茶道全尔真，唯有丹丘得如此"，则描写了饮茶时生理、心理直至心灵的多层次感受，体现了从量变到质变的过程。

（三）践行茶道美学

泡茶和品茶的过程，是艺术的表达，是美的传递，更是一种修身养性、感悟生活的方式。践行茶道审美感受，可以让我们更深入地理解茶的韵味，同时也能提升我们的审美能力和生活品质。

践行茶道需要我们用心去感受茶的美。每一个环节都需要我们全身心投入，让我们能够更好地领悟茶的韵味，感受到茶的美妙。茶道审美还需要我们具备一定的审美知识和修养。了解茶叶的品种、制作工艺，以及茶道的礼仪和规范，可以让我们更加深入地理解茶的内涵和价值。同时，通过不断实践和体验，我们也可以逐渐提高自己的审美能力和品位。

践行茶道审美感受需要我们保持一颗平和的心态。茶道强调的是内心的宁静和淡泊,只有当我们放下世俗的烦恼和压力,才能真正感受到茶的美妙和韵味。因此,在践行茶道的过程中,我们需要学会调整自己的心态,保持一颗平和、宁静的心。

(四)传播茶道美学

传播茶道审美感受是一件非常有价值和意义的事情。茶道作为一种独特的文化现象,它所蕴含的审美感受和文化内涵,对于提升人们的审美水平、促进文化交流、推动社会和谐等方面都具有重要的作用。

通过举办茶道讲座、展览、演示等活动,能向更多的人介绍茶道的魅力和审美感受。这些活动可以让人们亲身感受到茶道的独特之处,了解茶道的历史渊源、文化内涵和审美要求,从而增强人们对茶道的认识和兴趣。

通过撰写与茶道相关的文章、书籍等,能将茶道的审美感受和文化内涵传达给更广泛的读者群体。这些文字作品可以详细介绍茶道的各个方面,包括泡茶技巧、品茶方法、茶具选择、茶室布置等,同时也可以分享个人的茶道体验和感悟,从而激发读者对茶道的热爱和探索欲望。

通过组织茶道交流活动,能让更多的人参与到茶道的实践中来,感受茶道的审美魅力。这些活动包括茶道比赛、茶道表演、茶道体验等,通过亲身参与,人们可以更加深入地了解茶道,感受茶道所带来的愉悦和放松。

🍵 启智润心 2-2 　　　　　　中国传统制茶技艺及其相关习俗

2022年11月29日,我国申报的"中国传统制茶技艺及其相关习俗"在摩洛哥拉巴特召开的联合国教科文组织保护非物质文化遗产政府间委员会第17届常会上通过评审,列入联合国教科文组织人类非物质文化遗产代表作名录。

中国传统制茶技艺及其相关习俗是有关茶园管理、茶叶采摘、茶的手工制作,以及茶的饮用和分享的知识、技艺和实践,共涉及15个省份的44个国家级非遗代表性项目,涵盖绿茶、红茶、乌龙茶、白茶、黑茶、黄茶、再加工茶的制作技艺,以及茶艺和茶礼等相关习俗。这些技艺、习俗世代相传,贯穿于人们的仪式、节庆活动中,深深融入中国人的生活。

思政元素:文化自信　文化传承

学有所悟:中国传统制茶技艺及其相关习俗成功列入联合国教科文组织人类非物质文化遗产代表作名录,充分展现了中华民族传统文化的深厚底蕴和独特魅力。党的二十大报告指出,"传承中华优秀传统文化,满足人民日益增长的精神文化需求""深化文明交流互鉴,推动中华文化更好走向世界"。这让我们深刻认识到,中华民族拥有丰富而宝贵的文化遗产,我们要坚定文化自信,弘扬中华优秀传统文化,让传统文化在新时代焕发出新的活力。同时,传统制茶技艺及相关习俗世代相传,历经岁月的洗礼依然熠熠生辉,这启示我们要重视对优秀传统思想和价值观的传承,不断创新发展,以适应时代的要求。

二、茶道审美的方法

（一）动态观赏与静态观赏

茶道审美不是单一的、孤立的、不变的画面形象，而是活泼的、生动的、多变的、连续的整体。观赏者置身茶事活动中，通过茶事活动以时间为轴，以动作为序，全方位全过程地感受茶道美学。观察采茶、制茶、烹茶、品茶过程，能感受茶道动态的神韵。通过动态观赏，我们可以更加深入地理解茶道的内涵和价值，感受到茶道所带来的独特魅力和美感。

静态观赏是茶道审美中不可或缺的一部分。观赏者在某一特定的空间驻足停留，选择最佳的位置观赏，通过感受、联想来欣赏美、体验美。

唐代诗人刘禹锡在《西山兰若试茶歌》中道："山僧后檐茶数丛，春来映竹抽新茸。宛然为客振衣起，自傍芳丛摘鹰嘴。""抽"字描绘了春天里鲜叶茶芽生长过程的动态美，"鹰嘴"则形容茶叶的形态美。如此栩栩如生的画面非诗人驻足停留静态观赏不可得也。

（二）观赏角度与观赏距离

角度和距离是两个不可或缺的审美因素。茶事过程中，茶与人与物，千姿百态，变化万千，需要从一定的空间距离和特定的角度去看，才能领略其中的美。"横看成岭侧成峰，远近高低各不同"说的就是观赏的角度和距离问题。

距离，除了空间距离以外，还有心理距离，是指人与物之间暂时建立的一种相对超然的审美关系。在审美过程中，心理上要超脱日常生活中的功利心、摆脱私心杂念，超然外物，才能获得美的享受。宋代诗人范成大《夜坐听雨》写道："四檐密密又疏疏，声到蒲团醉梦苏。恰似秋眠天竺寺，东轩窗外听跳珠。"意思是夜晚来临，端坐家中，秋雨忽至，打在屋檐瓦片上，时大时小，淅淅沥沥，雨声传入耳中，像催眠曲似的让人非常舒服。把下雨写得如此唯美，别具审美情趣。

（三）观赏时间与观赏节奏

春有百花秋有月，夏听涧鸣冬有雪，欣赏美要把握好时机。掌握好观赏美的季节、时间和气象变化，把握时间流逝，光影转换，做到有张有弛、有急有慢、有引导有留白。苏轼在《汲江煎茶》中写道："雪乳已翻煎处脚，松风忽作泻时声。枯肠未易禁三碗，坐听荒城长短更。"前一句写出茶煮沸时茶沫如雪白的乳花在翻腾漂浮，倒出时似松林间狂风在震荡怒吼。后一句写出三碗茶饮下，满腹枯肠已觉不胜茶力，静坐在那里，静听荒原里小城中长短不一的更声。"翻腾""震荡"的快与"坐听""长短更"的慢相映衬，让人感受到了诗人被贬后的心境。

（四）移情观赏

在审美过程中，提倡积极调动个体的情感共鸣与想象空间，通过"移情"作用，将自己的情感投射到审美对象中，实现主客体的高度融合。白君易在《谢李六郎中寄新蜀茶》中写道，"不寄他人先寄我，应缘我是别茶人"，朋友寄来明前新蜀茶，先尝为快，感恩老友的温情；在《山泉煎茶有怀》中写道，"无由持一碗，寄与爱茶人"，对茶的懂得与对友人的挚爱，浑然天成交织在一起，给人无限美好的遐想，体会到"分享"之快乐。

茶诗赏析 2-3

1. 佳作品读

次韵曹辅寄壑源试焙新芽

宋　苏轼

仙山灵草湿行云，洗遍香肌粉未匀。

明月来投玉川子，清风吹破武林春。

要知冰雪心肠好，不是膏油首面新。

戏作小诗君一笑，从来佳茗似佳人。

茶诗赏析
2-3

《次韵曹辅
寄壑源试焙
新茶》

2. 佳作赏析

　　本诗的特色是双重结构，两个主体：一是佳人，二是佳茗。看似写人，实为写茶；看似写茶，又寓人事。可谓有实有虚，虚实结合。将佳茗比作佳人，巧妙生动，引人入胜。诗人以富于诗意的想象，写出了佳茗带来的美妙感觉：高山云雾中湿润的茶树，仿佛出浴的美人；友人寄来的团茶，仿佛投向诗人窗前的明月；天然润泽的茶饼好像冰清玉洁、内心良善的仙子，绝非那种表面涂抹一层膏油的平常团茶，只是油头粉面的庸脂俗粉。此诗虽语言通俗，但用字新奇巧妙，更胜在想象优美奇特，实为茶诗中的佳作。"从来佳茗似佳人"一句，更是传诵千年的经典名句。

知识巩固

一、选择题

1. "戏作小诗君一笑，从来佳茗似佳人"中的佳人是指（　　）。

A. 君子　　　　B. 美女　　　　C. 兄弟　　　　D. 诗人自己

2. 《茶经》是世界上最全面、最完整的茶学巨作，此书一出，饮茶之风普及于大江南北。下面关于《茶经》表述错误的是（　　）。

A. 分为上、中、下3卷，共11篇

B. 唐代著名茶学家陆羽所著

C. 上卷三篇分为"一之源""二之具""三之造"

D. 世界三大茶书之一

3. 皎然在《饮茶歌消崔石使君》一诗中写道"孰知茶道全尔真，唯有丹丘得如此"，这里皎然的审美达到（　　）层次。

A. 悦心悦意　　B. 悦志悦神　　C. 悦耳悦目　　D. 悦己悦人

4. 朱熹在《四书集注》中解释说："中者不偏不倚，无过与不及之名；庸，平常也。""中"是天下的正道，"庸"是天下的定理，意思是做任何事情都要合乎常理，恰到好处。在茶道精神审美中属于（　　）。

A. "正"之美　　B. "静"之美　　C. "洁"之美　　D. "雅"之美

5. （　　）是指人与物之间暂时建立的一种相对超然的审美关系。

A. 空间距离　　B. 观赏节奏　　C. 观赏时机　　D. 心理距离

在线测评
2-1

知识巩固

二、简答题

1.结合生活中喝茶实践，简述茶道审美中的"雅"之美。

2.审美感受的三个层次分别是什么？如何区分？

实践训练

一、实训任务

以3～4人组成一个小组，每个小组搜集一首有关茶的诗歌作品，并对该作品进行美学品鉴。

二、实训步骤

1.小组分工，开展自由讨论；

2.撰写品鉴报告，并制作PPT；

3.各小组选派1名代表进行汇报。

三、实训评价

实训评价见表2-1。

表2-1 实训评价表

考评教师		被考评小组	
被考评小组成员			
考评标准	内容	分值	得分
	主题鲜明，条理清楚，逻辑性强	20分	
	运用所学知识分析问题的能力强	20分	
	创新思维强，美学知识运用熟练	20分	
	表述清晰，语速适中，仪表大方	20分	
	PPT制作精美，体现美学元素	20分	
合计		100分	

注：考评满分为100分，90～100分为优秀，80～89分为良好，70～79分为中等，60～69分为及格。

3

项目三 茶艺师美学与审美能力

项目概述

　　茶艺师是茶文化的传播者、茶叶流通的"加速器"，是一个温馨且富有品位的职业。中国是一个文明古国，有着悠久的历史和灿烂的文化，千百年来形成了独特的东方文化。中国是茶的故乡，饮茶是中国人的传统习俗。因此，中国的茶艺在其形成和发展过程中，汲取了中国传统文化的营养和精髓，具有鲜明的民族特色。作为茶文化传播者的茶艺师，应具有深厚的功底，这样才能表达出茶艺的"精、气、神"。

项目目标

知识目标 | 1.掌握茶艺师的气质要求。
2.掌握茶艺师应具备的审美素养。

能力目标 | 1.能够按照茶艺师的岗位要求塑造得体的个人仪表。
2.能够按照茶艺师的岗位要求进行审美实践。

素养目标 | 1.提高审美素养，养成良好的职业道德。
2.坚定文化自信，做中华茶文化的传播者。

任务一　茶艺师气质之美

◎ 任务导入

当前，茶已成为风靡全世界的绿色饮料之一，饮茶在世界各国人民的生活之中已相当普及。与此同时，人们对于茶艺的认知度和需求量也逐年增加，对茶艺师的冲泡技巧和综合素养的要求日益提高。因此，茶艺师在日常生活中应不断提高自身的文化修养，培养出高贵典雅的气质。

◎ 知识探究

一、茶艺师岗位介绍

《茶艺师国家职业技能标准（2018年版）》中对茶艺师的定义是：在茶室、茶楼等场所，展示茶水冲泡流程和技巧，以及传播茶知识的人员。茶艺师职业编码：4-03-02-07。

茶艺师职业技能等级共设5个等级，分别是五级/初级工、四级/中级工、三级/高级工、二级/技师、一级/高级技师。职业能力特征是具有良好的语言表达能力，一定的人际交往能力，较好的形体知觉能力与动作协调能力，较敏锐的色觉、嗅觉和味觉。

二、茶艺师气质

气质是人的个性心理特征之一，它是指在人的认识、情感、言语、行动中，心理活动发生时力量的强弱、变化的快慢，均衡程度等稳定的动力特征。它主要表现在情绪体验的快慢、强弱、表现的隐显以及动作的灵敏或迟钝方面，因而它为人的全部心理活动表现染上了一层浓厚的色彩。

茶艺师气质是指茶艺师在从事茶艺服务过程中所表现出来的一种独特的魅力和风采。这种气质是茶艺师内在素质和外在表现的综合体现，也是茶艺师专业素养和职业形象的重要体现。

三、茶艺师应具备的气质美

一名茶艺师要具备气质美，最重要的就是时刻保持饱满的精神、和悦的容颜、真诚的微笑，具备较高的文化修养，着装要得体，举止要端庄，给人呈现一种大方、大气、淡雅、淡定从容的感觉。日常仪容干净、整洁和适度而得体的化妆，可以体现其端庄、美丽、温柔、大方的独特气质，既是对宾客的尊重，也是对自我形象和人格的尊重。

（一）茶艺师的仪容

仪容是指社交场合中，身体不着装的部位，如头、头发、脸、手等。在仪容方面要遵循的两个原则就是仪容干净、整洁和修饰避人。

1.整齐的发型

对于茶艺师的仪容要求，发型需要根据个人的脸型、气质来梳理，整理整齐，长发盘起或束起，或短发齐耳，给人以舒适、明亮、整洁的感受。这是优秀的茶艺师应

茶课视频
3-1

茶艺师的仪
容仪表要求

该给人留下的第一印象。切忌头发蓬松凌乱不堪、忌短发遮面、忌发长触及茶具，不得染发、留怪异发型，不得给客人不卫生的感觉。

2.优美的手型

茶艺师要有一双纤细、柔嫩的手，平时注意保养，随时保持清洁、干净。泡茶前清水净手，不涂有香气、油性大的护手霜。指甲修剪整齐，不留长指甲，不涂有色的指甲油。

（二）茶艺师的仪表

仪表是指人的外表，包括服饰、形体容貌、修饰（化妆、装饰品）、发型、卫生习惯等。在社交场合，一个人的仪表不但可以体现他的文化修养，而且可以反映他的审美趣味。

1.得体的服饰

服饰对人的仪表起到修饰作用，特别是与人初次相识时，由于双方不了解，服饰在人们心目中占有很大分量。服饰能反映人们的地位、文化水平、文化品位、审美意识、修养程度和生活态度等。服饰通过形式美的法则来实现，主要是通过色彩、形状、款式、线条、图案的修饰，以达到改变或影响人体仪表的目的，使之趋向完美。实现服装美的法则，讲究对称、对比、参差、和谐、节奏、比例、多样、统一、平衡等。

茶艺师穿衣要得体，这是最基本的要求。服饰要与周围的环境、着装人的身份、天气、人的身材相协调，这是服饰的四种基本要求。茶道服饰除了与其他服饰一致的四种基本要求外，应主要以民族的特色服装为基础，这是由于茶道具传统性、民族性，属于东方文化，与西方文化有一定的区别，要体现一种风雅的文化内涵和历史渊源，因而运动衣、西装、衬衫、牛仔服、T恤衫、夹克衫、休闲服等比较休闲、随意的服饰则很少用。

鞋袜与服饰要配合协调，厚重的袜子应配低跟鞋，鞋跟宜低。茶的本性是恬淡平和的，因此泡茶师的着装以整洁大方为宜，不宜太鲜艳，女性切忌浓妆艳抹，大胆暴露；男性也应避免乖张怪诞，如留长发、穿乞丐装等。总之，无论是男性还是女性，都应仪表整洁，举止端庄，要与环境、茶具相匹配，言谈得体，彬彬有礼，体现出内在文化素养来，符合茶道端庄、典雅与稳重的感觉。

2.形体容貌

每个人的容貌非自己可以选择，天生丽质是靠父母的遗传之福，但并不一定能做到艺美。有的人虽相貌平平，但因为有较高的文化修养和得体的行为举止，以神、情、技动人，显得非常自信，灵气逼人。

茶艺师不仅要在专业上提升自己的专业水平，还要在文化素质、修养程度上多提升自己。在日常行茶、茶会接待、商务接待中，茶艺师穿着得体，谈吐高雅，博学多才，不仅能赢得他人的信赖，给人留下良好的印象，还能够提高与人交往的能力。

3.适宜的修饰

职场女性化淡妆上岗，这是对自己的尊重，也是对对方的尊重。保持良好的个人形象，化适当的妆容，会让你显得更有气质，并为你带来好运。茶艺师在妆容方面应注意：化淡妆切忌浓妆艳抹，朴素自然就好。化妆品应选用无香的，以免影响茶香，破坏了品茶时的感觉。

（三）茶艺师的仪态

仪态是指人的行为中的姿势与风度，可分为静态与动态的仪态。姿势包括站立、行走、就座、手势和面部表情等。仪态可通过适当的训练进行提高，在礼仪动作的训练中达到提高个人仪态、风度的目的。

1.静态过程中的姿态艺术美

（1）站姿。茶道中的仪态美，是由优美的形体姿态来体现的，而优美的姿态又是以正确的站姿为基础的。站立是人们日常生活、交往、工作中最基本的举止，正确优美的站姿会给人以精力充沛、气质高雅、庄重大方、礼貌亲切的印象。

茶道中的站姿要求身体重心自然垂直，从头至脚有一线直的感觉，取重心于两脚之间，不向左、右方向偏移。站立端正，眼睛平视，嘴微闭，面带笑容，腋似夹球，呼吸自然。双臂自然下垂在体前交叉，右手虎口架在左手虎口上。站立时，要求女士脚呈"V"字形，双膝和脚后跟要靠紧，男士双脚张开与肩同宽，双手自然下垂。

（2）坐姿。正确的坐姿给人以端庄、优美的印象。对坐姿的基本要求是端庄稳重、娴雅自如，注意四肢协调配合，即头、胸、髋三轴，与四肢的开、合、曲、直对比得当，便会形成优美的坐姿。

坐姿要求端坐于椅子中央，占据椅子2/3的面积，不可全部坐满，上身挺直，更能体现出形体的挺直与修长，双腿并拢，双肩放松，头端正，下颌微敛。女士右手虎口在上交握双手置放胸前或面前桌沿，男士双手分开如肩宽，半握拳轻搭于前方桌沿。

（3）微笑。微笑可以表现出温馨、亲切的表情，能有效地缩短双方的距离，给对方留下美好的心理感受，从而形成融洽的交往氛围。微笑有一种魅力，在社交场合，轻轻的微笑可以吸引别人的注意，也可使自己及他人心情轻松些，但要注意，微笑要发自内心，不要假装。微笑可以反映茶艺师高雅的修养，待人至诚。

2.动态活动过程中的形态艺术美

风雅类茶道、表演型茶道特别重视人体动态的美感。优美的动作在于身体平衡，优雅的坐、行、动是良好行为举止的具体体现。

（1）走姿。稳健优美的走姿可以使一个人气度不凡，产生一种动态美。标准的走姿是以站立姿态为基础，以大关节带动小关节，排除多余的肌肉紧张，以轻柔、大方和优雅为目的，要求自然，行走时，身体要平稳，两肩不要左右摇摆晃动或不动，不可弯腰驼背，不可脚尖呈内八字或外八字，脚步要利落，有鲜明的节奏感，不要拖泥带水。

茶道活动中走姿还需与服装的穿着相协调。根据穿着服装不同，有不同的走姿。男士穿长衫时，要注意挺拔，保持后背平整，尽量突出直线；女士穿旗袍时也要求身体挺拔，胸微挺，下颌微收，不要塌腰撅臀。走路的幅度不宜大，脚尖略外开，两手臂摆动幅度不宜太大，尽量体现柔和、含蓄、妩媚、典雅的风格；穿长裙时，行走要平稳，步幅可稍大些，转动时要注意头和身体的协调配合，尽量不使头快速转动，要注意保持整体造型美，显出飘逸潇洒风姿。

（2）转身。在走动过程中，向右转弯时右足先行，反之亦然。来到宾客面前，先由侧身状态转成正身面对。离开转身时，应先退后两步再侧身转弯，不要当着宾客掉头就走。回应别人的呼唤，要转动腰部，脖子转回并身体随转，上身侧面，而头部完全正对着后方，眼睛是正视的。微笑着用眼看人，这种回头的姿态，身体显得灵活，态度也礼貌周到。

（3）落座。入座讲究动作的轻、缓、紧，即入座时要轻稳，走到座位前自然转身后退，轻稳地坐下，落座声音要轻，动作要协调柔和，腰部、腿部肌肉需有紧张感。女士穿裙装落座时，应将裙向前收拢一下再坐下。起立时，右脚抽后收半步，而后站起。

（4）蹲姿。正确的方法应该弯下膝盖，两个膝盖并起来，臀部向下，上体保持直线。单膝跪蹲，左膝与着地的左脚呈直角相屈，右膝与右手尖同时点地。单膝跪蹲常用于奉茶，桌面较高时，可用单腿半跪式，即左脚向前跨膝微屈，右膝顶在左腿小腿肚处。

（5）递物和接物。递物的一方要使物品的正面对着接物的一方。递笔、刀剪之类尖利的物品，需将尖头朝向自己，握在手中，而不要指向对方。接物时，除用双手外，应同时点头示意或道谢。

茶课视频 3-2

茶桌上的礼仪

四、茶艺师的礼仪美

礼仪由礼节和仪式构成。"礼仪"出自《诗经·小雅·楚茨》："礼仪卒度，笑语卒获。"人们在社会交往活动中，为了相互尊重，在仪容、仪表、仪态、仪式、言谈举止等方面约定俗成的、共同认可的行为规范。礼仪是对礼节、礼貌、仪态和仪式的统称。优秀的茶艺师，一坐一行皆应大方得体。

我国是礼仪之邦，茶艺更是十分注重礼节。在茶事活动中常用的礼节有：

（一）鞠躬礼

鞠躬礼是茶艺表演中常见的一种礼仪，主要用于向尊贵者或来宾表达敬意。这种礼仪动作体现了茶艺师的谦卑与恭敬之意。

鞠躬是中国的传统礼仪，在行礼上分为三种：真礼，弯腰约90°，一般用于正式场合或向长者行礼；行礼，弯腰约45°，用于问候欢迎。草礼，弯腰约15°，用于点头示意。

茶艺师鞠躬礼根据泡茶时所处的位置，分为站式、坐式和跪式三种，其中站式和坐式最为常用。在进行鞠躬礼时，茶艺师需要保持身体直立，两手平贴大腿，然后慢慢下滑，同时上半身平直弯曲，弯腰时要吐气，直身时要吸气。弯腰到位后，要稍微停顿一下，表达对宾客的敬意，然后慢慢直起上身，恢复原来的站姿或坐姿。

（二）伸手礼

伸手礼是在茶事服务中常用的特殊礼节。行伸手礼时应五指自然并拢，手心向上，左手或右手自然向左或向右前伸。伸手礼是在请客人帮助传递茶杯或其他物品时采用的礼节，一般应同时讲"请"或者"谢谢"。

（三）注目礼和点头礼

注目礼即眼睛庄重而专注地看着客人；点头礼即点头致意。这两个礼节一般在茶艺师向客人敬茶或奉上物品时联合使用。

（四）叩手礼

斟茶时，宾客用手指叩击桌面，寓意"谢谢"，"叩手"音同"叩首"。

> **♦ 茶事趣读 3-1　　　　　　　叩手礼的由来**
>
> 乾隆皇帝下江南微服私访，有一天带着一群大臣去当地一间有名的茶馆喝茶。由于生意太好，小二忙不过来，拿了茶壶往桌上一放，说："你们自己倒吧！"然后就走了。那茶壶正好放在了乾隆旁边，没等大臣们反应过来，却见乾隆已经拿起茶壶给大家倒起了茶。大臣们个个诚惶诚恐、不知所措，要是在皇宫里，可是要立刻磕头谢恩的，但现在微服在外，又不能跪，怕暴露身份。这时有位大臣灵机一动，将食指和中指屈起，在桌面上轻叩三下，表示跪地谢恩，磕了三个响头。其他大臣随之相继效仿，总算舒了口气。这件事后来被传为佳话。现在南方人喝茶就常有这个习惯，别人为自己倒茶时，会用手指轻点三下桌子，也叫"三叩"，以表示感谢。
>
> 《功夫茶话》中写道：当别人为你倒茶时，曲指轻敲桌面，既表示注意到了热茶正倾入茶杯，"但倒无妨"；又含有致谢之意，相当于说"这厢有礼了"。与此同时，宾主尽可以谈笑自若，话该说什么就继续说什么，不会因倒茶的客套而打断话题，现代叩手礼也是分长幼的。
>
> 长辈给晚辈倒茶：晚辈应将右手握拳，拳背朝上，用五指轻敲桌面。一般敲三下即可，意思是五体投地，为倒茶之人行叩拜之礼！平辈给平辈倒茶：只需要食指和中指并拢，轻敲桌面三下即可，表示给予对方应有的尊重。晚辈给长辈倒茶：长辈可以用一只手指在茶杯边缘轻敲一下，表示尊重。如果长辈遇到比较欣赏的晚辈，可以用中指在茶杯边缘轻敲三下，表达欣赏之意。
>
> 资料来源　双小陈.你还在用茶桌叩手礼？茶桌叩手礼的由来及体现形式［EB/OL］.［2021-10-30］. https://baijiahao.baidu.com/s?id=1715009983208282139&wfr=spider&for=pc.

中国茶道的修养方法是"立于礼"。《礼记》中云："礼者，因人之情而为之节文。"礼，就是顺应人情而制定的节制和规范。茶道顺应了"人情"而立礼，个体凭借天然具备的"人情"产生共振效应而立于礼。让我们在茶艺礼节中，恭敬他人，温暖他人。

五、茶艺师的语言美

茶艺师要具备良好的沟通能力，能够与客人建立良好的互动关系，了解客人的需求和喜好，提供贴心、专业的服务。

（一）什么是语言美

语言美，又称"言语美"，是指人际交往中言辞的美，是社会美之一。语言美的基本要求是文雅、和气、谦逊。所谓文雅，就是要学会使用日常生活中的见面语、感谢语、告别语、招呼语，不使用粗俗语言；所谓和气，就是要心平气和地同别人说话，不强词夺理，更不能恶语伤人；所谓谦逊，就是从语意、语气、语调等方面处处表现出对对方的尊重，多用讨论、商量口吻说话，养成对人用敬语、对己用谦辞的习惯。

（二）茶艺师的礼貌敬语

使用礼貌敬语是茶艺师职业道德修养的重要标准。其基本要求是：语言亲切、音量适中、音调简洁清晰，充分体现主动、热情、礼貌、周到、谦虚的态度。根据不同的对象恰当运用服务敬语，对内使用普通话，对外宾使用日常用语。做到客到有请，客问必答，客走道别。

具体要求如下：

•宾客登门时主动打招呼，如"您好，欢迎光临"。

•称呼宾客时使用称呼语，如"先生""太太""女士""夫人"。

•向宾客问好时使用问候语，如"您好""早上好""晚上好""您辛苦了""晚安"。

•听取宾客要求时，要微微点头，使用应答语，如"好的""明白了""请稍候""马上就来""麻烦请您稍等"。

•服务有不足之处或宾客有意见时使用道歉语，如"对不起""打扰了""让您久等了""请原谅""不好意思"。

•感谢宾客时使用感谢语，如"谢谢""谢谢您的提醒"。

•宾客离别时使用道别语，如"再见""欢迎您下次光临"。

•与宾客谈话时要杜绝使用"四语"，即蔑视语、烦躁语、否定语和顶撞语，如"哎""喂""不行""没有了"，不能漫不经心、粗音恶语或高声叫喊。

语言美是心灵美的直接体现，不同时代、民族的人具有不同的文化素养、思想情感、道德品质、语言表现力，其语言美也有不同的表现形态。语言美是交际的必要手段，直接影响语言交际的效率和人际关系的协调。达到语言美需加强语言修养，提高思想文化素质与心灵美的培养。

🍃 茶诗赏析 3-1

1.佳作品读

重过何氏五首（其三）

唐　杜甫

落日平台上，春风啜茗时。

石阑斜点笔，桐叶坐题诗。

翡翠鸣衣桁，蜻蜓立钓丝。

自今幽兴熟，来往亦无期。

2.作者简介

杜甫，字子美，自号少陵野老，世称杜工部、杜少陵等，祖籍襄阳（今属湖北），唐代伟大的现实主义诗人，被世人尊为"诗圣"，其诗被称为"诗史"。杜甫与李白合称"李杜"，为了与唐代另外两位诗人李商隐与杜牧即"小李杜"区别开来，杜甫与李白又合称"大李杜"。杜甫忧国忧民，人格高尚，诗艺精湛，一生写诗1400多首，其中很多是传颂千古的名篇，对后世影响深远。

3.佳作赏析

《重过何氏五首》写于春日，描述了诗人再次拜访何将军的情景。其中，第三首是茶诗，写作者在何氏山林的平台山喝茶，兴之所至，便倚石栏，在桐叶上题诗，旁边有翡翠鸟、蜻蜓做伴，犹如一幅色调雅致的"饮茶题诗图"。

任务二　茶艺师审美素养

◎ 任务导入

审美是人生必备的修养，在越来越以人的综合素质为核心竞争力的现代社会，美学修养是人生必需的修养。审美可以有许多不同的境界，要达到很高的审美境界其实很不容易，因此审美能力需要培养、陶冶和不断提高。对美学而言，审美不仅只是知识的学习，更大程度上是心灵的感悟。茶艺师不单是泡茶者，还要有发现美的眼光、组织美的才能、表现美的技艺和体会美的心境。

◎ 知识探究

一、审美素养

审美素养是人的审美能力的重要体现，是一个人综合素质的集中体现。人的素质的提高是社会进步的象征，其中一个标志就是人格的提升，尤其指人的道德修养与审美素养的提升。

二、茶艺师的审美素养

茶艺师的审美素养是指在茶艺表演和茶文化传播过程中，茶艺师对于美的敏感度、鉴赏力和创造力。审美素养是茶艺师在职业发展中不可或缺的一部分，也是成为优秀茶艺师的重要条件之一。

（一）对美的敏感度

茶艺师要善于发现美、欣赏美，能够从茶叶的外观、香气、口感等方面感受到茶的美妙之处。同时，茶艺师还需要对茶道礼仪、茶艺表演等方面有深入的了解和研究，能够从中发现美的元素，并将这些元素融入自己的茶艺表演中。

（二）对美的鉴赏力

茶艺师要对不同种类的茶叶、茶具、茶器等有深入的了解和鉴赏能力，能够根据茶的特点选择适合的茶具和茶器，营造出最佳的品茶环境。同时，他们还需要对茶艺表演的技巧、风格等有深入的了解和研究，能够鉴赏出不同茶艺师的表演特点和优劣之处。

（三）对美的创造力

茶艺师不仅要能够传承和发扬传统的茶艺文化，还需要具备创新的精神，不断探索新的茶艺表演形式和内容，为茶文化的传承和发展注入新的活力。

三、茶艺师审美素养提升的路径和方法

（一）品读经典

茶艺师可以深入学习茶文化的历史与哲学。茶文化源远流长，蕴含着丰富的审美内涵。通过阅读茶文化经典著作，了解茶道的起源、发展及变迁，茶艺师可以深化对茶文化的理解，从而提升自己的审美修养。

古往今来，有范仲淹，"溪边奇茗冠天下，武夷仙人从古栽"；有陆游，"细啜襟灵爽，微吟齿颊香"；有徐寅（又称徐夤），"武夷春暖月初圆，采摘新芽献地仙"。将泡茶、喝茶推进到有想法、有主张的境地，提升精神层面；从茶画、茶书等文化典籍中了解茶思想的发展脉络，理解茶的审美情趣，洞察茶与身心的关系，洞悉与社会的关系、与传统文化的关联、与哲学的关联、与美学的关联。只有在关于茶的思想足够丰厚、深刻时，茶艺师才能更深刻地理解乃至主动去表现茶艺所蕴含的空寂之美、狂狷之美、禅学之境，或是茶道的精俭精神、人文气息、民俗理念。

（二）实践探索

茶艺师可以欣赏和品鉴各类茶叶，不同种类的茶叶具有独特的色泽、香气、口感和韵味。通过品鉴各类茶叶，茶艺师可以培养对茶叶品质的敏锐感知，提高对茶叶的鉴赏能力。

茶艺师可以关注茶艺表演和茶道艺术。茶艺表演是茶艺师展示茶艺技能的重要途径，茶道艺术则体现了茶文化的精髓。通过学习和观摩优秀的茶艺表演和茶道艺术，茶艺师可以借鉴其中的审美元素，提升自己的茶艺表现水平。

茶艺师可以参与茶艺交流活动，与其他茶艺师分享经验和心得。通过交流，茶艺师可以了解不同的茶艺风格和审美观点，拓宽自己的审美视野。

茶艺师还可以关注茶室设计和环境营造。一个幽雅、宁静的茶室环境有助于提升品茶体验。茶艺师可以学习如何布置茶室，选择合适的茶具和装饰物，以营造出具有审美价值的品茶环境。茶席是以茶为灵魂，茶具为主体，在特定的空间形态中，与其他艺术形式相结合，共同完成的一个有独立主题的茶道艺术组合。

（三）跨界融合

茶艺是一种融合艺术与生活的精致文化，跨界融合则能为茶艺师审美素养的提升注入新的活力与灵感。

1.艺术与设计领域的融合

美学教育：茶艺师可以参加美学课程或研讨会，学习色彩搭配、空间布局、线条运用等美学原理，将这些原理应用于茶室设计、茶具选择以及茶艺表演中，创造出更具美感的茶艺环境。

设计思维：借鉴设计思维中的用户体验、创新理念等，茶艺师可以设计出更符合现代审美需求的茶艺产品，如茶具、茶叶包装等，同时提升茶艺服务的品质和体验。

2.文学与哲学领域的融合

诗词鉴赏：学习并鉴赏古典诗词，理解其中蕴含的意象和意境，有助于茶艺师在泡茶、品茶过程中更好地营造文化氛围，提升茶艺表演的艺术感染力。

哲学思考：茶道与哲学有着密切的联系。茶艺师可以学习儒家、道家等哲学思想，从中汲取智慧，深化对茶道的理解，提升茶艺表演的文化内涵。

3.音乐与舞蹈领域的融合

音乐配合：在茶艺表演中融入音乐元素，如古筝、琵琶等古典乐器演奏，或是轻柔的现代音乐，有助于营造优雅的氛围，提升茶艺表演的艺术性。

舞蹈元素：借鉴舞蹈中的肢体语言，茶艺师可以在泡茶、奉茶等环节中融入优雅的舞蹈动作，使茶艺表演更具观赏性和艺术性。

4.现代科技与媒体领域的融合

多媒体展示：利用投影、LED显示屏等现代科技手段，将茶艺表演与影像、动画等多媒体元素相结合，创造出更具视觉冲击力的茶艺表演形式。

网络传播：通过社交媒体、短视频平台等网络渠道，茶艺师可以分享茶艺知识、表演心得等，扩大茶艺文化的影响力，同时吸引更多年轻人关注和参与茶艺活动。

▶ 茶诗赏析3-2

1.佳作品读

山泉煎茶有怀

唐　白居易

坐酌泠泠水，看煎瑟瑟尘。

无由持一碗，寄与爱茶人。

2.作者简介

白居易，字乐天，唐贞元进士，授秘书省校书郎、补尉。元和时曾任翰林学士、左拾遗及左赞善大夫，后遭贬为江州司马，又历任忠州、杭州、苏州刺史等职，官至刑部尚书。晚年好佛，号"香山居士"。白居易是唐代著名诗人，倡导新乐府运动，主张"文章合为时而著，歌诗合为事而作"，写下了不少讽喻诗和长篇叙事诗，其诗作形象生动鲜明，语言通俗优美。白居易一生嗜茶，自称"别茶人"，《唐才子传》中说他"茶铛酒杓不相离"。

3.佳作赏析

诗的开头使用了"坐酌"和"看煎"，将人的悠闲自在和随心所欲、时空的缓慢推移悠然有致地表现出来。其后紧接着出现的两个叠词——"泠泠"和"瑟瑟"，则将清泉涌动和茶尘轻颤的动感、质感、声响，神微地传达出来。开头两句，写景兼具写意，形象地描绘了诗人手握木杓，坐在泉边汲水的恬静惬意，以及欣赏碧末旋转的茶汤时的愉悦温馨。其后两句，笔锋一转：亲手煎煮的好茶已成，诗人却仍感美中不足，因为无法给爱茶的朋友们寄上一碗，使他们能够分享品茗之乐。短短四句诗行，将对生命的享受、对自然的热爱、对茶的懂得和对友人的挚爱，浑然天成地交织在一起，给人无限美妙的遐想。

茶诗赏析
3-2

《山泉煎茶有怀》

任务三　茶艺师审美实践

◎ 任务导入

茶艺师的审美实践是一个全方位、多层次的过程，它涉及茶艺环境的营造、茶具的选择与搭配、茶艺表演的艺术性、茶文化的理解与传承以及审美情感的培养与表达等方面。

◎ 知识探究

茶艺师审美实践的最终目的是实现茶艺美学的升华与传承，为品茶者创造一种深刻而独特的文化体验。这一目标的实现需要茶艺师不断提升自己的审美素养和茶艺水平，同时注重与品茶者的沟通和互动，使茶艺表演更加贴近人心、深入人心。

一、茶艺师审美实践的目的

（一）茶艺美学的升华

茶艺师通过长期的审美实践，不断提炼和升华茶艺美学，使茶艺表演更具艺术性和感染力。这种升华不仅体现在茶艺师对茶叶、茶具、茶室环境的选择与搭配上，还体现在茶艺师对泡茶技巧、动作流程、精神内涵的深入理解和表达上。茶艺师通过精湛的技艺和深厚的文化底蕴，将茶艺美学展现得淋漓尽致，使品茶者能够深刻感受到茶文化的博大精深。

（二）茶文化的传承

茶艺师作为茶文化的传承者和传播者，其审美实践旨在将茶文化的精髓和传统延续下去。茶艺师通过深入研究茶文化的历史、内涵和精神，将其融入自己的茶艺表演中，使品茶者能够更好地了解和感受茶文化的魅力。同时，茶艺师还通过创新茶艺表演形式和内容，使茶文化在现代社会中焕发出新的活力，推动茶文化的传承和发展。

（三）品茶者的文化体验

茶艺师通过精心营造的茶艺环境、优雅的茶艺表演以及丰富的茶文化内涵，使品茶者能够在品茶的过程中感受到茶文化的韵味和精髓。这种文化体验不仅让品茶者享受到美妙的味觉盛宴，还让品茶者在心灵深处得到滋养和升华。

二、茶艺师审美的实践方法与技能

茶艺师的审美实践涉及多个层面，旨在提升茶艺表演的艺术性和文化内涵。以下是一些具体的方法或技能：

（一）深入观察与感知

茶艺师需要培养敏锐的观察力和感知力，以深入了解茶叶的色、香、味、形等特性。通过仔细观察茶叶的外观、色泽，嗅闻其香气，品尝其滋味，茶艺师能够更准确地把握茶叶的品质特点，为后续的茶艺表演奠定基础。

（二）空间布局与色彩搭配

茶艺师需要掌握空间布局和色彩搭配的技巧，以营造幽雅、宁静的茶艺环境。通过合理布置茶室家具、装饰物等，以及巧妙运用色彩的对比与和谐，茶艺师能够创造出富有艺术感和文化气息的品茗空间。

（三）茶艺动作与流程设计

茶艺师需要精心设计茶艺动作和流程，以展现茶艺的韵律美和动态美。在泡茶、奉茶等环节中，茶艺师应注重动作的流畅性、协调性和优雅性，使茶艺表演成为一种视觉和心灵的享受。

（四）音乐与氛围营造

茶艺师可以运用音乐来营造氛围，增强茶艺表演的艺术感染力。选择适合的音乐曲目，与茶艺表演相得益彰，使品茶者在欣赏茶艺的同时，也能感受到音乐带来的愉悦和放松。

（五）文化内涵的融入

茶艺师需要深入了解茶文化的历史、内涵和精神，将这些元素融入茶艺表演中。通过讲述茶的故事、茶道的哲理等，茶艺师能够引导品茶者更深入地理解和感受茶文化的魅力。

🍵 **启智润心 3-1**　　　　　　　　　　　　**陆纳杖侄**

晋人陆纳，曾任吴兴太守，累迁尚书令，有"恪勤贞固，始终勿渝"的口碑，是一个以俭德著称的人。有一次，卫将军谢安要去拜访陆纳，陆纳的侄子陆俶对叔父招待之品仅仅为茶果而不满。陆俶便自作主张，暗暗备下丰盛的菜肴。待谢安来了，陆俶便献上了这桌丰筵。客人走后，陆纳愤责陆俶"汝既不能光益叔父 奈何秽吾素业"，并打了侄子四十大板，狠狠教训了一顿。

资料来源　佚名.千古茶事——陆纳杖侄 [EB/OL]. [2021-03-15]. https://weibo.com/ttarticle/p/show? id=2309404614981663457673.

思政元素：精行俭德　恪守自律

学有所悟：晋人陆纳以俭德著称，其事迹令人深思。陆纳身为吴兴太守、尚书令，却秉持"恪勤贞固，始终勿渝"的品德，在生活中以茶果待客，尽显俭朴之风。这种俭德不仅是一种生活方式，还是一种高尚的品德追求。在当今社会，物质生活日益丰富，人们往往容易陷入追求奢华和享乐的误区。陆纳的故事提醒我们，俭朴是一种美德，能够让我们保持内心的宁静和淡泊，不被物质所束缚。

从陆纳的故事中，我们还可以领悟到自律的重要性。陆纳能够始终如一地坚持俭德，靠的是强大的自律能力。在学习和生活中，我们也需要培养自律意识，严格要求自己，遵守道德规范和法律法规。只有这样，我们才能不断提升自己的品德修养，成为有担当、有责任感的人。

（六）情感沟通与表达

茶艺师在审美实践中还需要注重与品茶者的情感沟通。通过微笑、眼神交流等方式，茶艺师能够传递出温暖和亲切的感觉，使品茶者在轻松愉悦的氛围中享受茶艺表演。

三、茶艺师审美实践内涵与具体做法

（一）茶艺环境的营造

茶艺师在布置茶室时，应充分考虑空间布局、色彩搭配和光线照明等因素。茶室环境应宁静雅致，营造出一种舒适、放松的氛围，使品茶者能够沉浸其中，感受茶文化的魅力。

茶席布置则是茶艺环境营造的重点。茶席，是为品茗构建的一个人、茶、器、物、境的茶道美学空间，它以茶为灵魂，以茶具为主体，在特定的空间形态中，与其他的艺术形式相结合，共同构成的具有独立主题，并有所表达的艺术组合。设计茶席要体现出茶席的诗意美、画面美，悦目方能赏心，神驰物外。

茶事趣读 3-2   茶席要用心去"布"

由茶和器而入的茶道，是一门生活化的细致的艺术，茶席则是茶道有规则、有秩序的具体表现。《道德经》中"有之以为利，无之以为用"一句，讲得非常贴切。

这里的"有"，是指具体的茶席，通过茶器，为我们构建一个舒适便利的品茗空间。"无"是指茶席为我们打开了一扇，可以窥探传统之美的诗情画意的窗户，借由茶席的画意、茶汤的色彩、茶汤的香气、茶汤的滋味、茶汤的气韵，让我们神态安然地平静下来，真切地用心去感受茶的"幽薄芳草天真气"，感受茶的"人生百味寓其中"，进而提高我们品饮的境界，以及中正淡和的审美体验。

茶席，不是刻意去"摆"，是用心去"布"。应天之时，载地之气，加以材美与工巧，借以实现人与自然，人与茶的融合沟通、协和相亲。器具之间，不是干枯的罗列展示，彼此有着生命的相生相惜，有着气韵流动的相互映照。茶席不是作秀，是为了让我们更美更风雅地去喝茶。

资料来源 佚名.茶为席魂，心饮为上 [EB/OL]. [2024-04-24]. https://baijiahao.baidu.com/s?id=1797176292107903446&wfr=spider&for=pc.

（二）茶具的选择与搭配

"器为茶之父"，茶具是茶艺表演中不可或缺的元素。茶艺师在选择茶具时，应注重其材质、造型和工艺等方面。不同材质的茶具具有不同的特点和韵味，而造型和工艺的精致程度则直接影响到茶艺表演的整体美感。此外，茶艺师还应根据茶叶的品种和泡茶方式的不同，选择适合的茶具进行搭配，以达到最佳的品饮效果。

1.选配茶具要因地制宜

我国地域辽阔，各地的饮茶习俗、文化背景、自然环境乃至气候条件都各不相同，这些因素都深深影响着当地人对茶具的选择和使用。

江南一带湿润多雨、气候宜人，人们往往更喜欢品茗绿茶，一般选择玻璃杯茶具较为合适。玻璃杯透明度高，可以清晰地观察茶叶在水中的舒展和变化。有些地区还有自己独特的饮茶方式和茶具选择。例如，藏族同胞喜欢用银质的茶具来煮奶茶，这不仅体现了他们对茶文化的独特理解，也展示了他们高超的工艺水平。

2.选配茶具要因人制宜

在古代，不同的人用不同的茶具，茶具在很大程度上反映了品鉴人不同的地位与身份。另外，职业有别，年龄不一，性别不同，对茶具的要求也不一样。金银茶具在唐宋时期备受推崇，但并非普通百姓所能享用。这些珍贵的茶具主要被用于宫廷、贵族府邸以及寺庙等场所，是权力和地位的象征。茶器中紫砂、瓷器、竹木大多是文人雅士所偏爱的，这些材质不仅生态环保、有利健康，还兼具了高雅的文化品位。

3.选配茶具要因茶制宜

不同的茶叶类型具有不同的香气、色泽和口感，因此选用适合的茶具能够最大程度地展现茶叶的特点，提升品茶体验。

对于绿茶，由于其色泽翠绿，香气清幽，口感鲜爽，因此最好选择玻璃杯或白瓷茶具。玻璃杯可以清晰地观察茶叶在水中的舒展和沉浮，以及茶汤的色泽变化，而白瓷茶具则能够衬托出绿茶的翠绿，使茶汤显得更加清亮。

对于红茶，其色泽红润，香气浓郁，口感醇厚，因此白瓷茶具和紫砂壶是较好的选择。白瓷茶具能够衬托出茶汤的颜色和亮度。紫砂壶不仅具有良好的保温性能，可以保持红茶的温度，而且其特殊的材质可以吸附茶叶中的杂质，使茶味更加纯正。

乌龙茶介于绿茶和红茶之间，既有绿茶的清香，又有红茶的醇厚，因此可以选择陶瓷茶具或紫砂壶来冲泡。陶瓷茶具能够保持乌龙茶的香气，而紫砂壶则能够进一步提升乌龙茶的口感。

对于黑茶、白茶和黄茶等其他茶类，也有各自适合的茶具。例如，黑茶可以用陶壶来煮饮，以凸显其陈香和醇厚；白茶则适合用玻璃杯或盖碗来冲泡，以便观察其白毫和欣赏其清澈的茶汤。

除了茶叶类型，个人的饮茶习惯和喜好也是选择茶具时需要考虑的因素。有些人喜欢品饮热茶，那么选择保温性能好的茶具如紫砂壶或保温杯就更为合适；有些人则偏爱冷泡茶，那么玻璃杯或塑料杯等易冷却的茶具就更适合。

4.选配茶具要因具制宜

茶具的种类繁多，各有其特点和用途，因此在选择茶具时，我们需要根据茶具的材质、形状、功能等因素进行综合考虑，以确保所选的茶具能够充分发挥其应有的作用。

首先，要考虑茶具的材质。例如，紫砂壶具有良好的透气性和保温性，适合冲泡需要高温焖泡的茶叶，如普洱茶、黑茶等。玻璃杯透明度高，可以清晰地观察茶叶的冲泡过程，适合冲泡绿茶等色泽鲜亮的茶叶。瓷器茶具具有细腻、优雅的外观，适合用于正式的茶艺表演或品茗场合。

其次，要考虑茶具的形状和功能。不同形状的茶具适用于不同的冲泡方式和品饮需求。例如，茶壶的嘴型设计会影响出水的流畅性和茶叶的冲泡效果，因此需要根据个人喜好和冲泡习惯进行选择。茶杯的形状和大小也会影响品茶时的口感和香气体验，因此也需要根据个人需求进行挑选。

再次，要考虑茶具的实用性和耐用性。茶具不仅要美观大方，还要便于使用和保养。选择那些既实用又耐用的茶具，以确保在长期使用过程中能够保持良好的品茶体验。

最后，要考虑茶具与整体环境的协调性。茶具作为品茶的重要道具，其风格应该与整体环境相协调，营造出和谐、雅致的品茗氛围。例如，在古色古香的茶室中，可以选择一些具有传统韵味的茶具；而在现代简约风格的茶室中，则可以选择一些简约、时尚的茶具。

（三）茶艺表演的艺术性

茶艺表演是茶艺师审美实践的重要体现。茶艺师可以通过音乐、舞蹈等艺术形式的融入，增强茶艺表演的艺术感染力和观赏性。茶具的摆放与使用、沏茶的技巧、敬茶、奉茶等，都彰显了茶艺师的礼仪细节与审美艺术。

1.茶具的摆放和使用

（1）茶席上茶壶嘴、公道杯嘴、随手泡壶嘴等尖锐部位，都不可正对着宾客。

（2）温烫后给宾客用的品杯、茶杯，不可用手直接拿，要用专用杯夹取放。若没有专用杯夹或茶杯太大（重）夹不住时，用一只手托住杯底，另一只手扶住茶杯1/2以下部分，切忌触及杯口。

（3）取茶、投茶时，忌用手直接抓取茶叶，应使用茶匙、茶拨取放茶叶。

（4）分茶汤时，公道杯不能滴漏，杯底有水时，应该用茶巾拭干，再分倒茶汤。另外，公道杯口不要触碰品茗（茶）杯，杯口至少保持1~2厘米的高度。

2.泡茶的技巧

茶的冲泡方法有简有繁，要根据具体情况，结合茶性而定。但不论泡茶技艺如何变化，一些基本的方法则是相通的。冲泡一杯好茶出来，除了备茶、选水、烧水、配具之外，都需要遵照泡茶的基本步骤。

用热水冲淋茶壶（盖碗），包括壶嘴、壶盖，同时冲淋茶杯，随后即将茶壶、茶杯沥干。温具的目的是提高茶具温度，使茶叶冲泡后温度相对稳定，不使温度过快下降，这对较粗老茶叶的冲泡尤为重要。

按茶壶或盖碗的大小，往泡茶的壶（碗）里置入一定数量的茶叶。置入茶叶后，可以观赏壶（碗）里的茶叶形状与颜色。如果你所用来泡茶的是白色盖碗，则茶色与白色相映成趣，极具观赏价值。

置茶入壶（碗）后，按照茶与水的比例，将开水冲入壶中。冲水时，除乌龙茶冲水须溢出壶口、壶嘴外，通常以冲水八分满为宜。如果使用玻璃杯或白瓷杯冲泡，可以特别注重欣赏细嫩的茶叶，冲水也以七八分满为度。冲水时也可有"凤凰三点头"的动作，就是将水壶下倾上提三次，这既是主人向宾客点头致意，也能使茶叶和茶水上下翻动，使茶汤浓度一致。

3.敬茶、奉茶的顺序及技巧

冲泡好的茶应先倒进公道杯里，再从公道杯依次倒进品茗杯中。茶至七分满为宜。

奉茶时，需要用杯托托着递送给客人，放置客人右手前方。敬茶时一般从左边的第一个客人开始敬起，从左到右。因为中国的传统是以左为先、以左为大的。

接待重要的客人时，则应由本单位在场的职位最高者亲自为之上茶。上茶也有规律可以循的，先为客人上茶，后为主人上茶；先为主宾上茶，后为次宾上茶；先为女士上茶，后为男士上茶；先为长辈上茶，后为晚辈上茶。如果来宾人数比较多，那么就采取以进入客厅之门为起点，按从左到右顺时针方向依次上茶最为妥当。

四、茶文化的理解与传承

茶艺师的审美实践还包括对茶文化的深入理解和传承。茶艺师应不断学习和研究茶文化的历史、内涵和精神，将这些元素融入自己的茶艺表演中，使茶文化得以更好地传承和发扬。此外，茶艺师还应关注茶文化在现代社会中的发展和创新，积极探索茶艺与现代生活的结合点，推动茶文化的创新发展。

五、审美情感的培养与表达

茶艺师的审美实践还需要注重个人审美情感的培养与表达。茶艺师应通过不断品味和感悟茶叶的韵味、茶室的氛围以及茶艺表演的美感，逐渐培养出独特的审美情感。在茶艺表演中，茶艺师应将自己的审美情感融入其中，通过细腻的动作和表情，将茶文化的魅力传递给品茶者，引发他们的共鸣和感动。

茶诗赏析3-3

1.佳作品读

烹北苑茶有怀

宋 林逋

石碾轻飞瑟瑟尘，乳花烹出建溪春。

世间绝品人难识，闲对《茶经》忆古人。

2.作者简介

林逋，字君复，宋钱塘（今浙江杭州）人，北宋隐逸诗人。林逋善绘事，惜画从不传；工行草，书法瘦挺劲健；携鹤长为诗，风格澄澈淡远，多写西湖的优美景色，反映隐逸生活和闲适情趣；酷爱梅花、仙鹤，有"梅妻鹤子"的美誉。

3.佳作赏析

这首诗是组诗《监郡吴殿丞惠以笔墨建茶各吟一绝谢之》中的第三首，小标题为"茶"，由于是作者煎尝北苑茶的即景之作，因此又称《烹北苑茶有怀》。北苑茶因其产地建安（今福建建瓯）北苑而得名，是贡茶。石碾细磨，瑟瑟抖动的绿尘轻轻扬起，乳花浮面，滋味鲜美的好茶已成。诗人感叹北苑茶这样的绝世珍品是很难有幸遇到的，品茶之余，他悠闲地手把《茶经》细读，不由想到古人陆羽，就连这位"茶圣"也未能有缘得见这种世间绝品，因此也没能把它载入《茶经》中。一首小诗道出了作者对北苑茶的浓厚爱意，对古代茶人的追忆和怀念，更道出了世间绝品难为世人所知而引发的淡淡愁绪。

茶诗赏析
3-3

《烹北苑茶有怀》

知识巩固

一、选择题

1.仪容是指社交场合中，身体不着装的部位，如头、头发、脸、（　　）等。

A.眼睛　　　　　B.鼻子　　　　　C.嘴巴　　　　　D.手

2.仪表是指人的外表，包括服饰、形体容貌、修饰（化妆、装饰品）、发型、（　　）等。

A.卫生习惯　　　B.说话艺术　　　C.行为文化　　　D.精神文化

3.茶席以（　　）为灵魂。

A.茶艺　　　　　B.茶道　　　　　C.茶道美学　　　D.茶

4."美不自美，因人而彰"是（　　）提出来的。

A.皎然　　　　　B.李白　　　　　C.陆羽　　　　　D.柳宗元

5.紫砂壶具有良好的透气性和保温性，适合冲泡需要高温焖泡的茶叶，适合冲泡（　　）。

A.普洱茶　　　　B.六堡茶　　　　C.红茶　　　　　D.绿茶

二、判断题

1.茶艺人员首先要有一双纤细、柔嫩的手，平时注意保养，随时保持清洁、干净。（　　）

2.江南一带湿润多雨、气候宜人，人们往往更喜欢品茗具有祛湿、减肥效果的黑茶。（　　）

在线测评
3-1

知识巩固

3.一个人的仪表不但可以体现他的文化修养，而且可以反映他的审美趣味。（   ）

三、简答题

1.简述茶艺师服饰的四种基本要求。

2.简述茶艺表演的位置、顺序、动作要求。

实践训练

一、实训任务

以3~4人组成一个小组，每个小组做站姿、坐姿、走姿、转身、接物、礼貌敬语的演练。

二、实训步骤

1.小组分工，自由演练；

2.各小组选派1名代表进行汇报。

三、实训评价

实训评价见表3-1。

表3-1   实训评价表

考评教师		被考评小组	
被考评小组成员			
考评标准	内容	分值	得分
	动作规范，神情自然	30分	
	应变能力强	30分	
	表述清晰，语速适中，仪表大方	40分	
合计		100分	

注：考评满分为100分，90~100分为优秀，80~89分为良好，70~79分为中等，60~69分为及格。

4

项目四 茶叶审评与美学品鉴

项目概述

  茶叶审评主要是从茶叶的品质、产地、制作工艺等方面进行评估，以确定茶叶的等级和价值。审评过程中，审评人需要对茶叶的外观、香气、滋味、汤色、叶底等多个方面进行观察和判断，以确定茶叶的优缺点。美学品鉴注重从美学的角度去欣赏和评价茶叶，不仅关注茶叶的品质和特点，还注重茶叶的色泽、香气、口感等方面的美学体验。美学品鉴更强调的是对茶叶的感受和领悟，而不是仅仅对茶叶进行客观描述，是为了更好地了解和欣赏茶叶。

项目目标

知识目标 | 1.掌握茶树的起源与发展。
2.掌握茶类的品类。
3.掌握六大茶类的品质特征。

能力目标 | 1.能够辨析茶树的类型。
2.能够审评六大茶类。
3.能够运用调制技巧进行茶饮创新。

素养目标 | 1.感悟厚重的中华优秀传统文化,坚定文化自信。
2.培养劳动精神及工匠精神。

任务一 闻香识茶

◎ 任务导入

　　茶树至今已有6 000万年至7 000万年的漫长历史。我国的西南地区，包括云南、贵州、四川是茶树原产地的中心。自从四五千年前我国古人发现茶树并利用茶叶后，饮茶习惯和茶叶生产技术直接或间接传入了世界各国，因此中国被誉为"茶的故乡"。中国制茶历史悠久，自发现野生茶树，从生煮羹饮，到饼茶散茶，从绿茶到多茶类，从手工操作到机械化制茶，其间经历了复杂的变革。各种茶类的品质特征形成，除了茶树品种和鲜叶原料的影响外，加工条件和制造方法是重要的决定因素。

　　那么，中国六大茶类的起源都在什么时期呢？各种茶类都有哪些特征呢？

◎ 知识探究

一、茶树的起源

　　茶叶，顾名思义是指茶树的叶子。要想了解茶叶，要先从茶树开始。从古至今，茶树是以三种形态演变存在的。

（一）乔木型大叶种（野生型茶树）

　　乔木型茶树源自茶的原产地。其特点为植株高大，主干明显、粗大，枝部位高，多为野生古茶树。在云南发现的野生古茶树，树高可达10米以上，主干直径需二人合抱。这些古茶树不仅是茶树资源的宝贵遗产，也是研究茶树起源、演化和分类的重要材料。同时，它们所产的茶叶往往具有独特的品质和风味，深受茶友们的喜爱。

> **🎵 茶事趣读4-1　　　　　　　　　云南古茶园**
>
> 　　云南古茶园主要分布在云南省西南部，包括临沧、普洱、西双版纳等地。这些古茶园不仅保存了大量的古茶树资源，还传承了丰富的茶文化和历史。
>
> 　　云南古茶园中的茶树多为大叶种，树龄长，很多都有几百年甚至上千年的历史。这些古茶树生长环境优越，一般生长在海拔较高、云雾缭绕、土壤肥沃的山地上，因此所产茶叶品质优良，具有独特的香气和口感。
>
> 　　资料来源　一茶传媒.从岁月流香里走来的"茗"贵文物——云南古茶树［EB/OL］.［2022-09-07］. https://baijiahao.baidu.com/s? id=1743290796597597867&wfr=spider&for=p.

（二）小乔木型大、中叶种（人工栽培过渡型）

　　小乔木型大、中叶种茶树由野生型茶树演变而来，在漫长的进化过程中，形成了一些既具有野生型特征又具有栽培型特征的茶树。此类茶树树高和分支介于乔木型和灌木型之间，植株较为高大，从植株基部至中部有明显主干，植株的上部分主干则不明显，分枝也较为稀疏。此类茶很大程度上也保留着茶的基本属性，相较于未经人工栽培的野生茶更加适合当代人的饮茶习惯。

（三）灌木型茶树（人工栽培型）

灌木型茶树通常比较矮小，高度一般在1.5～3米，且没有明显的主干，分枝相对比较稠密，树叶距离地面较近，树冠短小，从外观上看主干和分枝不容易分清。

🍵 启智润心 4-1 　　　　　　　景迈山古茶林申遗成功

2023年9月17日，第45届世界遗产大会通过决议，中国"普洱景迈山古茶林文化景观"被列入"世界遗产名录"，成为全球第一例茶主题世界遗产。

"普洱景迈山古茶林文化景观"是保存最完整、内涵最丰富的人工栽培古茶林典型代表，由5片古茶林，9个布朗族、傣族村寨以及3片分隔防护林共同构成，至今仍保持着蓬勃生命力，是我国农耕文明的智慧结晶，是人与自然良性互动和可持续发展的典范。

资料来源　佚名.景迈山古茶林，申遗成功！[EB/OL].[2023-09-17]. https://baijiahao.baidu.com/s?id=1777291044341728689&wfr=spider&for=pc.

思政元素：文化自信　环境保护

学有所悟：党的二十大报告提出："推动绿色发展，促进人与自然和谐共生。"普洱景迈山古茶林文化景观申遗成功，是维系世界生物多样性、坚持绿色和谐发展的有力支撑。景迈山古茶林呈现给世人最好的礼物不仅仅是传统手工采制的普洱茶，更是一个包含物种资源、农耕技术、民俗文化、生态哲学等在内的可供全球农业借鉴经验的生态人文复合系统，是充分体现生物多样性和文化多元性的经典范本，为全球生态农业可持续发展和世界各地解决遗产环境保护和开发利用之间的矛盾提供了中国智慧和中国方案。

二、茶类的起源与发展

茶类，指的是茶叶的分类。不同茶类的出现，是人们为了使茶适应人的不同需求，对茶性进行改造的结果。茶类的起源与发展主要经过以下几个阶段：

（一）从生煮羹饮到晒干收藏（三国）

茶之为用，最早从咀嚼茶树的鲜叶开始，发展到生煮羹饮。生煮者，类似现代的煮菜汤。云南基诺族至今仍有吃"凉拌茶"习俗，其将鲜叶揉碎放碗中，加入少许黄果叶、大蒜、辣椒和盐等作配料，再加入泉水拌匀。茶作羹饮，《晋书》中记载"吴人采茶煮之，曰茗粥"，甚至到了唐代，仍有吃茗粥的习惯。三国时，魏国已出现了茶叶的简单加工，采来的叶子先做成饼，晒干或烘干，这是制茶工艺的萌芽。

♪ 茶事趣读 4-2 　　　　　　　茗粥

晚唐时期杨晔在《膳夫经手录》中说："茶，古不闻食之，近晋、宋以降，吴人采其叶煮，是为茗粥。"

注释：茶，在古代没有听说过饮食（茶）的事情，到晋、宋（南朝）以后，吴人（今江苏）采其叶煮食，称为茗粥。

唐代巢县县令杨晔撰写的《膳夫经手录》成书于大中十年（公元856年），原书四卷，今仅存一卷。《宋史·艺文志》所登四卷，与王尧臣《崇文总目》四卷手录本基本相同。两个版本可能都是收集转录而成的，其中只有"茶"的内容很详细，分产地、销区、品质优劣等内容，与《茶经》《茶录》等有同样的考证和研究价值。现存《膳夫经手录》全文近1 500字，分豆类、蔬菜、肉类及水果、茶等，无目次，无标点。

资料来源　李家光.《膳夫经手录》释义［J］. 吃茶去，2012（6）.

（二）从蒸青造型到龙团凤饼（唐）

自唐至宋，贡茶兴起，朝廷成立贡茶院，即制茶厂，组织官员研究制茶技术，促使茶叶生产不断改革。唐代之初，蒸青作饼已经逐渐完善，陆羽《茶经·三之造》中记载："晴，采之，蒸之，捣之，拍之，焙之，穿之，封之，茶之干矣。"此时，完整的蒸青茶饼制作工序为：蒸茶、解块、捣茶、装模、拍压、出模、列茶晾干、穿孔、烘焙、成穿、封茶。这说明在唐代，蒸青团茶已成为主要茶类，但是也有少量晒青和炒青的茶叶。

茶事趣读4-3　　　　　陆羽《茶经·六之饮》

饮有粗茶、散茶、末茶、饼茶者。（《茶经·六之饮》）

注释：茶的种类有粗茶、散茶、末茶、饼茶。粗茶是指较为粗老的茶叶，通常需要经过切碎处理。散茶相对于饼茶而言，是指未经压制成饼状的茶叶，呈松散状态。末茶是将茶叶研磨成粉末状的茶，这种形式的茶在唐代非常流行，尤其是煎茶法中常用末茶。饼茶是将茶叶蒸压成饼状的茶，这是古代茶叶存储和运输的主要形式之一。在饮用时，需要将饼茶捣碎成末，再进行煎煮。

陆羽在《茶经》中对这四种茶的形式和饮用方法进行了详细的描述，这反映了当时人们对茶的深入了解和饮茶文化的精细发展。这四种茶在当时的饮茶文化中占据了重要的地位，不仅为人们提供了多样化的饮茶选择，也体现了人们对茶叶品质和饮茶方式的追求。值得注意的是，随着时代的发展和饮茶文化的变迁，这四种茶的形式和地位也发生了变化。例如，在现代的饮茶文化中，散茶和末茶仍然占据一定的地位，而饼茶则相对少见。

资料来源　陆羽.茶经［M］. 昆明：云南人民出版社，2011.

（三）从蒸青团茶到蒸青散茶（宋）

宋代，制茶技术发展很快，新品不断涌现。北宋年间，做成团片状的龙凤团茶盛行。北宋时期的粗制饼茶由于易于储藏、运输，适合大众饮用。若是进贡给皇帝，则需要制成龙凤团茶，又称贡茶。龙凤团茶是指将新鲜采摘下来的茶叶经过蒸、捣、拍，用刻有龙凤图案的模具压制，使其表面带有龙凤纹饰纹案的团饼茶。宋时制作龙凤团茶，采茶更为讲究，用指甲断茶，而不用手指。因为手指多温，茶芽受汗气熏渍不鲜洁，指甲可以速断而不揉。为了避免茶芽因阳气和汗水而受损，采茶时，每人背一桶清洁的泉水，茶芽摘下后，就放入水里浸泡。采摘标准是茶芽或一芽一叶。这种采摘上芽叶的标准，随着茶叶科技进步，可说是越来越讲究，如雀舌、旗枪等美丽的茶名，其实都与采摘有着直接的关系。

宋代《宣和北苑贡茶录》中记述："宋太平兴国初，特置龙凤模，遣使即北苑造团茶，以别庶饮，龙凤茶盖始于此。"龙凤团茶的制造工艺，据宋代赵汝砺的《北苑别录》记载，有六道工序：蒸茶、榨茶、研茶、造茶、过黄、烘茶。茶芽采回后，先浸泡水中，挑选匀整芽叶进行蒸青，蒸后冷水清洗，然后小榨去水，大榨去茶汁，去汁后置瓦盆内兑水研细，再入龙凤模压饼、烘干。龙凤团茶的工序中，冷水快冲可保持绿色，提高了茶叶质量，而水浸和榨汁的做法，由于夺走真味，使茶香极大损失，且整个制作过程耗时费工，这些均促使了蒸青散茶的出现。

资料来源　Qingshan.茶史［EB/OL］.［2009-04-10］. http://www.360doc.com/content/09/0410/18/90591_3085991.shtml.

在蒸青团茶的生产中，为了改善苦味难除、香味不正的缺点，古人探索出蒸后不揉不压、直接烘干的做法，将蒸青团茶改造为蒸青散茶，保持茶的香味，同时还出现了对散茶的鉴赏方法和品质要求。

这种改革出现在宋代。《宋史·食货志》中记载："茶有两类，曰片茶，曰散茶。"片茶即饼茶；散茶，是指鲜叶经蒸后不捣碎直接烘干的散叶茶。

（四）从蒸青团茶到散叶茶（元）

元代时期，团茶还有，但逐渐被淘汰，散茶得到较快的发展。以制造散茶、末茶为主，就连贡茶也是散茶、团茶并重。当时制造的散茶根据鲜叶的老嫩程度不同分为两类，即芽茶和叶茶。前者为幼嫩芽叶制成，后者为较大芽叶制成。茶叶以蒸青工艺制作。

元代王桢在《农书·卷十·百谷谱》中对当时制蒸青散茶工序有详细记载："采讫，一甑微蒸，生熟得所。蒸已，用筐箔薄摊，乘湿揉之，入焙，匀布火，烘令干，勿使焦。"

（五）从蒸青到炒青（明）

相比于饼茶和团茶，蒸青散茶的茶香得到了更好的保留，然而使用蒸青方法，依然存在香味不够浓郁的缺点，于是出现了利用干热发挥茶叶香气的炒青技术。炒青绿茶自唐代始而有之。唐代刘禹锡在《西山兰若试茶歌》中言："山僧后檐茶数丛……斯须炒成满室香"，又有"自摘至煎俄顷余"之句，这是至今发现的关于炒青绿茶最早的文字记载。经唐、宋、元代的进一步发展，炒青茶逐渐增多，到了明代，炒青制法日趋完善，《茶录》《茶疏》《茶解》中均有详细记载。其制法大体为：高温杀青、揉捻、复炒、烘焙至干，这种工艺与现代炒青绿茶制法非常相似。

明洪武二十四年（1391年），明太祖朱元璋下诏："罢造龙团，惟采芽茶以进。"此为茶史上的一个标志性举措——茶叶技术得以改进，茶类更丰富，陆续出现了散茶类，如白茶、黄茶、黑茶、红茶。

（六）茶类的发明创造（清）

进入清代，茶业发展的趋势与前不同。清朝完成统一后，社会经济复苏，官府鼓励和发展茶叶生产，使得茶业在明代基础上有了长足发展。在对茶树生物学特征的认识、茶叶栽培、采摘、茶园管理等方面都有很大提升，尤其是茶叶插枝繁殖技术的应用，使栽培和制造技术出现突破性进展，达到了传统茶叶栽培技术的最高水平，茶叶产量增大，并涌现出很多品质超群的茶类和名品。尤其是乌龙茶的出现、绿茶的全面发展和红茶的繁荣使得六大茶类齐全，这标志着传统茶学的成熟和终结。在清代，名茶约有40种，如武夷岩茶、西湖龙井、洞庭碧螺春、黄山毛峰、新安松萝、云南普洱、闽红工夫茶、祁门红茶、六安瓜片、紫阳毛尖、天尖、庐山云雾、闽北水仙等。这些名茶大多是在清朝后期逐步发展和命名的，而在清朝前期，则以武夷茶、普洱茶、洞庭碧螺春等的发展最为突出。徐珂创作的《清稗类钞·植物类》中对乌龙茶、碧螺春、云雾茶、六安茶、龙井茶、岕茶、林茶、蒙顶茶、普洱茶、山茶、宝珠山茶、察尔察（准噶尔部所产）、茉莉花茶13种茶的产地、品性及制作方法加以记载，可谓详细而全面；《清稗类钞·饮食类》中还记载了各种花茶的制作方法。

三、六大茶类详述

（一）绿茶：清汤绿叶

1.绿茶的定义

绿茶是指采摘茶树新叶或芽，未经发酵，经过杀青或整形、烘干等典型工艺制作而成的产品。绿茶是中国的主要茶类之一，也是最早出现的茶类。生产绿茶的范围极为广泛，河南、贵州、江西、安徽、浙江、江苏、四川、陕西、湖南、湖北、广西、福建为我国绿茶主要产地。

2.绿茶的分类

绿茶根据杀青方式的不同，可分为炒青绿茶、蒸青绿茶；根据干燥方式的不同，可分为炒青绿茶、烘青绿茶、晒青绿茶。

（1）炒青绿茶。炒青绿茶是指采用滚筒或锅炒的方式杀青、干燥的绿茶，其外形紧结、色泽绿润、香气高鲜、汤色绿明，滋味浓而爽口。炒青绿茶是绿茶中产量最庞大的，还可以细分为长炒青、圆炒青、扁炒青等。代表性名茶有：婺绿、平水珠茶、西湖龙井、碧螺春、六安瓜片、松萝茶、信阳毛尖等。

（2）蒸青绿茶。蒸青是中国绿茶最早的制法，利用热蒸气来对鲜叶进行杀青，再经揉捻、干燥。蒸青绿茶外形紧细呈针状，色泽鲜绿或深绿油润有光，汤色澄清，呈浅黄绿色，有清香，滋味醇或略涩。目前我国蒸青绿茶产量较少，主要品种有恩施玉露等。

（3）烘青绿茶。烘青绿茶是指在干燥工艺中，用烘笼或烘干机烘干的绿茶，其外形完整、色泽深绿油润、香气清高、汤色清澈明亮、滋味鲜醇。其中名品有黄山毛峰、太平猴魁、敬亭绿雪、天山绿茶、江山绿牡丹、峨眉毛峰、南糯白毫等。

（4）晒青绿茶。晒青绿茶就是用日光进行干燥的绿茶，其外形粗大，色泽深绿油润，香气高，汤色黄绿明亮，滋味浓醇，收敛性强，主要分布在湖南、湖北、广东、广西、四川、云南、贵州等地区，其中以云南大叶种的品质最好，称为"滇青"，不过大都被用作紧压茶的原料了。

（二）白茶：银装素裹

1.白茶的定义

白茶是轻微发酵茶，不经过揉捻（新工艺白茶是特例，在萎凋后会轻揉），只经萎凋文火足干后制成的茶叶。

茶课视频
4-1

茶叶种类
知多少

2.白茶的分类

白茶主要有福建的福鼎、建阳、政和、松溪、福安等地所产的白毫银针、白牡丹、新工艺白茶、贡眉、寿眉，以及云南景谷县附近产的景谷大白茶。

（1）白毫银针：早期是采摘菜茶一芽制成，后期工艺改进为采福鼎大白、福鼎大毫、福安大白、政和大白茶树粗壮的单芽制成，没有幼叶或者老叶。银针分南路和北路银针。北路银针指的是福鼎、福安地区所产的银针，其外形优美、芽头壮实、富有光泽、汤色呈杏黄色、香气清淡、滋味醇和。南路银针指的是政和、建阳、松溪一带的银针，芽长粗壮、毫毛略薄、香气清鲜、滋味浓厚。

（2）白牡丹：采大白茶树、大毫茶树或者部分水仙种的一芽一两叶制成的白茶，芽叶相间，芽很多。主产区在福建政和附近，其他白茶产地也有生产。

（3）新工艺白茶：新工艺白茶与白牡丹的唯一区别就是多了揉捻这一道工序，是指在白茶萎凋后轻揉（揉后外形略有缩皱），再经文火足干后制成的白茶。

（4）贡眉、寿眉：采菜茶（当地群体种）一芽两三叶或者大白茶、大毫茶叶片制成的白茶。寿眉品质次于贡眉，一般叶片比较老且芽不是很多。

（5）景谷大白茶：采景谷大白茶树的芽叶制成的白茶。

（三）黄茶：稀缺小众

1.黄茶的定义

黄茶是以鲜叶为原料，经过杀青、揉捻、闷黄和干燥等工艺制成，具有"黄叶黄汤"特征的茶叶。

2.黄茶的分类

黄茶的分类如图4-1所示。

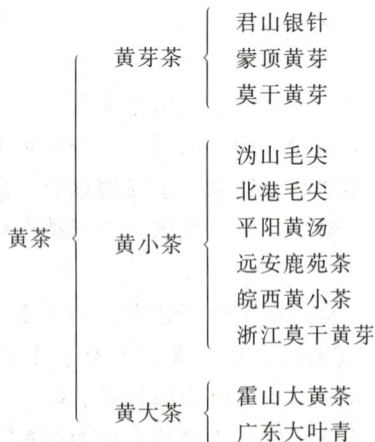

```
         ┌ 黄芽茶 ┤ 君山银针
         │        │ 蒙顶黄芽
         │        └ 莫干黄芽
         │
         │        ┌ 沩山毛尖
         │        │ 北港毛尖
黄茶 ─┤ 黄小茶 ┤ 平阳黄汤
         │        │ 远安鹿苑茶
         │        │ 皖西黄小茶
         │        └ 浙江莫干黄芽
         │
         └ 黄大茶 ┤ 霍山大黄茶
                  └ 广东大叶青
```

图4-1　黄茶的分类

（四）红茶：浓醇甘甜

1.红茶的定义

红茶是以茶树的芽、叶、嫩茎为原料，经萎凋、揉（切）、发酵、干燥等生产工艺制成的茶叶。

2.红茶的分类

红茶根据加工方法的不同，可分为小种红茶、工夫红茶、红碎茶三种。

（1）小种红茶。在17世纪中叶，福建崇安首创小种制法，是世界红茶的鼻祖。品质特点是条粗而壮实，因加工过程中有熏烟工序，形成其特有的松烟香味。小种红茶根据产地不同，有正山小种、坦洋小种和政和小种，其中以正山小种品质最好。

正山小种产于武夷山市星村镇桐木关一带，又称"桐木关小种"或"星村小种"，外形条索肥实，乌黑油润，汤色艳浓，呈深金黄色，香气纯高有特殊的山韵，带松烟香，滋味醇厚似桂圆汤，味甘滑口，叶底呈古铜色，且具有耐泡耐贮的特点。

（2）工夫红茶。工夫红茶是条形红毛茶经多道工序，精工细作而成，因颇费工夫，故得此名。我国工夫红茶根据产地分为云南的滇红、安徽的祁红、湖北的宜红、江西的宁红、四川的川红、浙江的浙红、湖南的湖红、广东的粤红、福建的闽红等；按茶树品种分为大叶工夫和小叶工夫。其中，品质优良、较有代表性的工夫红茶为大叶种的滇红和小叶种的祁红。

滇红产于云南勐海、凤庆、临沧等地，品种为云南大叶种。高档滇红外形条索肥壮重实，显锋苗，色泽乌润显毫，香气嫩香浓郁，有特殊的地域香，滋味鲜浓醇厚，收敛性强，汤色红艳，叶底肥厚柔嫩，色红艳。

祁红主产于安徽祁门，按鲜叶原料的嫩匀度分为特级、一级到五级。其中，高档祁红外形条索细紧挺秀，色泽乌润有毫，香气鲜嫩甜，带蜜糖香，滋味鲜醇嫩甜，汤色红艳，叶底柔嫩有芽，红匀明亮，其余次之。

（3）红碎茶。红碎茶是通过揉切工序，边揉边切，将茶条切细成为颗粒状。我国的红碎茶根据产地及茶树品种不同，可分为四套红碎茶标准，每套红碎茶标准都设有实物标准样。其中，第一套样适用于云南大叶种地区，第二套样适用于广东、海南、广西等引种大叶种地区，第三套样适用于四川、贵州、湖北、湖南部分地区及福建等省的中小叶种地区，第四套样适用于浙江、湖南部分地区和江苏等省的小叶种地区。其中，品种不同的红碎茶品质有较大差异；花色规格不同，其外形形状、颗粒重实度及内质香味品质都有差别。

大叶种红碎茶的品质特征为颗粒紧结重实、有金毫，色乌润或乌泛棕；香气高锐，汤色红艳，滋味浓强鲜爽，叶底嫩匀厚实，红明亮。

中小叶种红碎茶的品质特征为颗粒紧卷，色乌润或棕褐；香气高鲜，汤色红亮，滋味鲜爽，叶底红匀明亮。

（五）黑茶：安神养生

1.黑茶的定义

黑茶是以茶树的芽、叶、嫩茎为原料，经杀青、揉捻、渥堆、干燥等生产工艺制成的茶叶。

2.黑茶的分类

作为中国特有的一大茶类，黑茶自然有其独到之处。黑茶一直是皇室贡品，也是边区少数民族的生命茶，是中国历史上唯一的官茶。黑茶生产历史悠久，产区广阔，销售量大，花色品种很多，有黑砖茶、花砖茶、茯砖茶、湘尖茶、青砖茶、康砖茶、金尖茶、方包茶、六堡茶、圆茶、紧茶等。

黑茶以湖南、四川、湖北、云南、广西等地为主要产区，以边销为主，部分内销，少量侨销，习惯上称黑茶为"边销茶、边茶"，加工的成品也常称"紧压茶"

"砖茶"。

（六）乌龙茶：绿叶红镶边

1.乌龙茶的定义

乌龙茶是以茶树的芽、叶、嫩茎为原料，经杀青、凋萎、摇青、半发酵、烘焙、干燥等工序后制出的品质优异的茶类。乌龙茶由宋代贡茶龙团、凤饼演变而来，创制于清雍正年间。

2.乌龙茶的分类

乌龙茶为中国特有的茶类，根据产地和工艺的差异分为闽南乌龙、闽北乌龙、广东乌龙、台湾乌龙。近年来，四川、湖南等省也有少量生产。乌龙茶除了内销广东、福建等省外，主要出口日本、东南亚各国。

（1）闽南乌龙。福建简称"闽"，因此产自福建南部的乌龙茶被称为闽南乌龙。其代表茶品有铁观音、漳平水仙、白芽奇兰、永春佛手等。

（2）闽北乌龙。闽北乌龙以武夷山岩茶为主，其代表茶品有大红袍、肉桂、水仙、铁罗汉、白鸡冠、水金龟等。

（3）广东乌龙。广东乌龙源远流长，其代表茶品有凤凰单丛、凤凰水仙、岭头单丛等。

（4）台湾乌龙。清咸丰五年（1855年），林凤池从福建引进青心乌龙种茶苗，种于台湾冻顶山，据悉为台湾乌龙茶之始。其代表茶品有文山包种、阿里山茶、冻顶乌龙、梨山茶、东方美人等。

✿ 茶诗赏析4-1

1.佳作品读

喜园中茶生

唐　韦应物

洁性不可污，为饮涤尘烦。

此物信灵味，本自出山原。

聊因理郡馀，率尔植荒园。

喜随众草长，得与幽人言。

2.作者简介

韦应物，字义博，京兆杜陵（今陕西省西安市）人，唐朝官员、诗人，世称"韦苏州""韦左司""韦江州"。今传有10卷本《韦江州集》、2卷本《韦苏州诗集》、10卷本《韦苏州集》、散文1篇。他以写景和描写隐逸生活著称，诗风恬淡高远。

3.佳作赏析

在诗人心中，茶属通灵之物，是山中精英。其性高洁，不容半点玷污，可涤荡世俗烦恼，让人精神爽怡。此物滋味美妙，原本生长在高山原野，只因处理郡务尚有余暇，诗人便随性地将它栽种在荒园之中。令人惊喜的是，茶树随着百草茂盛地生长起来，已经能够与诗人这喜欢幽居之人对话交流了。在诗人看来，茶是善解人意的挚友，是理想的良伴，也是自我旨趣的温馨表达。

任务二　　品评茶味

◎ 任务导入

　　中国六大茶类源远流长，茶为国饮，茶源于中国，传播于世界。中国茶名扬天下，那么中国六大茶类是如何加工的？影响茶叶品质的因素有哪些，该如何评鉴？日常生活中我们该如何喝茶、赏茶和评茶？

◎ 知识探究

　　茶叶的分类标准很多，可以按原料采摘季节分为春茶、夏茶、秋茶、冬茶；按茶叶成品的聚合形状分为散茶、砖茶、末茶等；按茶叶干茶的具体形状分为扁形茶、圆形茶、针形茶、朵形茶、曲卷形茶等；按茶树的生长环境分为高山茶、平地茶等；按茶叶的加工程度分为初加工茶、精加工茶、再加工茶、深加工茶。通常所说的红茶、绿茶，是以茶叶初加工工艺中鲜叶是否经过酶性氧化以及酶性氧化程度为标准划分的。

一、绿茶

（一）绿茶的功效

　　绿茶能抗衰老、淡化色斑；抗菌；降血脂；瘦身减脂；防龋齿、清口臭；防癌；美白、防紫外线；防辐射。

（二）经典绿茶鉴赏

　　绿茶是人类制茶史上最早出现的加工茶，历史悠久，品类最多，香气和滋味各具特色，水清茶绿，十分诱人。杀青是绿茶的关键工序，是指通过高温使酶失去活性，阻止鲜叶内化学成分发生酶促氧化，保持清汤绿叶品质。

1.西湖龙井

　　西湖龙井，最早可追溯到我国唐代，"茶圣"陆羽在《茶经》中就有杭州天竺、灵隐二寺产茶的记载，"龙井茶之名始于宋，闻于元，扬于明，盛于清"。在 1 000 多年的历史演变过程中，龙井茶从无名到有名，从老百姓饭后的家常饮品到帝王将相的贡品，从汉民族的名茶到走向世界的名品。从龙井茶的历史演变看，龙井茶之所以能成名并发扬光大，一方面是因为龙井茶品质好，另一方面离不开龙井茶本身的历史文化底蕴。所以，龙井茶不仅仅具有茶的价值，也具有文化艺术的价值，其中蕴藏着较深的文化内涵和历史渊源。

　　"龙井茶"因产于杭州西湖山区的龙井村而得名，习惯上称为西湖龙井。西湖龙井具有色绿、香郁、味甘、形美"四绝"，以其独特的品质风韵、精湛的制作工艺而蜚声于国内外。

　　历史上，龙井茶有"狮、龙、云、虎、梅"字号之分，分别产于杭州西湖的狮峰、龙井、五云山、虎跑和梅家坞一带，其中产于狮峰的"狮"字号品质最好。

茶课视频
4-2

龙井茶的
品评

● 茶事趣读 4-5　　　　　　　　　　龙井茶的传说

　　传说，当年乾隆皇帝下江南时，来到杭州狮峰山下，学着茶女采茶。刚采了一把，忽然太监来报："太后有病，请皇上急速回京。"乾隆皇帝赶回京城，也带回了一把已经干了的杭州狮峰山的茶叶，散发着浓郁的香气。

　　太后想尝尝这茶叶的味道，泡上喝了一口，身体顿时舒适多了，喝完了茶，红肿消了，胃不胀了。太后高兴地说："杭州龙井的茶叶，真是灵丹妙药。"乾隆皇帝立即传令下去，将杭州龙井狮峰山下胡公庙前那十八棵茶树封为御茶，每年采摘新茶，专门进贡太后。

　　资料来源　佚名.龙井茶的传说［EB/OL］.［2018-06-04］. https://chinesecbf.hbue.edu.cn/86/d5/c7128a165589/page.htm.

　　龙井茶中含有的氨基酸、儿茶素、叶绿素、维生素 C 等成分均比其他茶叶多，有生津止渴、提神益思、消食利尿、除烦去腻、消炎解毒等功效。以杭州虎跑泉水冲泡龙井茶，香清味冽，号称杭州"双绝"。

　　（1）龙井茶的采制。龙井茶的采制，春季分四次，品质因采摘鲜叶的早晚而定，以早为贵。惊蛰初过是茶农采制首批春茶的最佳时机，至清明前采头茶，称为"明前茶"，嫩芽初迸状似莲心，故称之为"莲心"。一个熟练的采茶姑娘，每天最多只能采摘嫩芽十二两，故极为珍贵，称得上珍品中的绝品。再加上采摘的辛苦，还没成茶就已先让采茶女们付出了几多劳苦。

　　而过了清明后采摘的茶叶就大不如"明前茶"那么珍贵了，谷雨前采摘的二春茶称"雨前茶"，量比较多，已有一叶一芽，其形似旗，茶芽稍长，其形如枪，故称之为"旗枪"；立夏之前采三春茶，茶芽旁有附叶两瓣，两叶一芽，形似雀舌，故称之为"雀舌"；四春茶则在三春茶后一月开始采摘，这时茶已成片，并附带有茶梗，故称之为"梗片"，在过去是供茶农的后代练采摘技术用的。

　　龙井茶多种植于靠山近水，晴能受到充分日照、雨又易于排水的酸性丘陵坡地上。春采、夏锄、秋剪、冬肥，一点都耽误不得，古语就有"人误茶一季，茶误人一年"之说。

　　（2）龙井茶的级别标准。以往，西湖龙井茶分为特级和一级至十级共 11 级，其中特级又分为特一、特二和特三，其余每级再分为 5 等，每级的"级中"设置级别标准样。后稍作简化，改为特级和一至八级，共分 43 等。到 1995 年，进一步简化了西湖龙井茶的级别，只设特级（分为特二和特三）和一级至四级；同年，将龙井茶分为特级和一至五级，共 6 个级别样（见表 4-1）。

表 4-1　　　　　　　　　　　　　　　　龙井茶的级别

级别	品质要求
特级	一芽一叶初展，扁平光滑
一级	一芽一叶开展，含一芽二叶初展，较扁平光洁
二级	一芽二叶开展，较扁平
三级	一芽二叶开展，含少量二叶对夹叶，扁平
四级	一芽二三叶与对夹叶，扁平，较宽、欠光洁
五级	一芽三叶与对夹叶，扁平较毛糙

（3）龙井茶的品质特点。春茶中的特级西湖龙井外形扁平光滑，苗锋尖削，芽长于叶，色泽嫩绿，体表无茸毛；汤色嫩绿（黄）明亮；清香或嫩栗香，但有部分茶带高火香；滋味清爽或浓醇；叶底嫩绿、完整。

其余各级龙井茶随着级别的下降，外形色泽由嫩绿→青绿→墨绿，茶身由小到大，茶条由光滑至粗糙；香味由嫩爽转向浓粗，四级茶开始有粗味；叶底由嫩芽转向对夹叶，色泽由嫩黄→青绿→黄褐。夏秋龙井茶，色泽暗绿或深绿，茶身较大，体表无茸毛，汤色黄亮，有清香但较粗糙，滋味浓略涩，叶底黄亮，总体品质比同级春茶差得多。

机制龙井茶，有用多功能机炒制的，也有用机器和手工辅助相结合炒制的。机制龙井茶外形大多呈棍棒状的扁形，欠完整，色泽暗绿，在同等条件下总体品质比手工炒制的差。

（4）龙井茶的审评内容。龙井茶的审评内容与其他名优绿茶相同，主要是干评外形，湿评汤色、香气、滋味、叶底，以及龙井茶产地的区分等。

①外形审评。取具有代表性的茶叶100克左右，放在茶样盘内评外形，主要评定形态、色泽、茸毛等项目。外形评定可以判定其属于西湖龙井还是其他茶区龙井。

②茶汤色泽的审评。高档茶的汤色显嫩绿、嫩黄的占大多数，中低档茶和失风受潮茶汤色偏黄褐。从汤色不易判别龙井茶的产地，也不必硬加区分。

③香气和滋味的审评。产于西湖区梅家坞、狮峰一带的早春茶叶，如制茶工艺正常，不带老火和生青气味。特级西湖龙井和产于浙江其他茶区的特级龙井在香气和滋味上有一定的差别。西湖龙井嫩香中带清香，滋味较清鲜柔和；浙江其他茶区龙井带嫩栗香，滋味较醇厚。若使用多功能机炒制，由于改变了传统龙井茶的制作工艺，西湖龙井和其他茶区龙井的香气无明显的区别。但即使是西湖龙井，一旦炒成老火茶，呈炒黄豆香后，也不易从香气上分清其产地。在江南茶区，室温条件下贮存的龙井茶，过梅雨季后，汤色变黄，香气趋钝。

④叶底的审评。叶底审评主要是评色泽、嫩度、完整程度。有时把杯中的茶渣倒入长方形的搪瓷盘中，再加入冷水，看叶底的嫩匀程度，可作为定级的参考。

龙井茶的级别应对照标准茶样而定，若外形与标准样有差别（如有机茶），只能按嫩度与标准样相当的级别确定。目前，大部分散装龙井茶制后就上市，部分不标级别，只有价格。若是小包装龙井，则必须标明产品名称和级别，这些茶应对照标准样评定。龙井茶的级别与色泽有一定的关系，高档春茶，色泽嫩绿为优，嫩黄色为中，暗褐色为下。夏秋季制的龙井茶，色泽青暗或灰褐，是低次品质的特征之一。机制龙井茶的色泽较暗绿。

（5）西湖龙井的冲泡。

①冲泡方法：下投法。

②冲泡流程：第一，选用水质较轻的活水烧开，冷却至85～90℃。第二，将3～4克的茶叶投入玻璃杯或水晶杯中，先注入1/3或1/2的热水润泽干茶，按1∶50或1∶60的茶水比例，注水150～240毫升，便可观赏到茶叶在水中缓慢舒展、游动的姿态。

茶课视频
4-3

绿茶冲泡

2.碧螺春

碧螺春，亦称"碧萝春"，原名"吓煞人香"，俗称"佛动心"。康熙皇帝给东山的"吓煞人香"御赐雅名"碧螺春"。因碧螺春原产于苏州洞庭东山碧螺峰，故亦称"洞庭碧螺春""东山碧螺春"。《太湖备考》中记载："茶出东西两山，东山者胜。有一种名碧螺春，俗呼吓煞人香，味殊绝，人赞贵之，然所产无多，市者多伪。"

（1）碧螺春的品级分类。按国家标准，碧螺春茶分为五级：特一级、特二级、一级、二级、三级。上等的碧螺春银白隐翠，条索细长，卷曲成螺，身披白毫，冲泡后汤色碧绿清澈，香气浓郁，滋味鲜醇甘厚，回甘持久。伪劣的碧螺春则颜色发黑，披绿毫，暗淡无光，冲泡后无香味，汤色黄暗如同隔夜陈茶。

清末震钧所著《茶说》中道："茶以碧萝（螺）春为上，不易得，则苏之天池，次则龙井；岕茶稍粗……次六安之青者（今六安瓜片）。"可见，碧螺春在历史上就荣以为冠。其品质特点是：条索纤细、卷曲成螺，满身披毫，银白隐翠，香气浓郁，滋味鲜醇甘厚，汤色碧绿清澈，叶底嫩绿明亮，有"一嫩（芽叶）三鲜"（色、香、味）之称。

（2）碧螺春的采制时间。碧螺春茶每年春分前后开始采摘，谷雨前后结束，以春分至清明采制的明前碧螺春茶品质最为上乘。通常采一芽一叶初展，芽长1.6～2.0厘米的原料，叶形卷如雀舌，称之"雀舌"。一般过了4月20日的茶叶，当地人就不叫碧螺春了，而叫炒青。

（3）碧螺春的鉴别方法。

①观色泽：没有加色素的碧螺春色泽比较柔和自然，加色素的碧螺春看上去颜色鲜艳、发绿，有明显着色感。

②看茶汤：把碧螺春用开水冲泡后，没有加色素的碧螺春茶汤清澈柔和、青黄明亮，加色素的碧螺春茶汤颜色比较鲜艳，明显发绿。

（4）碧螺春的冲泡方法。碧螺春的冲泡根据不同的茶质，有不同的方法：

①上投法（外形紧结重实的茶）。第一，烫杯之后，先将合适温度的水冲入杯中，然后取茶投入，不加盖。第二，一段时间之后，茶汤凉至适口，即可品茶。此乃一泡。茶叶评审中，以5分钟为标准，茶汤饮用和闻香的温度均为45～55℃；高于60℃则烫嘴也烫鼻；低于40℃香气较低沉，味较涩。这个时间不易掌握。如用玻璃杯，一般用手握杯子，感觉温度适合即饮；如用盖碗，则稍稍倒出一点茶汤至手背以查其温度。第三，第一泡的茶汤，尚余1/3，则可续水。此乃二泡。茶叶瘦弱的茶，二泡茶汤正浓，饮后舌本回甘，齿颊生香，余味无量。饮至三泡，则一般茶味已淡。

②下投法（条索松展的茶）。第一，烫杯后，取茶入杯。此时较高的杯温已隐隐烘出茶香。第二，冲入适温的水，至杯容量1/3（也可少一些，但需覆盖茶叶）。这种茶本身比较舒展，无须使用水的冲力，否则易烫伤嫩叶。采取的办法是：如用玻璃杯，则沿杯边注水，盖碗则将盖子反过来贴在茶杯的一边，将水注入盖子，使其沿杯边而下；然后悄悄摇晃茶杯，使茶叶充分浸润。第三，稍停约2分钟，待干茶吸水伸展，再冲水至满，冲水方法如前。此时茶叶或徘徊飘舞，或游移于沉浮之间，别具茶趣。

二、红茶

（一）红茶的功效

红茶能够提神消疲，生津清热，消炎杀菌，强壮骨骼；可以抗氧化、延缓衰老，养胃护胃，抗癌、舒张血管、有益心脏。

（二）经典红茶鉴赏

1.正山小种

正山小种创始于18世纪后期的福建崇安（今武夷山市）桐木地区，是我国最早出现的红茶。历史上，该茶以星村为集散地，故又称星村小种。

（1）正山小种的制作工艺。

①萎凋。萎凋，是指鲜叶经过一段时间失水，使硬脆的梗叶呈现萎蔫凋谢状况的过程。萎凋程度，要求鲜叶失去光泽，叶质柔软，梗折不断，叶脉呈透明状态即可。

②揉捻。揉捻的目的是使茶叶在揉捻过程中成形并增强色香味浓度，同时破坏细胞，使茶汁外流，叶卷成条，便于在酶的作用下进行氧化，利于发酵的顺利进行。

③发酵。发酵是决定红茶品质的关键阶段，经过发酵，叶色变红，形成"红茶红叶红汤"的品质特点。机理：多酚类化合物的酶促氧化、聚合，形成茶红素、茶黄素、茶褐素等。

④干燥。发酵好的茶采用纯松柴燃烧烘焙，迅速蒸发水分干燥。其目的是利用高温迅速钝化酶的活性，停止发酵；蒸发水分，缩小体积，固定外形，保持干燥以防霉变，使正山小种具有独特的纯松烟香味。

（2）正山小种的品质特点。

①外观：条索紧结、匀整洁净、色泽乌黑油润，叶底红棕匀亮。

②汤色：橙红明亮。

③香气：具有特殊的松脂香和桂圆香。

④滋味：醇厚、甘滑爽口、回甘持久。

（3）正山小种的审评操作方法。

①将取的大堆样倒置于茶盘中摇匀，称取5克放入审评杯，嗅干茶烟味。

②看外形色泽，条索粗细、长短、轻重与梗片、末茶含量等情况，观察上、中、下段茶叶比是否合理，有没有脱档现象。

③开汤，嗅香气，看汤色，品滋味，查叶底。第一，看汤色。呈深金黄色，有金圈为上品，汤色浅、暗、浊为次之。第二，嗅香气。有浓纯持久松烟香（桂圆干香）是好茶，烟味淡、薄、短、粗、杂为差茶。第三，品滋味。要求有一股纯、醇、顺、鲜松烟香，茶味最厚，桂圆干香味回甘久长为好，淡、薄、粗、杂滋味是较差的。第四，查叶底。看叶张嫩度，柔软肥厚、整齐、发酵均匀呈古铜色是高档茶，有死红、花青、暗张、粗老的品质较差。

正山小种外形审评以嫩度、条索为主，内质审评以香气、滋味（富含松烟味否）为主，一般嫩度好、条索粗壮紧结、色泽油润的，其内质也体现为有甜香，汤色金黄有金黄圈，要注意其含烟味纯正浓郁与否。正山小种主要特点是松烟味（桂圆干香），一、二等正山小种毛茶嫩度好，条索粗壮紧实、沉重，色泽乌润匀调、净度好。

高档正山小种的条索粗壮紧实，色泽乌润均匀有光，净度好，不含梗片，干嗅有一股浓厚顺和的烟味（桂圆干香）。越低档的正山小种，其条索也越趋松大，色泽渐失乌润至枯暗，梗片也渐多。

（4）正山小种的冲泡方法。

①玻璃杯冲泡（下投法）。运用玻璃套杯，泡法简单，不讲究茶艺，其过程是：将茶叶放入套杯的内胆中，然后将90℃左右的热水冲入杯内，冲泡后快速将茶汤倒入茶杯中饮用。

②盖碗冲泡。先温杯洁具；盖碗置干茶5克；将90℃左右的水注入茶碗；注水后刮去茶汤上茶沫，盖上盖；1～3泡的出汤时间为3～10秒，以后每泡延长3～10秒，调整原则是1～7泡冲泡出的汤色基本一致。

2.祁门红茶

祁门产茶可追溯到唐朝，茶圣陆羽在《茶经》中留下了"湖州上，常州次，歙州下"的记载，当时的祁门就隶属歙州。祁门产红茶始于近代。1875年前后，祁门人士胡元龙借鉴了外省的红茶制法，在祁门加工出了红茶，后由同盛祥茶庄引入市场并获得了成功。

高档祁门红茶外形条索紧细苗秀，色泽乌润，冲泡后茶汤红浓，香气清新芬芳馥郁持久，有明显的甜香，有时带有玫瑰花香。祁门红茶的这种特有的香味，被国外不少消费者称为"祁门香"。祁门红茶在国际市场上被称为"高档红茶"，特别是在英国伦敦市场上，祁门红茶被列为茶中"英豪"，每当祁门红茶新茶上市，人人争相竞购，他们认为"在中国的茶香里，发现了春天的芬芳"。

祁门红茶宜于清饮，但也适于加奶加糖调和饮用。祁门红茶在英国受到了皇家贵族的喜爱，赞美祁门红茶是"群芳之最"。

（1）祁门红茶的等级标准。祁门红茶指产于安徽祁门县境内，槠叶树种生长的，以茶树芽、叶、嫩茎为原料，经过萎凋、揉捻、发酵、干燥等工艺制成初制茶后，再经过三个流程十二道工序制作分级拼配而成，以外形条索紧细均直、色泽乌润为主要特征的工夫红茶。再根据其外形和内质分为：礼茶、特茗、特级、一级、二级、三级、四级、五级、六级、七级。

礼茶——外形：细嫩整齐，有很多的嫩毫和毫尖，色泽润；香气与滋味：香气高醇，有鲜甜清快的嫩香味，形成独有的"祁红"风格；汤色：红艳明亮；叶底：绝大部分是嫩芽叶，色鲜艳，整齐美观。

特茗——外形：条索细整，嫩毫显露，长短整齐，色泽润；香气与滋味：香气高醇，有嫩鲜香甜味，有独特的"祁红"风格；汤色：红艳明亮；叶底：嫩芽叶比礼茶较少，色鲜艳。

特级——外形：条索紧细，嫩毫显露，色泽润，匀整；香气与滋味：香气高醇，鲜嫩含有独特的"祁红"风格；汤色：红艳明亮；叶底：嫩度明显、整齐、色鲜艳。

一级——外形：条索紧细，嫩毫明显，长短均匀，色泽润；香气与滋味：香味高浓，具有"祁红"特有果糖香；汤色：红艳明亮；叶底：嫩叶均整，色红艳。

二级——外形：条索细正，嫩毫较一级少，色泽润；香气与滋味：香味醇厚，有"祁红"的果糖香；汤色：红艳但不及一级明亮；叶底：芽条均整，发酵适度。

三级——外形：条索紧实，较二级略粗，整度均匀，面张稍有松条；香气与滋

茶课视频
4-4

红茶冲泡

味：香味醇正，鲜厚有收敛性，"祁红"特征依然显著；汤色：红明；叶底：条整，发酵适度。

四级——外形：条索粗实，叶质稍轻，匀净度较差，色泽带灰；香气与滋味：香味醇正，有相应浓度，仍有"祁红"风味；汤色：红明较淡；叶底：均整度较差，色红而欠匀，夹有花青。

五级——外形：条索较粗，稍有筋片，匀净度较差，色泽带灰；香气与滋味：香味醇甜偏淡，但无粗老味；汤色：红淡；叶底：花青，稍含梗。

六级——外形：条索较松，夹有片朴，色泽花杂；香气与滋味：香味粗淡，浓度不足；汤色：淡红，明亮不够；叶底：红杂，较硬。

七级——外形：条索松泡，身骨轻，带片朴梗；香气与滋味：香味低淡，有粗老味；汤色：淡而不明；叶底：粗暗梗显。

（2）祁门红茶的冲泡方法。

①温杯：用开水温茶具，使茶具均匀受热。

②投茶：取5克左右茶叶放入杯、盖碗或壶中。

③润茶：润茶重在一个"快"字，不求将茶味泡出，只需让茶叶均匀受热，唤醒茶香即可。

④泡茶：用90℃左右的水冲泡，5～10秒出汤，冲泡次数越多，坐杯时间越长。

三、白茶

白茶为福建特产，主要产区在福鼎、政和、松溪、建阳等地。白茶的名字最早出现在茶圣陆羽的《茶经·七之事》中，其中记载："永嘉县东三百里有白茶山。"陈橼教授在《茶叶通史》中指出："永嘉东三百里是海，是南三百里之误。南三百里是福建福鼎（唐为长溪县辖区），系白茶原产地。"白茶总是弥漫着神秘的气息，如太姥娘娘赐茶苗的故事。

> **茶事趣读4-6　　　　　　福鼎白茶的传说**
>
> 相传福鼎竹栏头自然村有一孝子名陈焕，性至孝，但因地瘠，终年操劳，也难求得双亲温饱，深感愧对父母。时大年过，陈焕遂持斋三日，携干粮上太姥山祈求太姥娘娘"托梦"，指点度日之计。陈焕焚香礼拜毕，合眼睡去，朦胧之中，只见"太姥娘娘"手指一树曰："此山中佳木，系老妪亲手所植，群可分而植之，当能富有。"次日，陈焕走遍山山岭岭，直至太阳落到西山头，果然在鸿雪洞中觅到一丛茶树。陈焕大喜，当即用随身带来的锄头，分出一株携回家中精心培植。百日后，果然生机盎然，其茶异于常种，这就是今天的福鼎大白茶。
>
> 资料来源　佚名.福鼎白茶的传说［EB/OL］.［2020-08-25］. http://www.360doc.com/content/20/0825/15/50036112_932134541.shtml.

明末清初学者、诗文家周亮工在《闽小记》中记载："太姥山古有绿雪芽。"卓剑舟在《太姥山全志》中解释："今呼为白毫，香色俱绝，而尤以鸿雪洞产者为最。性寒凉，功同犀角，为麻疹圣药。"

（一）白茶的功效

白茶是茶叶里的瑰宝，根据民间长期饮用和实践及现代科学研究证实，白茶具有解酒醒酒、清热润肺、保肝护肝、平肝益血、消炎解毒、降压减脂、消除疲劳、抗氧化、促进血糖平衡等功效，尤其针对烟酒过度、油腻过多、肝火过旺引起的身体不适、消化功能障碍等症，具有独特的保健作用。长期以来，在福鼎白茶产区，白茶炖冰糖常用来降火去燥、治疗牙疼、便秘、水土不服等疾病，陈年白茶甚至用来治疗小儿麻疹、发烧。

（二）白茶的制作工艺

白茶的制作工艺是最自然的，把采下的新鲜茶叶薄薄地摊放在竹席上置于微弱的阳光下，或置于通风透光效果好的室内，让其自然萎凋。晾晒至七八成干时，再用文火慢慢烘干即可。由于制作过程简单，因此可以最少的工序进行加工。

采用单芽为原料按白茶加工工艺加工而成的，称为银针白毫。白茶多采自福鼎大白茶树、福鼎大毫茶树。政和大白茶及福安大白茶等茶树品种的一芽一二叶，按白茶加工工艺加工制作而成的为白牡丹或新白茶。采用菜茶的一芽一二叶，加工而成的为贡眉。采用抽针后的鲜叶制成的白茶称寿眉。

白茶的制作一般分为萎凋和干燥两道工序，而其关键在于萎凋。萎凋分为室内自然萎凋、复式萎凋和加温萎凋，要根据气候灵活掌握。以春秋晴天或夏季不闷热的晴朗天气，采取室内萎凋或复式萎凋为佳。其精制工艺是在剔除梗、片、蜡叶、红张、暗张之后，以文火进行烘焙至足干，只宜以火香衬托茶香，待水分含量为4%～5%时，趁热装箱。白茶制法的特点是既不破坏酶的活性，又不促进氧化作用，且保持毫香显现、汤味鲜爽。

（三）白茶的品质特点

白茶的主要品种有白毫银针、白牡丹、贡眉、寿眉等。白茶最主要的特点是毫色银白，素有"绿妆素裹"之美感，且芽头肥壮，汤色黄亮，滋味鲜醇，叶底嫩匀。尤其是白毫银针，全是披满白色茸毛的芽尖，形状挺直如针，在众多的茶叶中，它是外形最优美者之一，令人喜爱。汤色浅黄，鲜醇爽口，饮后令人回味无穷。

（四）白茶的审评内容

1.外形审评

（1）白毫银针：以福鼎大白茶鲜叶为原料生产的白毫银针称为北路白毫银针（以福鼎产区为代表），以政和大白茶鲜叶为原料生产的白毫银针称为南路白毫银针（以政和产区为代表）。白毫银针茶外形品质以毫心肥壮、鲜艳、银白闪亮为上，以芽瘦小而短、色灰为次。

（2）白牡丹以适制白茶茶树品种的一芽二叶初展鲜叶为原料加工而成。白牡丹外形品质以叶张肥嫩、叶态伸展、毫心肥壮、色泽灰绿、毫色银白为上，以叶张瘦薄、色灰为次。

（3）贡眉和寿眉以小菜茶、福鼎大白茶或福鼎大毫茶鲜叶为原料，经传统工艺加工而成。优质贡眉和寿眉叶张肥嫩、夹带毫芽。

（4）新工艺白茶采用福鼎大白茶、福鼎大毫茶鲜叶为原料制作而成。新白茶外形品质以条索粗松带卷、色泽褐绿为上，无芽、色泽棕褐为次。

2.内质审评

审评方法：将3克茶叶用150毫升沸水冲泡，浸泡5分钟后对各审评项目进行审评。

（1）汤色：汤色以橙黄明亮或浅杏黄色为好，红、暗、浊为劣。

（2）香气：香气以毫香浓郁、清鲜纯正为上，淡薄、生青气、发霉失鲜、有红茶发酵气为次。

（3）滋味：白茶滋味以鲜美、醇爽、清甜为上，粗涩淡薄为差。

（4）叶底：白茶叶底的嫩度和色泽是内质审评的重要因子。叶底嫩度以匀整、毫芽多为上，带硬梗、叶张破碎、粗老为次；色泽以鲜亮为好，花杂、暗红、焦红边为差。

（五）白茶的冲泡方法

（1）选用盏、玻璃杯、盖碗都可（建议温润泡）。

（2）温热茶器后，投入3克茶叶（以银针为例）用85～90℃的水冲泡，开始时茶芽浮于水面，2～3分钟后茶芽部分沉落杯底，部分悬浮茶汤上部，此时茶芽条条挺立，上下交错，望之有如钏乳，3～5分钟后茶汤泛黄即可取饮。可视个人口感，选择出汤时间。

茶课视频
4-5

白茶冲泡

四、黄茶

黄茶，是从炒青绿茶中发现的，由于鲜叶、杀青、揉捻后干燥不足或不及时，叶色变黄，于是逐渐产生了新的茶叶品类——黄茶。黄茶主要产于四川、湖南、浙江、安徽等省。

（一）黄茶的功效

黄茶中富含茶多酚、氨基酸、可溶糖、维生素等丰富营养物质，对防治食道癌有明显功效。此外，黄茶鲜叶中天然物质保留有85％以上，而这些物质对防癌、抗癌、杀菌、消炎均有特殊效果，为其他茶叶所不及。

（二）黄茶的制作工艺

黄茶的制作工艺类似于绿茶，属于轻发酵茶。其最重要的工序是闷黄，这是形成黄茶特点的关键，主要做法是将杀青和揉捻后的茶叶用纸包好，或堆积后以湿布盖之，时间以几十分钟或几个小时不等，促使茶坯在水温作用下进行非酶性的自动氧化，形成黄色。

（三）黄茶的品质特点

黄茶有芽茶与叶茶之分，对新梢芽叶有不同要求：除黄大茶要求有一芽四五叶新梢外，其余的黄茶都要求芽叶"细嫩、新鲜、匀齐、纯净"。

（1）黄芽茶：原料细嫩、采摘单芽或一芽一叶加工而成。

（2）黄小茶：采摘细叶加工而成。

（3）黄大茶：采摘一芽二三叶甚至一芽四五叶为原料制作而成。

（四）黄茶的审评方法

黄茶审评方法与绿茶相似。

（1）形状：黄茶因品种和加工技术的不同，形状有明显差别。

君山银针：以形似针、芽头肥壮、满披毛为好，芽瘦扁、毫少为差。

蒙顶黄芽：以条扁直、芽壮多毫为好，条弯曲、芽瘦少为差。

鹿苑茶：以条索紧结卷曲呈环形、显毫为佳，条松直、不显毫为差。

黄大茶：以叶肥厚成条、梗长壮、梗叶相连为好，叶片状、梗细短、梗叶分离或梗断叶破为差。

（2）色泽：观察黄色的枯润、暗鲜等，以金黄色、鲜润为优。

（3）净度：观察梗、片、末及非茶类夹杂物含量。

（4）汤色：以黄汤明亮为优，黄暗或黄浊为次。

（5）香气：以清悦为优，有闷浊气为差。

（6）滋味：以醇和鲜爽、回甘、收敛性弱为好，苦、涩、淡、闷为次。

（7）叶底：以芽叶肥壮、匀整、黄色鲜亮为好，芽叶瘦薄黄暗为次。

（五）黄茶的冲泡方法

茶课视频
4-6

黄茶冲泡

根据泡茶具容量置入1/4茶叶；水温以85℃为宜；冲泡时间：第一泡30秒，第二泡60秒，第三泡2分钟。

五、黑茶

黑茶起源于四川省，其年代可追溯到唐宋时茶马交易中早期。茶马交易的茶是从绿茶开始的。当时茶马交易茶的集散地为四川雅安和陕西汉中，由雅安出发人措马驮抵达西藏有2～3个月的路程，当时由于没有遮阳避雨的工具，雨天茶叶常被淋湿，天晴时茶又被晒干，这种干、湿互变过程使茶叶在微生物的作用下发酵，产生了品质完全不同于起运时的茶品，因此"黑茶是马背上形成的"说法是有其道理的。久之，人们就在初制或精制过程中增加一道渥堆工序，于是就产生了黑茶。黑茶在中国的云南、湖南、广西、四川、湖北等地有加工生产。黑茶类产品普遍能够长期保存，而且有越陈越香的品质特点。

（一）黑茶的功效

1.补充膳食营养

黑茶中含有较丰富的营养成分，主要是维生素和矿物质，另外还有蛋白质、氨基酸、糖类物质等。

2.助消化、解油腻、顺肠胃

黑茶中含有的大量的咖啡碱、维生素、氨基酸等成分，对人体消化有一定的作用，能够调节脂肪代谢，而且咖啡碱的刺激作用能够提高胃液的分泌量，从而增进食欲，帮助消化。

3.降脂、减肥、软化人体血管、预防心血管疾病

黑茶中含量丰富的茶多糖具有降低血脂和血液中过氧化物活性的作用。

4.抗氧化、延缓衰老，延年益寿

黑茶中的儿茶素、茶黄素、茶氨酸和茶多糖，尤其是含量较多的复杂类黄酮等都具有清除自由基的功能，因而黑茶具有抗氧化、延缓细胞衰老的作用。

5.抗癌、抗突变

黑茶含有的特殊成分对抗肿瘤有一定的功效，因此，经常饮用黑茶能抗癌、抗突变。

6.降血压

茶叶具有降血压的作用早有报道。有研究指出，茶叶中特有的氨基酸茶氨酸能通过活化多巴胺能神经元，起到抑制血压升高的作用。

7.改善糖类代谢，降血糖，防治糖尿病

黑茶中的茶多糖复合物有降血糖的作用。茶多糖复合物通常被称为茶多糖，是一类组成成分复杂且变化较大的混合物。

8.杀菌、消炎

黑茶汤色的主要组成成分是茶黄素和茶红素。研究表明，茶黄素不仅是一种有效的自由基清除剂和抗氧化剂，还对肉毒芽杆菌、肠类杆菌、金黄色葡萄球菌、荚膜杆菌、蜡样芽孢杆菌有明显的抵抗作用。

9.利尿解毒、降低烟酒毒害

黑茶中的咖啡碱具有利尿功能，而且咖啡碱对膀胱有一定的刺激作用，这样既可以利尿，又有助于醒酒，解除酒毒。

（二）黑茶的制作工艺

（1）高温气蒸。利用蒸气湿热促使茶坯变软，便于压造成型；高温湿热作用，促进内含物质一定程度的转化。

（2）压造成型。黑茶成品绝大多数都需要经过压造成型，砖茶在压模内冷却，使其形状紧实固定后，将其退出，再将其送入烘房进行缓慢干燥，以便长途运输和贮藏保管。

（三）黑茶的品质特点

好的黑茶品质要求色泽黑而有光泽，汤色橙黄而明亮，香气纯正，陈茶有特殊的花香或"熟绿豆香"，滋味醇和而甘甜。有馊酸气、霉味或其他异味，滋味粗涩，汤色发黑或浑浊，都是品质低劣的表现。

茶课视频
4-7

普洱茶知识

（四）黑茶的审评方法

黑茶审评以干评外形的嫩度和条索为主，兼评含杂量、色泽和干香。一二级黑毛茶也可以湿评香气和滋味。

黑茶的嫩度较其他茶类粗放，有一定的老化枝叶。

评嫩度：看叶质的老嫩。

评条索：比松紧、轻重，以成条率高，较紧结为上，以成条率低、松泡、皱折、粗扁、轻飘为一般。

评色泽：比颜色和枯润度，以油黑为优，黄绿花杂或铁板青色为次。净度看黄梗、浮叶及其他夹杂物的含量。

评香气：嗅干香，以有火候香带松烟气为佳，火候不足或烟气太重为次，粗老香气低微或有日晒气为差，有沤烂气、霉气等为劣。

评滋味：以汤味纯正为好，味粗淡或苦涩为差。叶底以黄褐带竹青色为好，夹杂红叶、绿叶为次。

（五）黑茶的冲泡方法

1.烹煮法

首先把壶用开水烫洗一遍，增加壶的温度，再将茶叶按照 1∶50 的比例放入壶中，进行煮茶，待茶叶煮到沸腾时，即可饮用；如在此时截断热源，再将茶水放置 5 分钟左右，口感会更佳。

2.冲泡法

将所需的茶具全部用开水烫洗一遍，按照1∶50的投茶量放入壶或盖碗中，用沸水温润泡一次倒尽，再进行冲泡，便可饮用。

3.闷泡法

用一般保温壶冲泡。先把保温壶用开水烫洗一遍，提高壶的温度，有利于茶色、香、味的浸出，按照1∶50的比例投入黑茶，再用沸水注满，闷泡一小时左右，便可饮用。

4.调饮法

在茶汤中加入其他辅助的饮品。用烹煮出来的茶汤，按照个人口感的需求加入一些辅助的饮品如：糖、酥油、奶、盐等，使茶汤的口感更适合人们的需求，该种方法最常见于边疆少数民族地区。

六、乌龙茶

乌龙茶的前身为北苑茶。北苑是福建建瓯凤凰山周围的地区，在唐末已产茶。北苑茶是福建最早的贡茶，也是宋代以后最著名的茶叶，历史上介绍北苑茶产制和煮饮的著作就有10多种。《闽通志》中记载，唐末建安张廷晖雇工在凤凰山开辟山地种茶，初为研膏，宋太宗太平兴国二年（977年）产制龙凤团茶，宋真宗以后改造小团茶，成为名扬天下的龙凤团茶。曾任福建转运吏、监督制造贡茶的蔡襄，特别称颂北苑茶，他在《茶录》中说："茶味主于甘滑，惟北苑凤凰山连属诸焙所产者味佳。"北苑茶重要成品属于龙凤团茶，其采制工艺如皇甫冉的《送陆鸿渐栖霞寺采茶》一诗所说："采茶非采菉，远远上层崖，布叶春风暖，盈筐白日斜。"要采得一筐的鲜叶，要经过一天的时间，叶子在筐子里摇荡积压，到晚上才能开始蒸制，这种经过积压的原料无意中就发生了部分红变，芽叶经酶促氧化的部分变成了紫色或褐色，其性质已属于半发酵了，也就是乌龙茶的范畴。

（一）乌龙茶的功效

1.降低血脂、血压、血糖

乌龙茶属于青茶，是介于红茶跟绿茶之间的半发酵茶，含有大量的茶多酚，有缓解三高（高血脂、高血压、高血糖）的作用。饮用乌龙茶能防止和减轻血中脂质在主动脉粥样硬化，降低血液黏稠度，防止红细胞集聚，改善血液高凝状态，增加血液流动性，改善微循环。

2.延缓衰老

乌龙茶具有延缓衰老、美容的作用，在日本被称为"美容茶""健美茶"。试验表明，在每日内服足量维生素C的情况下，饮用乌龙茶可以使血中维生素C含量保持在较高水平，尿液中维生素C排出量减少，而维生素C的抗衰老作用早已被研究证明。因此，饮用乌龙茶可以从多方面增强人体抗衰老能力。

3.降脂减肥

乌龙茶受到很多人欢迎的很重要的一个原因是它能够溶解脂肪，这种说法确实有科学的根据。因为茶中的主成分——单宁酸，与脂肪的代谢有密切的关系。经常喝乌龙茶的人，身体质量指数和脂肪含有率都比少喝的人低。这是因为乌龙茶同红茶及绿茶相比，除了能够提高胰脏脂肪分解酶素的活性，减少糖类和脂肪类食物被吸收以外，还能够刺激身体的产热量增加，促进脂肪燃烧，尤其是减少腹部脂肪的堆积。

4.消除疲劳

皮质醇是人体维持生命不可缺少的内分泌激素，它与糖新生有关。因疲劳引起皮质醇的过剩分泌会带来体内脂质、蛋白质代谢紊乱，进而引起生活习惯病的发生。饮用乌龙茶可以降低疲劳时的血中皮质醇浓度。同时，乌龙茶的清幽馥郁通过嗅觉作用于大脑皮层，可以消除人们的身心疲劳。

5.化痰利湿

当感觉痰湿、腕胁作胀、神疲乏力时，宜食用乌龙茶、陈皮、山楂、茯苓、荷叶等食物及药食两用之品，作为化痰利湿的饮食进行调养。

除了以上功效，乌龙茶还能生津利尿、解热防暑、杀菌消炎、解毒防病等。

（二）乌龙茶的采制要求

乌龙茶的鲜叶要求具有一定的成熟度，新梢形成驻芽后才采，即"开面采"。若鲜叶太嫩，做青过程很容易红变，成茶会出现红褐和暗青，内质香低味苦。若鲜叶太老，难以揉捻成条，成茶外形粗大，色泽枯绿，内质也差，香短味薄。

（三）乌龙茶的品质特点

乌龙茶叶底绿叶红镶边，汤色艳亮，香气浓郁，滋味甘醇，兼具绿茶的鲜浓和红茶的甜醇。

（四）乌龙茶的审评方法

乌龙茶盖碗审评法：110毫升盖碗，茶叶5克，沸水冲泡3次，茶水比为1∶22。

干茶外形审评看条索、色泽、匀度、净度。

内质审评看汤色、香气、滋味、叶底。

内质审评分3次，时间分别为2分钟、3分钟、5分钟。

每次出汤前审评香气，最后一次审评叶底。

（1）香气：第一次嗅香气高低，纯异；第二次辨香型；第三次嗅香气持久度。

（2）汤色：以第二泡为主，以金黄、橙黄、橙红明亮为好。

（3）滋味：以第二泡为主，兼顾前后。

（4）叶底：装入盛有清水的叶底盘中，看嫩度、色泽和发酵程度。

（五）乌龙茶的冲泡方法

乌龙茶盖碗冲泡方法如下：

（1）备具、洗具：准备好要用来冲泡乌龙茶的茶具，开水温杯烫盏。

（2）置茶、润茶：取5~8克茶叶，倒入盖碗中，冲入开水，迅速出水，润茶时间不宜过长，以免使茶中营养物质流失。

（3）注水、冲泡：注入开水，冲泡30秒~1分钟，出汤。视个人口感而定，坐杯时间可缩短或延长。

（4）分茶、品饮：将茶水倒入品茗杯中与客人一同饮用。饮用时可以先闻香，清爽的茶香让人心情舒畅。

茶课视频
4-8

乌龙茶冲泡

茶诗赏析 4-2

1.佳作品读

茶诗

唐　郑遨

嫩芽香且灵，吾谓草中英。

夜臼和烟捣，寒炉对雪烹。

惟忧碧粉散，常见绿花生。

最是堪珍重，能令睡思清。

2.作者简介

郑遨，字云叟，滑州白马（河南滑县）人，唐代诗人。他"少好学，敏于文辞"，是"嫉世远去"之人，有"高士""逍遥先生"之称。

3.佳作赏析

本诗首联赞美茶叶既香又有灵性，堪称草中的精华。颔联、颈联写雪夜碾茶、煎茶的情景，营造出空灵、优美的意境：夜幕笼罩中，在臼中碾茶，缭绕的烟霭仿佛也被捣入臼中；萧瑟寒气里，在炉火上煮茶，对着白雪装裹的世界。诗人继而刻画煮茶人的心情：只担心茶粉四散飘落，又常见绿色汤花在水面上浮现。在尾联中，则表达出对茶的珍爱：它最值得珍重的品质是能使头脑重新清醒起来。从这首茶诗中，人们可以领略到古代逸士高人赏雪、煎茶的高雅意趣。

茶诗赏析
4-2

[二维码]

《茶诗》

任务三　茶的调饮

◎ 任务导入

茶的饮用方式可分为两大类，即清饮法与调饮法。清饮法，顾名思义是平日里使用盖碗、壶、玻璃杯等器皿冲泡后无任何添加的饮品。调饮法则是在清饮法的基础上加入不同风味的物质所调制出的茶调饮。对很多人来说，中国传统饮茶的方式是清饮法。但追根溯源，我国饮茶方式实际是从调饮法逐渐过渡到清饮法的。

◎ 知识探究

一、古人的调饮方式

茶课视频
4-9

[二维码]

茶的调饮

陆羽的《茶经·六之饮》中记载："或用葱、姜、枣、橘皮、茱萸、薄荷之等，煮之百沸，或扬令滑，或煮去沫，斯沟渠间弃水耳，而习俗不已。"由此可知，秦汉及六朝时期的饮茶方式为调饮法。主要是直接采茶树生叶烹煮成羹汤而饮，饮茶类似喝蔬茶汤，此羹汤吴人又称为"茗粥"。

唐代，煎茶法主要用饼茶，经炙烤、冷却后碾罗成末，初沸调盐，二沸投末，并加以环搅，三沸则止。头三碗是最适宜的，趁热饮茶，及时洁器。

宋人饮茶时常见的葱、姜、茱萸、苏桂、花椒、薄荷等辛辣型佐料都有医药功能，这也和地域性特殊风物分不开的。唐代樊绰在《蛮书》中记载："茶出银生城界诸山。散收，无采造法。蒙舍蛮以姜、椒、桂，和烹而饮之。"银生城系今西双版纳一带，其所以将茶与其他药用植物煮饮，是由于特定的自然环境和生活状态，也表明了地域和民族的差异性。唐德宗李适好煎茶，喜在茶汤放上"苏椒之类"，常有颗粒状的苏椒漂浮在茶汤上。所以，大臣李泌做诗时有"添酥散出琉璃眼"之句。

除了历史的因循和风土相异，有些调饮法也体现出个人的风尚与嗜好。陆游在《午坐戏书》开头就写道，"贮药葫芦二寸黄，煎茶橄榄一瓯香"，即把茶与橄榄放在一起煎。陆游独喜这种吃茶法，他还另有诗句"寒泉自换菖蒲水，活火闲煎橄榄茶"得以佐证。

二、少数民族的调饮方式

到了现代，只有部分少数民族地区还沿用调饮的方式，其中最具代表性的咸味调饮法有西藏的酥油茶和内蒙古、新疆等地的奶茶等。藏族人民制作"酥油茶"时把茶砖切开捣碎，加适量的水煮沸后滤出茶渣，调入食用酥油，茶汁和酥油就混合成乳白色的"酥油茶"。每有宾客来访，全家在帐篷外恭候，待客人进帐坐定后，女主人即双手缓缓捧上酥油茶敬给来宾，使客人有宾至如归之感。

甜味调饮法以宁夏的"三泡台"最具代表性，这是回族人民待友接客的上等饮品，也叫"八宝茶"，既讲究茶料，也讲究茶具。茶料以"窝窝茶"为最佳，茶具以"盖碗"为最好。遇到贵宾，盖碗里沏上窝窝茶，配以冰糖、芝麻、核桃仁、桂圆、柿饼、花生、葡萄干（或其他果干）、红枣，不仅香甜可口，而且能够提气补虚、强身健胃，是理想的健身饮品。

布依族的酸茶，德昂族、景颇族的腌茶，基诺族的凉拌茶，壮族、瑶族、苗族、布依族等民族的打油茶，土家族的擂茶，白族的三道茶，均为调饮的饮茶方式。

三、当代人的调饮方式

随着经济的发展，街头巷尾茶饮料店品牌琳琅满目，人们对于饮茶的多样化需求逐渐增多。不同茶品搭配不同风味物质，如奶制品（牛奶、奶油、酸奶等）、酒等，经过一定比例的调整搭配，加入冰块，再通过雪克壶摇晃，使其完美融合。

雪克壶（别名：雪克杯）由英文 shake（摇晃）音译而来，分为波士顿型与普通型。波士顿型为两段式，分为壶盖与壶身，为专业调酒师所用。普通型是现在常用的三段式，由壶盖、壶颈（隔冰器）、壶身三部分组成，有250毫升、350毫升、530毫升三种。三段式雪克壶按材质分为树脂材质与不锈钢材质。树脂材质轻巧耐摔，导热性不强；不锈钢材质摇晃起来更有力，但导热性强，做冷饮时会比较冰。

在饮品行业内并没有雪克壶的标准使用手法，只要使用顺手，饮品达到想要的口感及效果即可。常见的摇晃方式有：

（1）直线摇法：分为一段摇法、二段摇法、三段摇法，是当下最普遍的摇晃方式。

（2）抛物线摇法：利用手腕力量向前方沿抛物线轨迹抛出，再沿抛物线轨迹收回原位，如此反复。

（3）单手摇法：手臂伸直与肩平，作斜向上下摇动，此方法更为美观，但相对比较累。

摇晃时手掌不要触碰雪克壶壶身，防止手的温度加快冰块融化；也不能在壶中加入热液体摇晃，壶中空气受热膨胀，气压升高，会导致雪克壶炸开烫伤手。

制作一款新式茶调饮，需要预想好此款调饮的风味，再根据风味与时令选择一款适合此风味的茶品。例如，大众最熟知的奶茶，红茶配牛奶更香醇，茉莉绿茶配牛奶更清爽，熟普配牛奶更养生。也可先选择一款自己偏好的茶品，再为此款茶品搭配适合的风味。例如，在冰绿茶中加入百香果、柠檬、糖浆及椰果等增加其口感层次；在清茶上倒入奶油、奶油奶酪、海盐打发的奶盖，使饮品更加香醇。

茶诗赏析 4-3

1.佳作品读

龙凤茶

宋　王禹偁

样标龙凤号题新，赐得还因作近臣。

烹处岂期商岭外，碾时空想建溪春。

香於九畹芳兰气，圆似三秋皓月轮。

爱惜不尝惟恐尽，除将供养白头亲。

2.作者简介

王禹偁，字元之，济州巨野（今山东省菏泽市）人，北宋诗人、散文家。晚年被贬到黄州，世称王黄州。太平兴国八年进士，历任右拾遗、左司谏、知制诰、翰林学士。他敢于直言讽谏，因此屡受贬谪。王禹偁为北宋诗文革新运动的先驱，文学韩愈、柳宗元，诗崇杜甫、白居易，多反映社会现实，风格清新平易。词仅存一首，反映了作者积极用世的政治抱负，格调清新旷远。

3.佳作赏析

王禹偁是宋代较早吟咏龙凤团茶的诗人。他获赐名贵贡茶后，万分珍惜，于是写下了此诗。全诗开头两句，写龙凤团茶的别致和新鲜，以及诗人获得赏赐贡茶后心中十分感恩。接下来，诗人则描写自己美好的想象：烹茶时想到商山名泉，多么希望能置身其中，取水煎茶；碾茶时则想象着团茶的美妙滋味，或许还有春天采茶的美好景象。诗中第三联，表达团茶带来的真实感受：其味比大片的芳兰草还香气浓郁，其形仿佛深秋的一轮明月。全诗结尾，诗人笔锋一转，道出对贡茶的珍惜，以及其后深藏的亲情：自己太爱惜它，竟舍不得多尝，唯恐会很快喝完，这些天赐珍品要留下来，供白发双亲享用。诗人将爱茶之心与孝敬父母之心联系起来，使全诗的情感得到进一步升华。

茶诗赏析
4-3

《龙凤茶》

知识巩固 👆

一、选择题

1.绿茶的核心工艺是（　　）。

A.发酵　　　　　B.半发酵　　　　　C.杀青　　　　　D.渥堆

2.君山银针属于（　　）。

A.白茶　　　　　B.红茶　　　　　C.黄茶　　　　　D.绿茶

3.（　　）是乌龙茶的特点。

A.绿叶红镶边　　　　B.满披白毫　　　　C.锋苗显露　　　　D.干茶黄、茶汤黄

4.茶圣陆羽在《茶经》中有"湖州上，常州次，歙州下"的记载，其中歙州指的是（　　）。

A.杭州　　　　　　B.苏州　　　　　C.福建　　　　　D.祁门

5.黑茶起源于（　　）省。

A.四川　　　　　　B.浙江　　　　　C.陕西　　　　　D.河南

二、判断题

1.北苑茶是福建最早的贡茶，也是宋代以后最为著名的茶叶。　　　　　（　　）

2.《西山兰若试茶歌》出自唐朝诗人刘禹锡。　　　　　　　　　　　　（　　）

3.明洪武二十年明太祖朱元璋下诏："罢造龙团，惟采芽茶以进。"　　（　　）

4.绿茶根据杀青方式可分为：炒青绿茶、蒸青绿茶、晒青绿茶。　　　（　　）

5.黄山毛峰是烘青绿茶。　　　　　　　　　　　　　　　　　　　　　（　　）

在线测评
4-1

知识巩固

三、简答题

1.简述蒸青绿茶的特点。

2.简述白茶的种类。

3.根据乌龙茶产地和工艺的差异，简述乌龙茶的茶区。

实践训练

一、实训任务

以3~4人组成一个小组，每个小组选择一个茶类进行审评。

二、实训步骤

1.小组分工，模拟审评流程；

2.撰写审评报告，并制作PPT；

3.各小组选派1名代表进行汇报。

三、实训评价

实训评价见表4-2。

表4-2　　　　　　　　　　　　　　实训评价表

考评教师		被考评小组	
被考评小组成员			
考评标准	内容	分值	得分
	主题鲜明，条理清楚，逻辑性强	20分	
	运用所学知识分析问题的能力强	20分	
	团队分工明确，合作意识强	20分	
	表述清晰，语速适中，仪表大方	20分	
	PPT制作精美，体现美学元素	20分	
合计		100分	

注：考评满分为100分，90~100分为优秀，80~89分为良好，70~79分为中等，60~69分为及格。

5

项目五 水之品德与品鉴标准

项目概述

　　茶叶必须通过开水冲泡才能为人们享用；水质直接影响茶汤的质量，好茶离不开好水，所以中国人历来讲究泡茶用水。自古茶人就强调"水为茶之母，器为茶之父"，这是因为水中不仅溶解了茶的芳香甘醇，而且溶解了茶道的精神内涵、文化底蕴和审美理念。烹茶鉴水，也就成为中国茶道的一大特色。

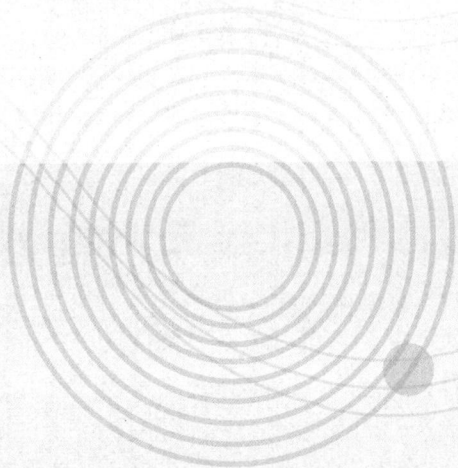

项目目标

知识目标 | 1.理解水的品德、分类及功效。
2.理解古人鉴水的标准与对水质优劣的评判。
3.掌握现代饮用水对茶汤的影响。

能力目标 | 1.能够准确评判水质优劣。
2.能够正确选择泡茶用水。

素养目标 | 1.提高保护水资源、保护水环境的意识。
2.感悟厚重的中华优秀传统文化。

任务一　水之品德

◎ **任务导入**

水是生命之源，无水生命将失去活力。水是我们最熟悉的东西，地球上70%的面积被水覆盖。古今中外，许多能人志士皆称赞水的品德，那么水有哪些品德呢？

◎ **知识探究**

一、水具五德

水的性格，简单说就是动静结合，两者你中有我，我中有你。《道德经》中说"上善若水"，用"上善"来形容水，赋予水诸多美德。

（一）生

水是生命之源，人类的生命与水息息相关。水是无色、无味的透明液体，是地球上最常见的物质之一。对人体的生理功能而言，没有水，养料不能被吸收，氧气不能被运到所需部位，养料和激素也不能到达它的作用部位，废物不能排除，新陈代谢也将停止。因此，水是包括人类在内的所有生命生存的重要资源，也是生物体最重要的组成部分。

（二）柔

"天下柔弱莫过于水"，柔弱如水，可以不与世争，慢慢化解刚强的力量。柔中有刚，天下至柔，也是天下至刚。水是道家清静无为、无为而无不为、柔弱胜刚强、人生贵柔的物化表征，体现了《道德经》中"天下之至柔，驰骋天下之至坚"的心志。

（三）顺

顺是水非常重要的一方面。水，置于方器中而为方，置于圆器中为圆，本身无形无状，因此也能万形万状。千变万化，不拘一格，遵从大道的要义，才能顺从自然、顺从规律、顺势而为。

（四）通

通是指水通达天下，囊括四海，江河湖海皆可通之。《说文解字》注"通，达也"，《周易》解为"往来不穷谓之通"。地球表层水体构成了水的循环系统，包括海洋、河流、湖泊、沼泽、冰川、积雪、地下水和大气中的水等，对生态平衡起着重要的作用。因为水通达，所以能成就浩浩荡荡的气势、惊涛拍岸的雄浑。

（五）容

水心胸宽广，能够包容一切。所谓海纳百川，有容乃大。古今中外，成就大业者，无不具有包容、兼容一切的心胸。

水具五德，水益人类，人类却没有给水以对等的回报。大量的工业、农业和生活废弃物排入水中，造成水源污染，污水治理已成为"水家族"最重要的事项。保护水资源、保护我们的生存环境，这是茶人的共同愿望，也是茶道研修者公益实践的内容之一。

🍵 茶事趣读 5-1   君子似水

在刘向所著的《说苑·杂言》中有这样一段孔子与其学生子贡的对话:

子贡问曰:"君子见大水必观焉,何也?"孔子曰:"夫水者,君子比德焉。遍予而无私,似德;所及者生,似仁;其流卑下,句倨皆循其理,似义;浅者流行,深者不测,似智;其赴百仞之谷不疑,似勇……是以君子见大水观焉尔也。"

这段话的大意是:子贡问他的老师孔子,君子看到大水为什么总是那么喜爱呢?孔子说:因为水与君子的道德有很多的可比之处。水无私地将自己奉献给天下万物,这似德;水能使万物生长,这似仁;水流向下,遵循自然规律,这似义;水浅者周流不滞,深者深不可测,这似智;水泄下万丈深谷而毫不迟疑,这似勇……所以有道德的君子见到水都爱莫能舍。

资料来源 陆羽.茶经[M].昆明:云南人民出版社,2011.

二、水的类别

在中医中,茶叶是一种药物。在《本草纲目》中,水也是一种药物。药物之间讲究配伍,药物的产地讲究"道地药材"。所以,烹茶用水也应该一如治病配药一样,处处讲究,根据不同的情况选用不同的水源。

对于茶叶的烹煮用水,中医千百年来积累了许多宝贵经验。概括而言,古人把水大体分为以下几类,《寿世青编》一书对各种各样的水有过详细的描述,现详细介绍如下:

(一)长流之水

长流之水就是源远流长的河流。这种水经过千里奔流,穿山越岭,透地而出,通达而不瘀滞,用这种水煎药烹茶,最能通达四肢,开发孔窍,通利血脉。这种水,由于它源远流长、穿山越岭,其性通透畅达,对人体有一定的滋养作用。古人认为,如果用长流水烹茶煎药,对于手足病、四肢病非常有效,还有通利二便之功效。

(二)急流之水

急流之水是指从悬崖峭壁、瀑布山涧之上流下的水,古人描绘为"湍上峻急之流水也"。这种水落差大、流速急、流量大,其水性能够"急速而达下",用这种水烹茶,通调五脏、荡涤六腑的作用最为明显,饮茶后有"腋下生风,飘飘欲仙"之感觉。这种水最适合于煎煮通利大、小便,治疗足部、腿胫部风寒湿痹症的药物。

急流之水多位于崇山峻岭、人烟稀少的地方,所以想得到是极其不易的。

(三)顺流之水

顺流之水是指顺流而下、和缓流动之水。其习性是顺而下流、从容和缓、不急不躁,取之烹茶,最令人平心静气、耳聪目明,对调和脾胃也有很好的效果。这种水最适宜于煎煮治疗脾胃病、下焦腰膝之病及通利二便之药物。

目前,茶人最常用的水源是顺流水,城市中普遍运用的自来水也是顺流水的范围。顺流水汲取方便,应用广范。

(四)逆流之水

逆流之水是指人们常说的缓流、洄澜之水。通俗地讲,它就是河流中拐角处产生漩涡的水。由于这种水逆流而动,甚至逆而倒流,性质最为从容和缓,调和五脏六腑功能的作用尤其突出。用这种水烹茶，能厚肠胃而调和中焦，养人脾胃，宽中下气，健脾胃而消食，中医常用来煎煮发汗药、涌吐药、治疗痰饮之药，效果明显。

最难取得的是逆流水。因为逆流水所在之处比较凶险，湍急的水流才会形成漩涡。要想品尝到逆流之水所泡的茶，不够勇敢的人很难办到。

（五）半天河水

半天河水是指长桑君送给扁鹊饮用"仙药"的上池之水。

所谓"上池之水"，是指竹子的篱笆管里积累的雨水。因为它来自天上，而且没有受到外界各种污浊的熏染，来自天，存于半天，没有尘埃落入，没有泥土污染，所以又名为"半天河水"。古代丹道学家炼金丹、调配丹药，常用半天河水。上好之茶，如果得到半天河水的浸泡，就更加甘甜鲜美，饮后令人轻身益气，有超凡脱俗之感。半天河水量少，采取不易，得来全靠缘分，禅茶一味，非修身养性之人通晓禅茶之理者难以得到。

此外，中医著作《医碥》中，把雨雪之水也称为半天河水。《医碥》中载："雨雪之水名曰天泉，即半天河水，一名上池水。其质最轻，其味最淡，宜煎清肃上焦药，泡茗远胜山泉。惟吾杭饮之，故人文秀美，甲于天下。"可见，半天河水质轻味淡，泡茶为最佳，用以煎药，对于治疗人体上部疾病，疗效最好。

烹茶时准备上乘的水，能避免品质不好的水土、污染的水土，以及水土不服带来的不良后果。因此，古人烹茶煮药，对水要求高是显而易见的。

（六）春雨之水

春雨之水是指在立春之日，在半空中以器物盛接的春雨之水。立春之日，草木萌发，万物以荣，自然界欣欣向荣、生机勃勃，春雨之水始得春天升发之气，借助自然界之功力，最为升发、舒畅、条达。如果用春雨水来烹茶，能疏解冬季在体内郁积的污浊之气，令人心情舒畅、神清气爽、心旷神怡。多愁善感之人，郁郁寡欢之士，情志不遂之辈，尤其适宜饮用。如果用春雨水煎煮药物，可以增强补益中焦之气的作用，升清降浊的方剂最应该用春雨之水煎煮。

由于立春日每年只有一个，况且于立春之日下雨的天气又非常少见，因此非常难得，只有善根深厚的有缘之人、有心之士方可得到。

（七）秋露之水

秋露之水是指专门在立秋那天收集的露水。常言道："春生夏长，秋收冬藏。"立秋开始，人体以及自然界都开始收敛，万物肃杀，秋露水其性禀收敛肃杀之气最为内敛，不喜张扬，性喜沉潜。大凡心烦意乱之人、心浮气躁之士，或遇紧张焦虑、着急上火之事，用秋露水烹茶最为有益。它可以使人的性情变得沉稳，消除火气，心态平稳，心平气和。此外，秋露水最适合煎煮祛秽、辟邪、镇静之药，或者是用来调敷治疗虫、疥、癣、疮、风癫之药。

秋露水量少难取，收集困难，只有准备充分之人、心细性缓者才可取到，正因为如此才越发显得珍贵。

（八）井华水

每天清晨的时候，井里打出的第一桶水称为井华水。顾名思义，井华是水井中的精华所在。

中国古代有"天一生水，地六成之"之说。每天清晨之际，天一真元之气浮结在井水表面，未受人为因素的干扰破坏，品质最好，气息最清，最为沉潜、宁静淡泊。用井华水烹茶，最滋养人体。医家、道家常取之煎煮滋阴之剂，或者用作修炼丹药之用。"今好清之士，每日取以烹春茗，而谓清利头目最佳，其性味同于雪水也。"这是古代文人雅客对井华水的高度评价。

井华水的汲取虽不难，但也需要早起，需要有决心、毅力和吃苦耐劳的精神以及持之以恒的决心。否则，"莫道君行早，更有早行人"，很可能井华之水早已被别人汲取，自己却茫然不知。

（九）新汲之水

在井里面新打出的水，还没有倒入像缸或瓮这样的容器时就叫作新汲水。由于没有经过容器的反复污染，洁净而不浑浊，和现在所说的纯净水、矿泉水相似。由于其不浑浊、不污染，汲取相对容易，储藏相对简单，对于一般的饮茶爱好者来说，是最常用的水资源。

（十）甘澜水

把水盛在一个较大的容器中，用一个木勺或者竹筒，反复不停地扬起、搅拌上百次，等到水面上出现一层水泡、水珠时，迅速收集起来，这种水就称为甘澜水。这种方法可以使水变得柔和甘美、软硬适中、中庸平和、甘甜滋润。用甘澜水烹茶，能使人平心静气，笑对人生，乐观处世，健康向上。

甘澜水的制作比较简单，但需要花费一定的气力，要有足够的耐心，只有这样，才能体会到劳动果实的甘甜，从品茶中体验到生活的乐趣。

（十一）潦水

潦水又称无根水，多源于山谷中，雨水或山泉落入土坑、石缝当中，长时间没有人或其他外力可以搅动，使其性坚固，并且吸收了土气。取其上清者烹茶，最为养人先天之肾与后天之脾。中医常用于煎煮调理脾胃、补中益气之剂。初唐四杰之一的王勃在《滕王阁序》中曰："潦水尽而寒潭清，烟光凝而暮山紫。"其中所提到的潦水，就是此水。

现在，已经很难发现潦水的踪迹。即使是自然生态保护较好的地方，也多为旅游探险之地，一些潦水产生的环境恐怕都有污染。如果发现有潦水的周围环境有明显的现代痕迹，那么最好还是放弃收集。

（十二）冬霜之水

冬霜之水是寒冬之时器物上凝集的霜，经采集存储而成。因为冬天阴气亢盛，则露水结而为霜，霜性最阴寒凝滞，随时而异，甚者能杀物。以冬霜水泡茶，最能解酒，尤其专能解酒毒，治疗各种热病。凡人大热口渴、小便黄赤、大便秘结、口舌生疮、心烦意乱，以冬霜水泡茶煎药取效神速。

冬霜水的收集，第一步是收霜。收霜的方法是：用鸡毛刷子，轻轻扫取冬霜，装入瓶中，贮瓶、密封、备用。需要用时取出，煮沸后泡茶、煎药即可。

冬霜水因为难以采集而越发珍贵。古人采取冬霜后，往往入瓶密封，深埋在地下，待到来年春夏之际饮用。此时泡茶饮用，沁人心脾，烦恼暑热顿消，方可真正体验到茶的美味与妙处。

（十三）腊雪之水

冬至后即进入腊月，天气转寒，地裂冰封，万物蛰藏，雪花纷飞，漫天洁白。此时取天降之雪花，装入瓷罐埋于地下封藏，或者入铜壶煮沸泡茶。

中医经常用腊雪之水解四时瘟疫之毒气，解丹石药物之毒。如果以之煎茶、煮粥，能够止消渴，除烦热；用腊月雪水洗眼睛，对于目赤肿痛，视物昏花，模糊不清，其功效有如神助。在收集腊月雪水之前，要提前做好相关准备。立冬后，准备干净的瓷瓶子、瓷罐子，都放在清扫过的地方，下雪时马上就拿到外面进行收取，上乘的是梅花上的雪，中等的是其他植物上的雪，最差的是地面上落的雪。

（十四）纯净水

桶装的纯净水、矿泉水现在比比皆是。人们都了解矿泉水，但是对于纯净水就相对陌生了些。简单地说，纯净水是运用高科技反渗透方法及一些辅助的加工处理技术制成的饮用水。由于纯净水去除了对人体有害的物质（包括细菌），密封于容器中，不加任何添加剂，可直接饮用，因此深受消费者欢迎。

纯净水在制作过程中，微量元素和矿物质的含量都相对减少。但是纯净水的溶解度大、渗透力强和溶氧性高，用以泡茶能够很好地溶解茶叶中所含的微量元素、矿物质等各种人体必需物质，是泡茶的首选。在选择品牌时，一定要注意选择大厂家、知名品牌生产的纯净水，这样的水安全、卫生，质量有保障。

（十五）电解水（离子水）

所谓电解水，就是人们通常所说的离子水，主要是利用活性炭、PP棉、无纺布、载银活性炭、中空纤维做过滤层，以去除水中泥沙、铁锈、异味、余氯以及0.01微米以上的细小胶质、有机物等物质，使之净化达到国家饮用水标准，再使用钛铂合金，通过离子膜电解生成，根据需要制成的活性水。

用电解水烹茶，味道无可挑剔，但是制作设备需要很大的投入，没有一定的经济基础是很难达成的。

（十六）自来水

自来水因为取用方便、价格低，在我国普遍使用，是我们生活中的主要用水。其实，用自来水烹茶，如果方法适当，一样可以享受到茶的美味。

要注意的是：自来水里面存在消毒用的氯气等化学物质，在水管停留时间久了，还会含有过多的铁质。当水中的铁离子含量超过万分之五时，就会使茶汤呈褐色，而氯化物与茶中的多酚类作用，又会使茶汤表面形成一层"锈油"，喝起来有苦涩味。所以，用自来水沏茶最好的方法是，用无污染的容器先贮存一天，待氯气散发后再煮沸沏茶，或者采用净水器将水净化，这样就可成为较好的沏茶用水。

药王孙思邈在《千金方》中指出："煎人参须用流水，用止水即不验。今甚有宿水煎药，不惟无功，恐有虫毒，阴气所侵，益蒙其害。即滚汤停宿者，浴面无颜色，洗身成癣。已上诸水，各有所宜，临用之际，宜细择焉。"这并未引起后人的重视，人们对水的理解，也逐渐集中到所谓的"十大名泉"上，这是需要注意并加以研究的。

● 茶事趣读 5-2　　　　　　　　　　**古人加工水的方法**

洗水：用各种方法处理泡茶用水，使之清洁、甘洌。古人创造了"石洗法""炭洗法""水洗法"等。"石洗法"是用细砂过滤。明代高濂的《遵生八笺》中记载的"炭洗法"是"用大瓮收黄梅雨水、雪水，下置十数枚鹅卵石。将三四寸左右栗炭烧红投入水中，不生跳虫"。清代陈其元的《庸闲斋笔记》中记载了乾隆皇帝创造的"水洗法"，其法是"以大器储水，刻以分寸，而入他水搅之。搅定，则污浊皆储于下，而上面之水清澈矣。盖他水质重，则下沉，玉泉体轻，故上浮，挹而盛之，不差锱铢"。

养水：在贮存泡茶用水时，尽量保持其天然的特征，即保持"水之灵性"。养水非常重视贮存水的容器、环境等。明代张源认为养水的关键在于让水吸收天地的灵气，"饮茶唯贵乎茶鲜水灵。茶失鲜，水失其灵，则与沟渠水何异"。

资料来源　佚名.古人泡茶之"洗水"［EB/OL］.［2018-07-10］. https://www.puer10000.com/chayi/13384.html.

⬙ 茶诗赏析 5-1

1.佳作品读

咏水

唐　骆宾王

列名通地纪，疏派合天津。

波随月色净，态逐桃花春。

照霞如隐石，映柳似沉鳞。

终当把上善，属意澹交人。

2.作者简介

骆宾王，字观光，婺州义乌（今属浙江）人，唐朝大臣、诗人，与王勃、杨炯、卢照邻合称"初唐四杰"。骆宾王出身寒微，少有才名。骆宾王诗歌辞采华赡，格律严谨。长篇如《帝京篇》，五七言参差转换，讽时与自伤兼而有之；短篇如《于易水送人》，二十字中，悲凉慷慨，余情不绝。

3.佳作赏析

《咏水》全文的意思是：水，遍布于大地的各处，有名的还是无名之地，散布于各地的河流汇聚一起，形成水天一色。水波随着月色闪耀，显得格外洁净，浪花追逐的态势，就像春天的桃花一样美丽。水面被霞光照射，好像秘处的玉石隐隐发光，倒映在水中的柳树影子，随着水面涟漪，就像沉下的鱼鳞不断闪耀。终了应当像水一样洁净而又包容，多行善事，注意结交纯真似水的朋友。《咏水》一诗阐释了水的美好品德，做人交友都要像水一样纯洁包容。

茶诗赏析
5-1

《咏水》

任务二　古代人择水要求

◎ **任务导入**

水质的好坏对茶汤色泽、香气、滋味的影响很大，古人对此早有体会。水是茶的载体，离开水，则茶之色、香、味、韵无从体现，明代有"精茗蕴香，借水而发，无水不可与论茶也"之说，因此自唐代以来，择水就成为饮茶的一个非常重要的环节，论水、评水则一直都是爱茶人士的一个热门话题。让我们一起与古人择水、鉴水、论水与评水吧。

◎ **知识探究**

佳茗不易得，好水亦难觅。为了寻找到与各类茶相匹配的水源，中国古人可谓历经艰险、遍尝天下水，甚至为了寻水而付出过极大的代价。茶人为各类水源留下了精彩纷呈的经验记录。

一、以感官鉴水质

张源的《茶录》中记载："茶者，水之神；水者，茶之体，非真水莫显其神，非精茶曷窥其体。"许次纾在《茶疏》中提出："精茗蕴香，借水而发，无水不可论茶也。"张大复在《梅花草堂笔谈》中认为："茶性必发于水。八分之茶，遇十分之水，茶亦十分矣；八分之水，试十分之茶，茶只八分耳。"上述议论均说明了在我国茶艺中精茶必须配美水，才能给人完美的享受。

宋徽宗赵佶在《大观茶论》中写道："水以清、轻、甘、冽为美。轻甘乃水之自然，独为难得。"这位精通百艺独不精于治国的亡国之君的确是才子，他最先从感官来鉴别水质，升华了品茗的文化内涵。后人在他提出的"清、轻、甘、冽"的基础上，又添加了一个"活"字。

（一）清

水质要清。这是要求水质无色、透明，无沉淀物，即"澄之无垢，挠之不浊"。明代田艺蘅论水的"清"，说"朗也，静也，澄水貌"，将"清明不淆"的水称为"灵水"。

不洁净的水烹出来的茶汤自然浑浊而不入眼。只有水质清洁并且没有杂质而无色透明，才能显现出茶的本色。古人择水，重在"山泉之清者"，水质一定要清。

（二）轻

水体要轻。明朝末年无名氏著的《茗笈》中论证："各种水欲辨美恶，以一器更酌而称之，轻者为上。"清代乾隆皇帝很赏识这一理论，他无论到哪里出巡，都要命随从带上一个银斗，去称量各地名泉的比重，并以水的轻重，评出了名泉的次第。北京玉泉山的玉泉水比重最轻，故被御封为"天下第一泉"。

现代科学证明"水的比重越大，说明溶解的矿物质越多"这一理论是正确的。实验结果表明，当水中低价铁的含量超过 0.1mg/L 时，茶汤发暗，滋味变淡；当水中铝的含量超过 0.2mg/L 时，茶汤便有明显的苦涩味；当水中钙离子的含量达到 2mg/L

时，茶汤带涩，而达到 4mg/L 时，茶汤变苦；当水中铅离子的含量达到 1mg/L 时，茶汤味涩而苦，且有毒性。所以，水以轻为美。

（三）甘

水味要甘。宋代诗人杨万里诗云："下山汲井得甘冷。"（《谢木韫之舍人分送讲筵赐茶》）明人屠隆说："凡水泉不甘，能损茶味。"这句话倒过来说就更准确，即凡水泉甘者，能助茶味。田艺蘅在《煮泉小品》中写道："甘，美也；香，芬也""味美者曰甘泉，气氛者曰香泉""泉惟甘香，故能养人""凡水泉不甘，能损茶味"。

所谓水甘，即水一入口，舌尖顷刻便会有甜滋滋的感觉。咽下去后，喉中也有甜爽的回味，用这样的水泡茶自然会增加茶的美味。

（四）冽

水温要冽。冽即冷寒之意。古人认为寒冷的水，如冰水、雪水，滋味较佳，如唐代诗人曹松有诗句"读易分高烛，煎茶取折冰"，宋代诗人杨万里有诗句"锻圭椎璧调冰水"，说的都是用融冰之水煎茶。从水在低温结晶过程中，杂质下沉，冰相对比较纯净。

明代茶人认为，"泉不难于清，而难于寒""冽则茶味独全"。因为寒冽之水多出于地层深处的泉脉之中，所受污染少，泡出的茶汤滋味纯正。

（五）活

水源要活。宋人唐庚的《斗茶记》中说："吾闻茶不问团銙，要之贵新；水不问江井，要之贵活。"活，即流动之水。苏东坡在《汲江煎茶》中云："活水还须活火烹，自临钓石取深清。"说的是月色朦胧中用大瓢将江水取来，当夜便用活火烹饮，这才是好水配好茶。南宋胡仔认为这是深知茶与水之中的三味者之论，他在《苕溪渔隐丛话》中赞叹："且茶非活水则不能发其鲜馥，东坡深知其理矣。"

"流水不腐，户枢不蠹。"现代科学证明了在流动的活水中细菌不易大量繁殖，同时活水有自然净化的作用，在活水中氧气和二氧化碳等气体的含量较高，泡出的茶汤格外鲜爽可口。

● 茶事趣读 5-3　　　　　　　　　**《本草纲目》中的水**

　　明代大医学家李时珍在名著《本草纲目》中指出："流水者，大而江河，小而溪涧，皆流水也。其外动而性静，其质柔而气刚，与湖泽陂塘之止水不同。然江河之水浊，而溪涧之水清，复有不同焉。观浊水流水之鱼，与清水止水之鱼，性色迥别；淬剑染帛，各色不同；煮粥烹茶，味亦有异。则其入药，岂可无辨乎。"

　　李时珍根据自己的观察清晰地表明，虽然都称为水，但是不同的水是有区别的。江河、小溪等流动的水虽然外表躁动，但本质宁静、水质柔软、秉性刚强，这一点是池塘和沼泽之水所不能比拟的。同时，江河之水浑浊厚重，溪涧之水清澈透明，清澈的水和浑浊的水也是不同的。在流水、静水不同水中生长的鱼类，它们的形状、颜色、味道都是有显著差别的。至于说用来淬剑、染布、做饭、烹茶、煎药的水，其中的差别就更大了。从烹茶的角度来说，水质要求会更严格一些。

资料来源　陆羽.茶经［M］.昆明：云南人民出版社，2011.

二、以水源辨优劣

"从来名士能评水，自古高僧爱斗茶。"这是郑板桥写的一副茶联，这副茶联生动地说明了"评水"是茶艺的一项基本功。

古代品水之美，首选泉之美。唐代诗僧灵一写道："野泉烟火白云间，坐饮香茶爱此山。"齐己写道："且招邻院客，试煮落花泉。"宋代晏殊写道："稽山新茗绿如烟，静挈都蓝煮惠泉。"清代诗人纳兰性德写道："何处清凉堪沁骨，惠山泉试虎丘茶。"历代茶人为什么这么爱泉呢？王禹偁在《陆羽泉茶》一诗中写道："甃石封苔百尺深，试茶尝味少知音。唯余半夜泉中月，留得先生一片心。"茶人们寻觅知音，他们深深爱泉的感情是对茶圣陆羽的追思。就让皎洁的明月、清澈的泉水来证明，茶人们对陆羽高洁之心的不能忘怀。

（一）泉水

明代《茶笺》一书指出："山泉为上，江水次之。"在天然水中，泉水多源出山岩壑谷，或潜埋地层深处，流出地面的泉水，经多次渗透过滤，一般比较洁净清澈，悬浮杂质少，水的透明度高，受污染程度低，水质也比较稳定，所以有"泉从石出清宜洌"之说。

但是，由于水源和流经途径不同，在地层的渗透过程中泉水融入了较多的矿物质，其溶解物、含盐量与硬度等均有很大差异，因此并不是所有泉水都是优质的。《茶经》中指出："其山水，拣乳泉、石池、漫流者上。"这是说，从岩洞上的石钟乳滴下，在石池里经过沙石过滤且漾溢漫流出来的泉水为最好。乳泉是含有二氧化碳的泉水，喝起来有清新爽口的感觉，所以最适宜煮茶。

上乘的泉水，大都是含有二氧化碳和氨的泉水。"漫流"是水在石池中缓慢流动，由于"漫流"的水流稳定，既保证泉水在石池里有足够的停留时间，又不会破坏水中悬浮状的颗粒以垂直沉淀速度下沉，因此池水得到了澄清。所以，"漫流者上"是符合科学原理的。

（二）溪水江河水

泡茶用水，虽以泉水为佳，但溪水、江水与河水等长年流动之水，用来沏茶也并不逊色。宋代诗人杨万里曾写诗描绘船家用江水泡茶的情景："江湖便是老生涯，佳处何妨且泊家。自汲松江桥下水，垂虹亭上试新茶。"

明代许次纾在《茶疏》中写道："黄河之水，来自天上。浊者土色也，澄之既净，香味自发。"这说明有些江河之水，尽管浑浊度高，但澄清之后，仍可饮用。通常靠近城镇之处，江（河）水易受污染。《茶经》中就写道："其江水，取去人远者。"也就是到远离人烟的地方去取江水。

（三）井水

井水属地下水，悬浮物含量较低，透明度较高，但由于在地层的渗透过程中溶入了较多的矿物盐，因此含盐量和硬度都比较大，特别是城市水井，水源往往受到污染。用这种水泡茶，会损害茶味。

埋藏在地表以下第一稳定隔水层之上的地下水称为浅层地下水，深度为 $1 \sim 15$ 米，浅层地下水易被污染，水质较差。在隔水层之下的地下水称为深层地下水，一般来说，深层地下水有耐水层的保护，过滤的距离长，污染少，一般水质洁净，透明无色。所以，深井比浅井好。井水是否适宜泡茶，不可一概而论。有些井水，水质甘美，是泡茶好水，如故宫博物院传心殿内的大庖井，曾经是皇宫的重要饮用水来源。城市的井水，受污染多，多咸味，不宜泡茶；而农村的井水，受污染少，水质好，适宜饮用。

当然，也有例外，如湖南长沙城内著名的白沙古井，是从砂岩中涌出的清泉，水质好，终年长流不息，取之泡茶，香味俱佳。

（四）雨水、雪水

雨水是比较纯净的，虽然雨水在降落过程中会碰上尘埃和氮、氧、二氧化碳等物质，但含盐量和硬度都很小，古人誉为"天水"，历来被用来煮茶。用雨水来泡茶，汤色鲜亮，香味俱佳，饮过之后，似有一种太和之气，弥留于齿颊之间，余韵不绝。雨水一般比较洁净，但因季节不同而有很大差异。秋季，天高气爽，尘埃较少，雨水清洁，泡茶滋味爽口回甘；梅雨季节，和风细雨，有利于微生物滋长，泡茶品质较次；夏季雷阵雨，常伴飞沙走石，水质不净，泡茶茶汤浑浊，不宜饮用。

雪水，历来受古代文人和茶人的喜爱。如唐代白居易《晚起》一诗中的"融雪煎香茗"，宋代辛弃疾词中的"细写茶经煮香雪"，元代谢宗可《雪煎茶》一诗中的"夜扫寒英煮绿尘"，清代袁枚写道"就地取天泉，扫雪煮碧茶"，清代曹雪芹在《红楼梦》中的"扫将新雪及时烹"等，都是歌咏用雪水烹茶的。尤其是《红楼梦》中"贾宝玉品茶栊翠庵"一回，描绘得更加有声有色：贾母带刘姥姥等人至栊翠庵，要妙玉拿好茶来饮。妙玉用旧年蠲的雨水，泡了一杯"老君眉"给贾母。随后妙玉拉宝钗、黛玉进耳房去吃"体己茶"，宝玉也悄悄跟了来。妙玉用梅花上的雪水泡茶给他们品，"宝玉细细吃了，果觉清淳无比，赞赏不绝"。黛玉问妙玉："这也是旧年的雨水？"妙玉回答："收的梅花上的雪……隔年蠲的雨水，哪有这样清淳？"雪水是软水，且洁净清灵，用来泡茶，汤色鲜亮，香味俱佳。清代乾隆皇帝写道："遇佳雪，必收取，以松实、梅英、佛手烹茶，谓之三清（《冷庐杂识》）。"可见，乾隆对雪水也是颇有好感的。

科学实验表明，在大自然中，只有雨水和雪水属于纯软水，所以古人喜以其烹茶是非常科学的。不过现在城市中大气污染较为严重，雪水、雨水不再适合饮用。

🌊 启智润心 5-1　　　　　　　　　　水为茶之母

老茶人说：水为茶之母，器为茶之父。八分茶遇十分水达满分，八分水试十分茶只得八分。想要泡好一杯茶，使用什么水冲泡十分重要。

茶圣陆羽在《茶经》中说："其水，用山水上，江水中，井水下。"关于水对茶的重要性，明代张大复在《梅花草堂笔谈》中说，就是"茶之性发于水，八分之茶，遇十分之水，茶亦十分矣。"寻找上好的泡茶用水，是古往今来每一位茶友孜孜不倦的追求。只有符合"清、轻、活、甘、冽"五个标准，才能算得上是好水。"清"是指水质洁净透彻。泡茶用水尤应洁净，水质清洁无杂质、透明无色，方能显出茶之本色。"轻"是指水的分量轻。古人总结为好水"质地轻，浮于上"，劣水"质地重，沉于下"。"活"是指源头常流动的水，而不是静止的水。"甘"是指水略有甘味，就是水含在口中有甜美感。"冽"则是指水含在口中有清冷感。

资料来源　佚名.水为茶之母，器为茶之父 [EB/OL].［2023-07-03］. https://baijiahao.baidu.com/s?id=1770410558682840128&wfr=spider&for=pc.

思政元素：和谐共生 保护环境

学有所悟："水为茶之母"体现了人与自然和谐共生的理念。通过泡茶实践，人们可以体验与自然的和谐共处，感悟"天人合一"的哲学思想，了解自然资源的珍贵性，学会珍惜和保护环境。好茶需要好水，正如优秀的人才需要良好的成长环境。陆羽在《茶经》中对水的分类，让我们看到古人对于品质的执着追求。在当今社会，我们也应该秉持这种对高品质的追求精神，无论是在专业学习还是在工作中，都要以高标准严格要求自己，不断提升自己的能力和素质，努力做到最好。

三、天下名泉

中国地大物博名山名泉众多，好山出好水，我国泉水资源极为丰富，比较著名的就有百余处。

（一）镇江中泠泉

中泠泉又名南泠泉，位于江苏镇江金山寺外，早在唐代就已天下闻名。史料记载，江水来自西方，受到石牌山和鹘山的阻挡，水势曲折转流，分为三泠（三泠为南泠、中泠、北泠），而泉水就在中间一个水曲之下，故名"中泠泉"。因位置在金山的西南面，故又称"南泠泉"。据传因长江水深流急，汲取不易，打泉水需在正午之时将带盖的铜瓶子用绳子放入泉中后，迅速拉开盖子，才能汲到真正的泉水。宋代爱国诗人陆游曾到此，留下了"铜瓶愁汲中濡水，不见茶山九十翁"的诗句。

清咸丰、同治年间，由于江沙堆积，金山与南岸陆地相连，泉源也随金山登陆。中泠泉上岸后曾一度迷失，后于同治八年（公元1869年）被候补道薛书常等人发现，遂命石工在泉眼四周叠石为池，并由常镇通海通观察使沈秉成，于同治十年（公元1871年）春写记立碑、建亭。光绪年间镇江知府王仁堪又在池周造起石栏，池旁筑庭树，并拓池40亩，开塘种植荷芰，又筑土堤，种柳万株，抵挡江流冲击，使柳荷相映，十分秀丽。现镌刻在方池南面石栏上的"天下第一泉"五个遒劲大字，即为王仁堪所书。池旁盖楼建亭，池南建有一座八角亭，双层立柱，直径七米，十分宽敞，取名"鉴亭"，是以水为镜、以泉为鉴之意。亭中有石桌、石凳，供游人小憩，十分风凉幽雅。池北建有两层楼房一座，楼上楼下为茶室，环境幽静，林荫覆护，风景清雅，是游客品茗的最佳之处。楼下层前壁左侧，嵌有沈秉成所书"中泠泉"三字石刻；右侧为沈秉成"中泠泉"及薛书党"中泠泉辩"石刻。

中泠泉水宛如一条戏水白龙，自池底汹涌而出，"绿如翡翠，浓似琼浆"，泉水甘洌醇厚，特宜煎茶。陆羽品评天下泉水时，中泠泉名列全国第七。后唐名士刘伯刍把宜茶的水分为七等，中泠泉依其水味和煮茶味佳名列第一。用此泉沏茶，清香甘洌，相传有"盈杯之溢"之说，即储泉水于杯中，水虽高出杯口二三分都不溢，水面放上一枚硬币，不见沉底。

（二）无锡惠山泉

惠山泉位于江苏省无锡市西郊惠山山麓锡惠公园内，号称天下第二泉，相传是经唐代陆羽品评而得名，故又名陆子泉。唐代张又新在《煎茶水记》中记载："水分七等……惠山泉为第二。"元代大书法家赵孟頫和清代吏部员外郎王澍分别书有"天下第二泉"，刻石于泉畔，字迹苍劲有力，至今保存完整。这就是"天下第二泉"的由来。

惠山泉的盛名，始于中唐。当时饮茶之风大兴，品茗艺术化对宜茶之水有了更高的要求。唐代张又新在《煎茶水记》中记载，最早评点惠山泉的是唐代刑部侍郎刘伯刍和陆羽，他们品评的宜茶之水范围不一，但都将惠山泉列为"天下第二泉"。自此以后，历代名人学士都以惠山泉沏茗为快。唐代天宝进士皇甫冉称此水来自太空仙境；唐元和李绅更说此泉是"人间灵液，清鉴肌骨，漱开神虑，茶得此水，尽皆芳味"。唐代无名氏的《玉泉子》中记载，唐武宗时，宰相李德裕为汲取惠山泉水，特设立"水递"（类似驿站的专门输水机构），把惠山泉水送往千里之外的长安。宋代大文学家欧阳修用惠山泉水做"润笔费"礼赠大书法家蔡襄。宋徽宗赵佶更把惠山泉水列为贡品，由两淮、两浙路发运使赵霆按月进贡。南宋高宗赵构被金人逼得走投无路，仓皇南逃时，还去无锡品茗二泉。元末明初诗人高启，客居浙江绍兴，家乡好友为他特地送去惠山泉水，为此高启作诗《赋得惠山泉送客游越》相谢。近代，汲惠山泉水沏茶之举仍大有人在。人们每日提壶携桶，排队汲水，为的就是试泉品茗。

惠山泉是地下水的天然露头，细流透过岩层裂缝，呈伏流汇集，遂成为泉。泉水分上、中、下三池。上池为八角形，水质最好，水色透明，水过杯口数毫米而茶水不溢。中池呈不规则方形，是从若冰洞浸出，池旁建有泉亭。下池长方形，凿于宋代。此处有二泉亭、漪澜堂、景徽堂和明代的观音石等。泉水从上面暗穴流下，由龙口吐入地下。坐在景徽堂的茶座中，品尝用二泉水泡的香茗，欣赏二泉附近景色，听着泉水的叮咚声，实乃人生一大快事。中国民间音乐家华彦钧曾在此作《二泉映月》二胡名曲，曲调悠扬，如泣如诉，更使二泉美名远播天下。

惠山泉水富含矿质营养，水质轻而味甘，能益诸茗色、香、味、形之美，用这等上好泉水品茗，自然为人钟情，大有"茶不醉人人自醉"之意。

（三）苏州观音泉

观音泉位于苏州虎丘山观音殿后，井口一丈余见方，四旁石壁，泉水终年不断，清澈甘甜，又名陆羽井。陆羽与唐代诗人卢仝将观音泉评为"天下第三泉"。此泉园门横楣上刻有"第三泉"三个字，每年吸引大量游人前来游览。观音泉既然以观音命名，当然就与观音菩萨的传说有关。民间传说此地有石身观音壁立泉上，手里的净瓶喷出两股水柱，一清一浊，清水赈济人间良善，浊水洗净尘世污垢。古人有诗曰："不通汝汉不通淮，一滴清泉何处来，想是瓶中清静水，忽从地涌上莲台。"

（四）杭州虎跑泉

虎跑泉是位于浙江杭州市西南大慈山白鹤峰下慧禅寺（俗称虎跑寺）侧院内的泉眼。龙井茶、虎跑泉水被誉为"西湖双绝"。古往今来，凡是来杭州游历的人，无不以能身临其境品尝一下用虎跑泉水冲泡的西湖龙井茶为快事，历代诗人更是留下了许多赞美虎跑泉的诗篇。清代诗人黄景仁在《虎跑泉》一诗中云："问水何方来？南岳几千里。龙象一帖然，天人共欢喜。"虎跑泉的来历，还有一个饶有兴味的神话传说。相传，唐元和十四年（819年），高僧寰中（亦名性空）来此，喜欢这里风景灵秀，便住了下来。后来，因为附近没有水源，他准备迁往别处。一夜忽然梦见神人告诉他："南岳有一童子泉，当遣二虎将其搬到这里来。"第二天，他果然看见二虎跑（刨）地作地穴，清澈的泉水随即涌出，故名为虎跑泉。正如虎跑寺楹联所写："虎移泉眼至南岳童子，历百千万劫留此真源。"其实，虎跑泉是从大慈山后断层陡壁砂岩、石英砂中渗出，泉水晶莹甘甜，居西湖诸泉之首，和龙井泉一起被誉为"天下第三泉"。虎跑泉原有三口井，后合为二池。主池泉边有一浮雕：石龛内的石床上，寰中正在头枕右手侧身卧睡，神态安静慈善，同时，栩栩如生的两只老虎正从石龛右侧向入睡的高僧走来，形象十分生动逼真。这组"梦虎图"浮雕展现的正是神仙给寰中托梦，派遣仙童化作二虎搬来南岳清泉的神话。

（五）济南趵突泉

趵突泉又称槛泉，位于济南市中心，是泺水的源头，至今已有2 700年的历史。趵突泉水一年四季恒定温度在18℃左右，严冬，水面上水汽袅袅，薄雾冥冥，一边是泉池波光粼粼，一边是亭台楼阁金碧辉煌，构成了一幅奇妙的人间仙境。历代著名文学家、哲学家、诗人如曾巩、苏轼、张养浩、王守仁、蒲松龄等都在此留下美文。泉池西侧的"观澜亭"建于明朝天顺五年，"第一泉"石刻是清朝同治年间书法家王锺霖的墨迹，亭西"趵突泉"石碑是明代山东巡抚胡缵宗手笔。泉东池的北岸，水边窗明几净的建筑就是素有盛名的蓬莱社，又称望鹤亭茶社。当年康熙、乾隆两位皇帝都曾在这里临水静坐，品茗赏泉。在品尝到趵突泉水后竟将南巡中携饮的北京玉泉水全部换成了趵突泉水，故有"润泽春茶味更真""不饮趵突水，空负济南游"之说。

（六）北京玉泉

玉泉位于北京西郊玉泉山东麓，明代蒋一葵在《长安客话》中对玉泉水做了生动的描绘："出万寿寺，渡溪更西十五里为玉泉山，山以泉名。泉出石罅间，诸而为池，广三丈许，名玉泉池，池内如明珠万斗，拥起不绝，知为源也。水色清而碧，细石流沙，绿藻翠荇，一一可辨。池东跨小桥，水经桥下流入西湖，为京师八景之一，曰'玉泉垂虹'。"

玉泉，这一泓天下名泉，它的名字也同天下诸多名泉佳水一样，往往同古代帝王品茗鉴泉紧密联系在一起。康熙年间，在玉泉山之阳建澄心园，后更名静明园，玉泉即在该园中，自清初即为宫廷帝后茗饮御用泉水。清代乾隆皇帝是一位嗜茶者，更是一位品泉名家。在历代帝王中，尝遍天下名茶者不乏其人，但实地品鉴天下名泉的可能除乾隆非他人莫属了。乾隆对天下诸名泉佳水曾做过深入的研究和品评，并有他独到的品鉴方法。除对水质的清、甘、洁做出比较之外，还以特制的银斗进行比较衡量，以水质轻者为上。他经过多次对名泉佳水品鉴之后，将天下名泉列为七品：京师玉泉第一；塞上伊逊之水第二；济南珍珠泉第三；扬子江金山泉第四；无锡惠山泉、杭州虎跑泉并列第五；平山泉第六；清凉山、白沙（井）、虎丘（泉）及京师西山碧云寺泉均列为第七。乾隆在《玉泉山天下第一泉记》中说："则凡出于山下，而有冽者，诚无过京师之玉泉，故定为天下第一泉。"

> **🍃 茶事趣读 5-4　　　　　从鱼眼到听涛**
>
> 自古以来，茶人们都非常重视煮水，认为只有水煮得好，才能保存茶性，泡出滋味，所以积累了不少煮水的经验。唐代陆羽在《茶经·五之煮》中有"三沸"之说："其沸，如鱼目，微有声，为一沸；缘边如涌泉连珠，为二沸；腾波鼓浪，为三沸，已上，水老，不可食也。"陆羽采用的是目测法，因为唐代煎茶用的是敞口的锅，可以目测。宋代煎水改用"铫"，一种有柄有嘴的容器。由于"铫"细口有

盖，目测汤水比较困难，因此宋人辨别水沸程度采用的是听音法。南宋李南金认为"背二涉三"的水最佳，即放过第二沸，刚到第三沸时，渝茶最好。他还以诗辨水："砌虫唧唧万蝉催，忽有千车捆载来。听得松风并涧水，急呼缥色绿瓷杯。"意思是水初沸时如虫声唧唧同鸣，犹如万蝉齐噪，二沸如同千辆重载大车驶过，到了松涛骤起，润流宣泄，已是三沸，应立即注入放好茶末的绿瓷杯中。

资料来源　王从仁.茶趣［M］.上海：学林出版社，2002.

茶诗赏析5-2

1.佳作品读

中泠泉

清　玄烨

静饮中泠水，清寒味日新。

顿令超象外，爽豁有天真。

2.作者简介

爱新觉罗·玄烨，清世祖爱新觉罗·福临第三子，生母孝康章皇后佟佳氏，清朝第四位、清军入关后第二位皇帝，年号康熙。他一生勤奋好学，博览群书，除潜心研读自然科学和人文科学方面的书籍外，在声律、书法、诗画等方面也都有所研究。在治理国家的61年时间里，他最大的文化艺术成就是诏令编纂了一部《康熙字典》，完成了《世祖章皇帝实录》，重修了太祖、太宗《实录》，刊刻了三位皇帝的《圣训》，又敦聘海内名士着手编写《明史》及许多颇有价值的书籍。

3.佳作赏析

静静地品饮中泠泉的泉水，对泉水的清洌之味，每一天都会有新的体会。饮了泉水，人的心灵像是得到了沐浴，变得空明虚静，人的精神会超然于万象，获得充分的自由。康熙皇帝是彻悟泉中有天然真味，品泉有天然真趣的天下第一人。

茶诗赏析 5-2

《中泠泉》

任务三　现代人择水标准

◎ 任务导入

由于环境污染，现代人无法像古人般用梅花上的雪水、秋天的雨水冲泡茶叶。现代人在选择泡茶用水时，可以通过测定水的物理性质和化学成分，科学鉴定水质。让我们正确选择泡茶用水，一起提升茶汤口感吧。

◎ 知识探究

自古水为茶之母，好茶须有好水配。水的选择，是决定冲泡茶汤好坏的关键。茶汤是茶与水的融合，好的口感、汤色使茶与水相得益彰。

无水即无茶。无论是绿茶、乌龙茶、红茶，还是黑茶、白茶、花草茶，水召唤起沉寂的茶，给茶注入活力，赋予茶生气。水就像一个默默的倾听者，走入了茶的传奇一生。三分茶，七分水，懂得茶的人亦会识别水。明代高濂把"择水"作为"四要"

之一："凡水泉不甘，能损茶味，故古人择水最为切要。"古人认为只有精茶与真水的融合，才是至高的享受，是最美的境界。水之于茶，犹如水之于鱼，"鱼得水活跃，茶得水更有其香、有其色、有其味"。

现代人行色匆匆，也许已无暇体会古人诗意，但茶总还是要喝的。泡茶用水属泉水为佳，泉水比较清爽、杂质少、透明度高、污染少，水质最好。溪水、江水、河水等常年流动之水，用来沏茶也并不逊色。如果不注重水的选择，就会让茶的品质大打折扣。一杯好茶来之不易，选水需慎重。

从古至今，水质的优劣判断都有客观的标准，茶人在实践中自有一套判定体系。古人由于历史条件的限制，通过水源、味觉、视觉来判别，其中的各类标准也不无道理。而随着现代科技的发展，人们对水质的判断有了更加明确的科学标准。

一、现代水质判别标准

今天，我们选择泡茶用水，首先必须了解国家对饮用水的水质标准。《生活饮用水卫生标准》（GB 5749—2022）涉及四项指标：

（一）感官及一般化学指标

色度不超过15度，浑浊度不超过1NTU（散射浊度单位），无异臭、异味，无肉眼可见物。pH不小于6.5且不大于8.5，总硬度不高于450mg/L，铝不超过0.2mg/L，铁不超过0.3mg/L，锰不超过0.1mg/L，铜不超过1.0mg/L，锌不超过1.0mg/L，氯化物不超过250mg/L，硫酸盐不超过250mg/L，溶解性总固体不超过1 000mg/L，氨不超过0.5mg/L。

（二）毒理指标

砷不超过0.01mg/L，镉不超过0.005mg/L，铬（六价）不超过0.05mg/L，铅不超过0.01mg/L，汞不超过0.001mg/L，氰化物不超过0.05mg/L，氟化物不超过1.0mg/L，硝酸盐不超过10mg/L，三氯甲烷不超过0.06mg/L，一氯二溴甲烷不超过0.1mg/L，二氯一溴甲烷不超过0.06mg/L，三溴甲烷不超过0.1mg/L，二氯乙酸不超过0.05mg/L，三氯乙酸不超过0.1mg/L，溴酸盐不超过0.01mg/L，亚氯酸盐（使用二氧化氯消毒时）不超过0.7mg/L，氯酸盐（使用复合二氧化氯消毒时）不超过0.7mg/L。

（三）微生物指标

不应检出总大肠菌群、大肠埃希氏菌，菌落总数不超过100CFU/mL。

（四）放射性指标

总α放射性指导值为0.5Bq/L，总β放射性指导值为1Bq/L。

以上四项指标主要是从饮用水最基本的安全和卫生方面考虑，泡茶用水还应考虑各种饮用水内所含的物质成分。

二、现代饮用水分类

水是生命中最重要的元素之一。饮用水要选择符合国家或地方饮用水标准的，并且要取得卫生许可证生产单位生产的水。饮用水的种类繁多，目前市场上的各种饮用水大致可分为六种类型。

（一）自来水

自来水是最常见的生活饮用水，其水源一般来自江、河、湖、泊，是属于加工处理后的天然水，为暂时性硬水。因其含有较多的氯，饮用前须置清洁容器中1~2天，让氯气自然挥发，煮开后用于泡茶，水质还是可以达到要求的。

（二）纯净水

纯净水是蒸馏水、太空水等的合称，是一种安全无害的软水。纯净水是以符合《生活饮用水卫生标准》的水为水源，采用蒸馏法、电解法、逆渗透法及其他适当的加工方法制得，去除了98％以上矿物质和有机物，纯度很高，不含任何添加剂。纯净水的优点是安全、溶解度强、与人体细胞亲和力强，能有效促进人体的新陈代谢。虽然纯净水在除杂的同时，也将对人体有益的微量元素分离出去了，但是对人体微量元素的吸收并无太大妨碍。

（三）天然水

天然水是指构成地球表面各种形态的水相，包括江河、海洋、冰川、湖泊、沼泽、泉水、井水等地表水以及土壤、岩石层内的地下水等。这些水中既有淡水也有咸水，其中淡水大约占天然水的2.7％。天然水的化学成分很复杂，含有很多可溶性物质、胶体物质、悬浮物，如盐类、可溶性有机物、可溶性气体、硅胶、腐殖酸等。一般来说，没有被污染的天然水都是可以用来泡茶的，尤其以泉水、井水、雪水为佳。

（四）净化水

净化水就是通过相应的过滤材料，根据不同的最终用水需求，以物理或化学的方式，去除水中的铁锈、泥沙、余氯、有机物、有害的重金属离子、细菌、病毒等后得到的水。净化水可以降低水的浑浊度，并可以将细菌、大肠杆菌等微生物截留。净化水的原理和处理工艺一般包括粗滤、活性炭吸附和薄膜过滤三级。在净水过程中，要注意经常清洗净水器中的粗滤装置，并更换活性炭，否则时间久了，净水器内胆中就会有污染物堆积，滋生细菌，不仅起不到净化水的作用，反而会进一步污染水。

（五）活性水

活性水，也称脱气水，是指通过特定工艺使水中的气体减掉一半，使其具有超强的生物活性的水。由于活性水的表面张力、密度、黏性、导电性等物理性质都发生了变化，因此它很容易就能穿透细胞膜进入细胞，渗入量是普通水的好几倍。活性水可以利用加热、超声波脱气、离心去气等方法制作而成。活性水包括磁化水、矿化水、高氧水、离子水、自然回归水、生态水等。

（六）矿泉水

矿泉水含有一定量的矿物盐、微量元素或二氧化碳气体。相对于纯净水来说，矿泉水含有多种微量元素，对人体健康有利。从国家标准来看，矿泉水按照特征可分为偏硅酸矿泉水、锶矿泉水、锌矿泉水、锂矿泉水、硒矿泉水、溴矿泉水、碘矿泉水、碳酸矿泉水和盐类矿泉水九大类；按照矿化度可分为低矿化度、中矿化度、高矿化度三种；按照酸碱性可分为强酸性水、酸性水、弱酸性水、中性水、弱碱性水、碱性水和强碱性水七大类。

三、硬水与软水

"硬水"一词最初是由于水中的钙、镁离子含量高，能在锅炉的传热面形成一层坚硬的水垢而得名的，而并非"像冰一样硬的水"或者"由于煮出来的东西发硬而称硬水"。反之，软水则是指钙、镁离子的浓度低，不易形成水垢的水。

（一）硬水的分类

硬水一般分为两种：暂时性硬水和永久性硬水。

1.暂时性硬水

溶解有碳酸氢钙或碳酸氢镁的硬水煮沸后，水中的碳酸氢钙或碳酸氢镁就会变成不溶于水的碳酸钙或碳酸镁沉淀下来。这样，只需把水煮沸，就可以使水中的钙、镁离子降低而变成软水，这种硬水称为暂时性硬水。

2.永久性硬水

如果钙、镁离子以氯化物的形式或以硝酸盐的形式存在于水中，那么即使将水煮沸，水中的钙、镁离子也不会沉淀出来，这种硬水称为永久性硬水。人们常吃的豆腐是将"卤水"加到豆腐中，使蛋白质凝固后再滤掉多余的水而制得的，"卤水"就是以氯化镁为主的水溶液。

（二）软硬水的区分

识别软水与硬水的方法简单，而且容易操作：将少量碎肥皂放入盛有热水的玻璃杯中，使肥皂完全溶解，如果水冷却后成为透明液，便属软水；假如冷却后水面上结一层未溶解的肥皂薄膜，则为硬水。肥皂薄膜越厚，水的硬度就越大。

（三）水的硬度对茶汤的影响

水的硬度和pH关系密切，而pH又影响茶汤的色泽及口味。当pH大于5时，茶汤色泽加深；当pH达到7时，茶黄素就倾向于自动氧化而损失。其次，水的硬度还影响茶叶中有效成分的溶解。软水中含有较少的可溶性的钙、镁化合物，茶叶中有效成分的溶解度就高，故茶味较浓；而硬水中则含有较多的钙、镁离子和矿物质，茶叶中有效成分的溶解度就低，故茶味较淡。如果水中铁离子含量过高和茶叶中多酚类物质结合，茶汤就会变成黑褐色，甚至还会浮起一层"锈油"，简直无法饮用。当水中镁的含量大于2mg/L时，茶味变淡；当水中钙的含量大于2mg/L时，茶味变涩；当水中钙的含量达到4mg/L时，茶味变苦。由此可见，泡茶用水，选择软水或暂时性硬水为宜。

🫧 **茶事趣读5-5**　　　　　　**自来水怎么用**

一是将水放在非密封容器里，经过大约一天时间的陈放，使水中的氯离子发散掉，杂质沉淀后再轻取上部分水泡茶用。选用以麦饭石、火山岩泥、六环石、粗陶、紫砂等透气性好，且对水有一定净化、改良作用的蓄水罐效果最佳，如果3~4天没有用完应及时换水。

二是采用水中放置活性炭吸附的方式。

三是在烧水的时候应烧成大开，彻底滚沸，使蒸汽带出氯。但是要注意，如果将自来水煮沸时间过长，水中的氯就会发生化学变化，变成一种叫"三卤甲烷"的化合物，具有肝毒性、肾毒性及致癌性。所以，水大开的时候，记得将壶盖打开，让沸水多与空气接触，并保持空气流通。还要清楚，不管怎样处理，用自来水冲泡极品细嫩茶都是不太适合的。

资料来源　韩义海.茶师［M］.长春:吉林人民出版社,2017.

茶诗赏析 5-3

1.佳作品读

峡中尝茶

唐　郑谷

蔟蔟新英摘露光，小江园里火煎尝。

吴僧漫说鸦山好，蜀叟休夸鸟觜香。

合座半瓯轻泛绿，开缄数片浅含黄。

鹿门病客不归去，酒渴更知春味长。

2.作者简介

郑谷，字守愚，唐朝末期著名诗人，宜春（今江西宜春市）人。僖宗时进士，官都官郎中，人称"郑都官"；又以《鹧鸪诗》得名，人称"郑鹧鸪"。其诗多写景咏物之作，表现士大夫的闲情逸致，风格清新通俗，但流于浅率。曾与许棠、张乔等唱和往还，号"芳林十哲"。

3.佳作赏析

这首诗运用对比写法，以当时享有盛名的鸦山与鸟觜两种优质茶与峡州小江园茶进行对比，满怀激情地赞赏小江园茶的魅力。"合座""开缄"两句写其珍贵、美艳，堪称传神之笔，给读者胜若流霞之感。

茶诗赏析
5-3

《峡中尝茶》

知识巩固 👆

一、选择题

1.陆羽在《茶经》中指出："其水，用山水上，（　　）中，井水下，其山水，拣乳泉石池漫流者上。"

A.河水　　　　　　B.溪水　　　　　　C.泉水　　　　　　D.江水

2.宋徽宗赵佶在《大观茶论》中写道："水以清、轻、甘、（　　）为美。"

A.冽　　　　　　　B.活　　　　　　　C.甜　　　　　　　D.洁

3.当水中的低价（　　）超过0.1mg/L时，茶汤发暗，滋味变淡。

A.钙　　　　　　　B.铝　　　　　　　C.铅　　　　　　　D.铁

4.（　　）皇帝写道："遇佳雪，必收取，以松实、梅英、佛手烹茶，谓之三清。"

A.清代乾隆　　　　B.清代康熙　　　　C.南唐李煜　　　　D.宋徽宗赵佶

5.中冷泉位于江苏（　　）。

A.镇江　　　　　　B.无锡　　　　　　C.南京　　　　　　D.苏州

6.宋徽宗赵佶把（　　）水列为贡品，由两淮、两浙路发运使赵霆按月进贡。

A.中冷泉　　　　　B.惠山泉　　　　　C.观音泉　　　　　D.虎跑泉

7.当水中钙的含量达到（　　）时，茶味变苦。

A.2mg/L　　　　　B.3mg/L　　　　　C.4mg/L　　　　　D.5mg/L

8.（　　）是指构成地球表面各种形态的水相，包括江河、海洋、冰川、湖泊、沼泽、泉水、井水等地表水以及土壤、岩石层内的地下水等。

A.自来水　　　　　B.纯净水　　　　　C.天然水　　　　　D.净化水

二、判断题

1.纯净水的优点是安全、溶解度强、与人体细胞亲和力强，能有效促进人体的新陈代谢。　　　　　　　　　　　　　　　　　　　　　　　　　　　（　　）

2.当水中钙、镁离子的含量大于8mg/L时，称为硬水。　　　　　　　（　　）

3.现代科学证明了"水的比重越大，说明溶解的矿物质越多"这一理论是正确的。　　　　　　　　　　　　　　　　　　　　　　　　　　　　　　　（　　）

4.现在城市当中大气污染较为严重，雪水、雨水已不适合饮用。　　　（　　）

5.软水是指钙、镁离子的浓度低，不易形成水垢的水。　　　　　　　（　　）

在线测评
5-1

知识巩固

三、简答题

1.简述水的五德。

2.简述古人以感官鉴水质的要求。

3.简述水的硬度对茶汤的影响。

实践训练

一、实训任务

以3～4人组成一个小组，每小组采购市场上的各种饮用水，体会水质对茶汤口感的影响。

二、实训步骤

1.小组分工，选择一款茶，采用不同的饮用水进行冲泡并品尝；

2.撰写品鉴报告，并制作PPT；

3.各小组选派1名代表进行汇报。

三、实训评价

实训评价见表5-1。

表5-1　　　　　　　　　　　　　　实训评价表

考评教师		被考评小组	
被考评小组成员			
考评标准	内容	分值	得分
	不同品种茶叶冲泡流程正确优雅	20分	
	主题鲜明，条理清楚，逻辑性强	20分	
	运用所学知识分析问题的能力强	20分	
	表述清晰，语速适中，仪表大方	20分	
	PPT制作精美，体现美学元素	20分	
合计		100分	

注：考评满分为100分，90～100分为优秀，80～89分为良好，70～79分为中等，60～69分为及格。

6 项目六 茶具艺术与美学赏析

项目概述

　　中国茶具的发展历史悠久、品类繁多、风格各异。正因为如此，中国茶具文化展现出异彩纷呈的立体画面。本章内容将从历史上茶具的审美演变、古朴典雅紫砂茶具、温润如玉青瓷茶具以及朴拙唯一柴烧茶具多个主题切入，带您了解茶具文化，欣赏茶具之美。

项目目标

知识目标 1. 了解中国茶具的起源。
2. 掌握中国茶具的发展及演变。
3. 掌握中国茶具的不同分类。

能力目标 1. 能够分辨不同的茶具品类。
2. 能够对不同品类的茶具进行赏析。

素养目标 1. 提高茶具审美素养。
2. 坚定文化自信，积极传播中华优秀传统文化。

任务一　　**历史上茶具的审美演变**

◎ 任务导入

在茶文化体系中，在茶事活动的实践中，茶具和茶叶总是相伴相随、形影不离的。正是由于茶叶的作用，茶具从生活的器物变成有生命力的艺术品；也正是由于茶具的丰富，使茶叶呈现出了千姿百态，并且增添了无限的魅力。每一个爱茶人，都会对此有深切的感受。"柴米油盐酱醋茶"，是开门七件事，喝茶即在其中。就像吃饭要饭碗一样，喝茶需要茶杯，或者使用茶碗。早在西汉宣帝神爵三年（公元前59年），王褒的《僮约》中确凿无疑地记载那时已经有专用喝茶器具。至唐代，随着"茶道大行"、茶文化和茶艺的完善与成熟，专用茶具也发展到完备和精美。陆羽《茶经》记载的"二十四器"，就是成套饮茶器具的展示。这些器具还极大地影响了日本茶道，日本至今还有二十种器具在日常使用。法门寺出土的金银茶具，则是皇宫曾经使用过的器具，展现出茶器具的另一种风采。从宋元到明清，从近代到当代，茶器作为实用的生活器物，一直不断发展，今日更是欣欣向荣、百花齐放。

◎ 知识探究

一、茶具的定义

关于茶具的定义，古今并不相同。古代的茶具，泛指制茶、饮茶使用的各种工具，包括采茶、制茶、贮茶、饮茶等几大类。如王褒《僮约》的"烹茶尽具"，指烹茶前要将各种茶具洗净备用。到晋代以后茶具被称为茶器，到了唐代，陆羽《茶经》中把采制所用的工具称为茶具，把烧茶、泡茶的器具称为茶器，以区别它们的用途。宋代又合二为一，把茶具、茶器合称为茶具，沿用至今。

二、茶具的演变

中国茶具是中华茶文化的重要组成部分，几千年的发展演变，反映了我国饮茶文化的发展。人类饮茶之初就有了茶具，从一只古朴的陶碗到一只造型别致的茶壶，历经数千年的变迁，这一只只茶具的造型、用料、色彩和铭文，都是历史发展的反映。历代名师创造了形态各异、丰富多彩的茶具艺术品，流传下来的传世之作，都是不可多得的文物珍品，当它们一一地展现在你面前的时候，你会惊讶和感叹。无论是宫廷的金银茶具，还是古朴典雅的紫砂茶壶；无论是历史上官窑烧制的瓷器茶杯、茶碗，还是民间艺人创造的漆器或竹编茶具，都会使你赞不绝口。茶具如同其他炊具、食具一样，它的产生和发展经历了一个从无到有、从共用到专用、从粗糙到精致的历程。随着"茶之为饮"，茶具也应运而生，并随着饮茶的发展、茶类品种的增多、饮茶方法的改进而不断发生变化，制作技术也不断完善。

在原始社会，人类生活简单朴素。《韩非子》的《十过》及《五蠹》等篇说到尧的生活是茅草屋、糙米饭、野菜根，饮食器是土缶，以后才发明使用黑陶等器具。可见茶叶最初的烹饮阶段，不可能有专用的茶具，大都是和其他食品共用的，一器多用，以木制或陶制的碗兼作饮茶的器具。茶具的发展与陶瓷生产的发展密切相关。而陶瓷的产生和发展是先陶后瓷，瓷是由陶发展而来的。浙江余姚河姆渡第四文化层出土的陶器"夹炭黑陶"，距今已有7 000多年了，是新石器时代最早的陶器之一。

茶具的发展与茶叶是密不可分的，茶的饮用方法也随着茶叶生产技术的改进和茶类的发展而不断变化。最早发现野生茶树时，是采集鲜叶在锅中烹煮成羹汤而食，这时候的烹饮方法和器皿很简单。春秋时代，茶叶作为蔬菜，与煮饭菜相同，没有什么特别的烹饮方法和器皿。当人类进入阶级社会以后，奴隶主和贵族阶级的出现，形成有闲阶级，饮酒喝茶逐渐发展，对器具也有了新的要求，从而出现了专用的贮茶、煮茶和饮茶的器具。

茶具的产生始于奴隶社会，当时主要的茶具为煮茶的锅、饮茶的碗和贮茶的罐等。随着时代的演变，茶叶消费日广，因消费的茶类不同、习俗不同、消费对象不同，不论茶具的形式、茶具的配套还是茶具的用料等，都不断发生着变化。

到了奴隶社会和封建社会交替的时期，由于以压制饼茶为主，此时除上述所举煮、饮和贮藏用的茶具外，又添了焙炙、研磨和浇汤用的器具。茶具在汉代已问世，但它还基本停留在与食器、酒器混用的阶段，自成体系的专用茶具还没有诞生，这一时期为茶具的萌芽阶段。西汉辞赋家王褒在《僮约》中有"烹茶尽具，酺已盖藏"之说。

秦汉时期，泡饮方法是将饼茶捣成碎末放入瓷壶中并注入沸水，加上葱姜和橘子调味。饮茶已有简单的专用器皿。从秦汉到唐代，随着饮茶区域的扩大和饮茶习俗的传播、人们对茶叶功用认识的提高，陶器业飞速发展，瓷器也已出现，茶具越来越考究，也越来越精美。

到了唐代，茶已经成为人们日常的饮品，因而也更讲究饮茶情趣，茶具不仅是饮茶过程中不可缺少的器具，也有了提高茶叶色、香、味的要求，加之一件精美的茶具，本身就蕴含欣赏价值，有着很高的艺术性，所以，我国的茶具自唐代开始发展很快。中唐时茶具不但门类齐全，而且讲究质地，注意因茶择具。唐代的饮茶方式与今天有很大的不同，有许多茶具是今人未曾见到过的。由于茶圣陆羽的倡导，茶开始由加料的羹煮发展成为清茶的烹煮，人们开始由喝茶进入品茶的境界，饮茶逐渐成为人们精神生活的一部分。唐代茶具极为丰富多彩，既上承了两晋南北朝的青釉艺术，又丰富了热烈的三彩陶艺，更兼领千年风骚的越窑幽韵，而唐代的金属工艺也十分精湛。

唐朝中叶，北方地区消费茶增多，带动了各地瓷窑的发展，尤以烧制茶具为中心。陆羽《茶经》中记载，当时产瓷茶器的主要地区有越州、岳州、鼎州、婺州、寿州、洪州等，其中以浙江越瓷最为著名。此外，四川、福建等处均有著名的瓷窑，如四川大邑生产的茶碗，杜甫有诗称赞："大邑烧瓷轻且坚，扣如哀玉锦城传。君家白碗胜霜雪，急送茅斋也可怜。"

陆羽说，煮茶与烹茶相同，但用锅较大。又说，每炉烧水一升，酌分五碗，至少三碗，至多五碗。若人数多，要十碗，就分两炉。说明茶具应与饮茶人数相适应。生活讲究的家庭都备有24件精致茶具，为全套的碾茶、泡茶、饮茶器具。同时，还有收藏器具的精巧小橱可以携带，以便与人斗茶。当时王公贵族家庭多用金属茶具，而民间却以陶瓷茶碗为主。那时瓷制茶碗主要有青釉、白釉两种。

陕西扶风法门寺地宫出土的茶具，提供了唐代宫廷金银茶具的实物。地宫中安奉的是唐懿宗、僖宗皇帝供奉的茶具，随茶具出土的还有一块记载茶具详细名目的石碑。出土器物和《物账碑》核对，名目相符的茶具实物有：鎏金飞鸿球路纹银笼子、金银丝结条茶笼子、壶门高圈足银风炉、鎏金天马流云纹银茶碾、鎏金飞鸿纹银则、鎏金仙人驾鹤纹壶门座茶罗子、鎏金人物画银坛子、鎏金伎乐纹银调达子、鎏金银龟盒、系链银火筯、雷纽摩羯纹三足架盐台、琉璃茶碗茶托。这些茶具各有其功用，如茶碾子、茶罗子是用来碾茶饼和罗筛茶末的；银笼子和龟盒是贮藏茶饼与末茶的；风炉和火筯是用于炙茶、煮茶的；琉璃茶碗、茶托是饮茶用的；三足架盐台是放盐的。地宫出土的茶具，与唐代流行的饼茶煮饮法是相吻合的。

我国古代重视品茶，使用的茶具也很考究，人们把茶具列为品茶必需的艺术条件，也是客来敬茶的重要工具。唐代李匡文的《资暇录》中曰："茶托子，始建中蜀相崔宁之女，以茶杯无衬，病其熨指，取碟子承之。既啜而杯倾，乃以蜡环碟子之央，其杯遂定……人人为便，用于代。是后，传者更环其底，愈新其制，以至百状焉。"这是茶杯有底环的开始。

🍵 启智润心 6-1　　　　　　法门寺鎏金茶具

1987年4月3日，法门寺地宫出土了系列银质鎏金的宫廷茶器，同时出土的《物账碑》记载："茶槽子、碾子、茶罗子、匙子一副七事共八十两。"七事是指茶碾子、茶碾轴、罗身、抽斗、罗盖、银则、长柄勺，为迄今世界上发现最早、最完善、最精致的茶器文物。从铭文看，其制作于唐咸通九年至十年（868—869年）。

法门寺鎏金茶具是一组出土于陕西扶风法门寺地宫的唐代宫廷茶具，堪称中国茶文化考古史上最齐全、最完好的一次茶器发现。其中，茶碾子是碾碎茶叶的重要工具，由碾槽和碾轮组成，上面还刻有精美的纹饰和铭文，反映了唐代宫廷的精湛工艺和茶文化的高超水平。法门寺鎏金茶具的发现，为我们提供了了解唐代宫廷茶道和茶文化的重要实物资料，也展示了唐代茶具制作的高超技艺和精美绝伦的艺术风格。这些茶具不仅是品茗佳器，更是珍贵的艺术品和历史文物，对研究唐代文化、艺术、历史和茶道等方面都具有重要意义。

资料来源　佚名.法门寺地宫出土的茶器［EB/OL］.［2023-08-15］. https://roll.sohu.com/a/711825918_121124794.

思政元素：文化传承　文化自信

学有所悟：法门寺地宫出土的系列银质鎏金宫廷茶器，如同一颗颗璀璨的历史明珠，照亮了我们对唐代茶文化以及那个辉煌时代的认知。

首先，从这些精美的茶具中，我们看到了唐代匠人的精湛工艺和对品质的极致追求。茶碾子等器具上精美的纹饰和铭文，无不展现出当时工匠们的高超技艺和用心。这启示我们在学习和工作中，要有追求卓越的精神，不断提高自己的专业能力和素养，以严谨的态度对待每一个细节，努力创造出高品质的成果。

其次，法门寺鎏金茶具体现了唐代煮茶与点茶并存、煮茶向点茶过渡的历史发展情况。这让我们深刻认识到历史的变迁和发展是一个渐进的过程。在生活中，我们也应该以发展的眼光看待事物，勇于接受新的观念和方法，同时要珍惜和传承优秀的传统文化。

党的二十大报告指出，"中华优秀传统文化源远流长、博大精深，是中华文明的智慧结晶""我们必须坚定历史自信、文化自信，坚持古为今用、推陈出新"。这些茶具作为重要的实物资料，为我们研究唐代文化、艺术、历史和茶道等方面提供了宝贵的依据。它们提醒我们要重视历史文化的传承与保护，从历史中汲取智慧和力量。文化是一个民族的灵魂，我们应当积极学习和弘扬优秀传统文化，增强民族自豪感和文化自信。

到了宋代，唐人的煎茶法饮茶逐渐被宋代的人们弃用，点茶法成为当时的主流饮茶方法。尤其到了南宋，点茶法更是大行其道。从器具上来说，宋代的饮茶器具和唐代的大体相似。只是煎茶的器具，已逐渐为点茶的瓶所替代。宋人的饮茶器具有茶焙、茶笼、砧椎、茶碾、茶罗、茶盏、茶匙、汤瓶等。这些饮茶器具的具体形制，宋代蔡襄的《茶录》中就有记载。

除了蔡襄外，宋代审安老人的《茶具图赞》更是留下了茶具的宝贵史料。这本作于南宋咸淳五年（1269年）的茶书列出了12种茶具，每种茶具都绘有图样，写有赞诗，还将茶具人格化、理想化，根据历史掌故和材质、形状、用途，为每件茶具都取了姓名、字号，体现出了"器以载道"的思想。

宋代点茶器具中，最珍贵的是建窑盏，尤其以黑釉兔毫盏最为著名，白瓷茶具以景德镇所产最为著名。

在中国茶文化史上，元代是上承唐宋、下启明清的一个过渡时期。元代统治中国不足百年，找不到一本茶事专著，但仍可以从诗词、书画中找到一些有关茶具的踪迹。在当时有采用点茶法饮茶的，但更多是采用沸水直接冲泡散茶。在元代采用沸水直接冲泡散条茶饮用的方法已较为普遍，这不仅可在不少元人的诗作中找到依据，还可从出土的元代冯道真墓壁画中找到佐证。由于元代散茶、末茶的饮用增多，因而茶具的种类简化，质量却有提高。当时，青花瓷茶具声名鹊起，白瓷上缀以青色纹饰，既典雅又高贵，和茶文化内涵的清丽恬静相吻合，深受饮茶人士的推崇。

明清时期是茶艺文化多元化发展的时期，也是茶具艺术的转变时期。明代中叶正值茶文化的鼎盛时期，茶的品饮方法日趋讲究，沏茗畅饮替代了宋代烹煎，因此茶事进一步讲究器具。其所具有的艺术价值与使用价值依托茶事发展而提升，二者之间相互推进，具体表现在精神和物质两个方面。品茗本是生活中的物质享受，茶具的配合，并非单纯为了器用，也蕴含人们对形体的审美和对理趣的感受，既要看重内容，又要讲求形式一体。真正雅俗共赏的珍品，应有它出类拔萃的气质、高超的技巧和功力，方能得到社会的公认和历史的肯定。

总的说来，与前代相比，明代有创新的茶具当推小茶壶，有改进的是茶盏，它们都由陶或瓷烧制而成。所谓"器随人变"，由于明代散茶瀹饮法的普及，江西景德镇的白瓷茶具和青花瓷茶具、江苏宜兴的紫砂茶具获得了极大的发展，无论是色泽和造型还是品种和式样，都进入了穷极精巧的新时期。这一时期，宋代崇尚的黑釉盏退出了历史舞台，更突出其实用价值和欣赏价值，代之而起的是景德镇的白瓷，在盏上加盖，一可保温，二能防尘，三可滤茶，四显庄重典雅。自此，一盏一托一盖成为饮茶人不可或缺的饮器，人们称为盖碗。饮茶方式的一大转变带来了茶具的大变革，从此壶、杯及盖碗搭配的茶具组合一直延续到现代，成为茶饮生活中饮茶器具的基本单元。

清代，茶类有了很大的发展，除绿茶外，又出现了红茶、乌龙茶、白茶、黑茶和黄茶，形成了六大茶类，但这些茶的形状仍属条形（散茶）。所以，无论哪种茶类，饮用仍然沿用明代的直接冲泡法。在这种情况下，清代的茶具无论是种类还是形式，基本上都没有突破明人的规范。清代的茶盏茶壶多以陶或瓷制作，以康（熙）乾（隆）时期最为繁荣，以"景瓷宜陶"最为出色。

此外，自清代开始，福州的脱胎漆茶具、四川的竹编茶具、海南的生物（如椰子、贝壳等）茶具也开始出现，自成一格，令人喜爱，终使清代茶具异彩纷呈，形成了这一时期茶具新的重要特色。

中国古代茶具丰富多彩，历史源远流长。从粗放到精细，它不仅是人类共享的艺术珍品，也折射出古代茶文化的灿烂，反映了中华民族历代饮茶史的全貌。茶与茶文化在漫长的历史长河中如同璀璨的星辰，熠熠生辉。

♪ 茶事趣读6-1　　　　　认识古代茶具

中国在汉代以前没有专门的饮茶器具，都是和饮食、饮酒器具混用。煮茶用煮饭的锅，饮茶用喝水和喝酒的碗。晋代卢琳的《晋四王起事》中载有"待瓦盂承茶"，意思是晋惠王饮茶仍用盂（吃饭的陶器）。汉代以前更没有茶具的记载，就像古代无"茶"字一样。直到汉代饮茶开始流行，不但有了买茶的市场，也有了专门喝茶的"茶寮"。因此，茶具开始出现。

第一个专用的煮茶鼎：在三国两晋南北朝时期，客来敬茶已经成了礼仪，这时茶具开始从酒食用具中逐渐分离。晋代左思的《娇女诗》中有"止为茶荈（一作'菽'）据，吹嘘对鼎䥶（䥽）"的描写，说明煮茶已有专用的鼎了。喝茶的碗也选用饼足、底部露胎的广口碗。

第一个专用茶盏：釉陶的发展，推动了茶具的分离。两晋南北朝就出现了带托的青釉茶盏，盏与承托以釉相粘连，造型古朴，通体施青釉，成了专用的茶盏。这是我国饮茶专用茶具的第一次出现。

鸡首汤瓶：三国时期，出现了一种盛水、注水的汤瓶，它造型讲究，壶嘴是标准的抛物线形，出水口圆且细小，出水有力，落足准确。壶的一侧有一鸡头，开始是装饰，到东晋时演变成空骨状，水可以顺其流入壶内。因有鸡头，所以叫鸡首汤瓶。经隋代改进，到唐初，越窑生产的鸡首汤瓶已是非常精美，后来被执瓶逐渐代替。

资料来源　普茶社区.茶具文化［EB/OL］.［2022-11-20］. https://www.ksrmyy.com/special/71245.html.

三、专用茶具的发展

我国茶文化在唐代步入兴盛期，饮茶极为普遍，"不问道俗，投钱取饮"。"茶道"诞生，陆羽写出了《茶经》，从而带动了茶具的发展。特别是当时我国陶瓷业的兴起，更推动了我国茶具业的迅速发展。陆羽《茶经·四之器》中就介绍了20多种饮茶的专用工具。

（一）唐代的青瓷和白瓷茶具

由于陶瓷更凸显茶的颜色，保持茶香，且不烫手，所以很快出现了陶瓷的专用茶具。唐代有南北两大名窑，南方有浙江余姚的越窑，专门生产青瓷茶具；北方有河北邢台的邢窑，专门生产白瓷茶具。唐代诗人皮日休曾赋诗曰："邢客与越人，皆能制兹器，圆似月魂堕，轻如云魄起。"陆羽也在《茶经》中说"越瓷类玉""邢瓷类银""邢瓷类雪""越瓷类冰"。白瓷茶盏较厚重，外口没有凸起的卷唇。青瓷茶盏"口唇不卷，底卷而浅"。在唐代，邢窑的白茶盏"天下无贵贱通用之"，越窑的青瓷有"陶成先得贡吾君"的荣耀。南北瓷窑生产了大量的青瓷、白瓷茶具。

（二）宋代的五大名窑茶具

到了宋代，饮茶更为普及和讲究。特别是斗茶成风，更推动了人们对饮茶器具的精益求精，名窑、名盏争相出现。最有代表性的是五大名窑。

（1）汝窑：在河南宝丰。宋时宝丰属汝州，所以称汝窑，以生产青瓷为主，以釉色纯而闻名天下。

（2）官窑：官办的瓷窑，专门为王公贵族烧制瓷器。北宋时设在开封，南宋时设在杭州，到明代又增加了景窑（景德镇）。官窑主要生产青瓷，对青釉的色之美特别重视，工艺带有雍容典雅的宫廷风格。

（3）钧窑：在河南禹县（今禹州市）。宋时禹县属钧州，故称钧窑。北方青瓷一派发明了制瓷史上的"窑变色釉技术"，釉色青里透红，灿若云霞。天青釉带托茶盏、玫瑰斑茶碗都是绝世珍品。

（4）哥窑：在浙江龙泉。龙泉窑有章氏两兄弟，都以生产青瓷为主，在当时评选全国五大名窑时，哥哥的瓷窑被选中，故称哥窑。哥窑以纹片著名，里外披釉，均匀光洁，晶莹滋润。

（5）定窑：在河北曲阳。宋时曲阳属定州，故称定窑，定窑以生产白瓷为主，瓷质坚密细腻，质薄有光，以丰富多彩的装饰花纹而闻名，如黄釉瓷茶杯。

（三）点茶宝碗——黑釉盏

唐代的"煮茶法"到了宋代已演变成"点茶法"，大兴斗茶之风，茶色崇尚白色，从而推动了黑釉的发展，使黑釉异军突起，大有取代青白釉之势。宋代的贡茶中心在建阳，建窑自然就成了黑釉的佼佼者。特别是黑釉兔毫盏，成了千金难求的斗茶宝碗，兔毫盏釉面绀黑如漆，盏底有放射状条纹，纹理畅达，细如兔毫。茶汤入盏后银光闪亮，盏纹与茶纹交相辉映，水痕荡漾，经高手"点茶"，会浮现花鸟鱼虫"水丹青"，达到点茶的极高境界。宋代有一个和尚叫福全，是点茶高手，他点的茶（分茶），盏里可幻化出山水画。他作诗曰："生成盏里水丹青，巧画工夫学不成。却笑当时陆鸿渐，煎茶赢得好名声。"唐宋时期，青瓷、白瓷、黑釉茶具是三大主体。

（四）茶壶的前身——汤瓶

宋代在"点茶"实践中，对汤瓶进行了改进，形成了小而轻的注水专用工具。汤瓶是唐初发展起来的一种代替笨重的煮茶用的"鼎"和"镜"的茶具。到宋代中期，点茶盛行，不用煮茶，只需煮水，所以汤瓶就成了注水的专用工具。因此，要求容量小、重量轻；有盖，平底，瓶嘴细而长，高出瓶口；出口圆而细，以便点茶时注水合理控制。汤瓶为后来茶壶的出现奠定了基础。

至此，茶伴随着历史的发展，从食用变为了饮用，而人们的饮茶方式也从煮茶发展到了点茶，对茶具和茶品质的要求也在不断提升，尤其是点茶法的出现更体现了宋人不同于前人对物质、文化和精神的追求。甚至点茶法对周边国家都产生了深远影响，尤其是对日本的茶道影响颇深。而茶历经千年，早已渗透到中国人生活的各个层面，可以说，对中国人而言，茶已经不仅是一种饮料，更是一种精神寄托。

四、茶具的材质和类别

我国的茶具因种类繁多、造型优美，既有实用价值，又富有艺术之美，为历代饮茶爱好者所青睐。在中国饮茶发展史上，无论是饮茶习俗，还是茶类加工，都经历了许多变化。

茶课视频
6-1

认识不同
材质的茶具

（一）陶土茶具

陶土器具是新石器时代的重要发明。最初是粗糙的土陶，然后逐步演变为比较坚实的硬陶，再发展为表面敷釉的釉陶。古代宜兴制陶技术颇为发达，在商周时期就出现了几何印纹硬陶。秦汉时期，已有釉陶的烧制。

陶器中的佼佼者首推宜兴紫砂茶具，它早在北宋初期就已崛起，成为独树一帜的优质茶具，明代大为流行。紫砂壶和一般的陶器不同，其里外都不敷釉，采用当地的紫泥、红泥、团山泥抟制焙烧而成。由于烧制成陶的火温高，烧结密致，因此既不渗漏，又有肉眼看不见的气孔，经久使用，还能吸附茶汁，蕴蓄茶味，且传热不快，不致烫手，若热天盛茶，不易酸馊，即使冷热剧变，也不会破裂。如有需要，甚至还可直接放在炉灶上煨炖。紫砂茶具还具有造型简练大方、色调淳朴古雅的特点，外形有似竹节、莲藕和仿商周古铜器形状的。《桃溪客语》中说"阳羡（即宜兴）瓷壶自明季始盛，上者与金玉等价"，可见其名贵。明文震亨的《长物志》中记载："壶以砂者为上，盖既不夺香，又无熟汤气。"

紫砂之外还有粗陶，充满了朴拙枯寂之美；另有现代景德镇自然落灰釉柴烧、浙江景宁的畲祖烧、广西的钦州坭、云南的粗陶罐、台湾的岩矿壶，都属于陶制茶器。

（二）瓷器茶具

瓷器发明之后，陶质茶具逐渐为瓷器茶具所代替。瓷器茶具又可分为白瓷茶具、青瓷茶具、黑瓷茶具、彩瓷茶具等。这些茶具在中国茶文化发展史上都曾有过辉煌的一页。

1.白瓷茶具

白瓷茶具以景德镇的最为著名，其他如湖南醴陵、河北唐山、安徽祁门的茶具也各具特色。景德镇原名昌南镇，北宋景德元年（1004年），真宗赵恒下令在浮梁县昌南镇建办御窑，并把昌南镇改名为景德镇。到元代，景德镇的青花瓷闻名于世，并远销国外。

白瓷茶具具有坯质致密透明，上釉、成陶火度高，无吸水性，音清而韵长等特点。其色泽洁白，能反映出茶汤色泽，传热、保温性能适中，加之色彩缤纷，造型各异，堪称饮茶器皿中之珍品。早在唐代，河北邢窑生产的白瓷器具已"天下无贵贱通用之"。元代，江西景德镇白瓷茶具已远销国外。白瓷茶具适合冲泡各类茶叶，加之造型精巧、装饰典雅，其外壁多绘有山川河流、四季花草、飞禽走兽、人物故事，或缀以名人书法，又颇具艺术欣赏价值，所以使用最为普遍。

2.青瓷茶具

青瓷茶具自晋代开始发展，那时青瓷的主要产地在浙江，最流行的是一种称为"鸡头流子"的有嘴茶壶。宋代瓯江两岸群窑林立，烟火相望，生产各类青瓷器，运输船舶往返如梭，一派繁荣的景象。到了明代，青瓷茶具更以其釉色青莹、纹样雅丽而蜚声中外。16世纪末，龙泉青瓷出口法国，人们用当时风靡欧洲的名剧《牧羊女》中的女主角雪拉同的美丽青袍与之相比，称龙泉青瓷为"雪拉同"。当代，浙江龙泉青瓷茶具又有新的发展。

3.黑瓷茶具

黑瓷茶具始于晚唐，鼎盛于宋，延续于元，衰微于明、清，这是因为自宋代开始，饮茶方法已由唐时煎茶法逐渐变为点茶法，而宋代流行的斗茶，又为黑瓷茶具的崛起创造了条件。宋人衡量斗茶的效果，一看茶面汤花色泽和均匀度，以"鲜白"为先；二看汤花与茶盏相接处水痕的有无和出现的迟早，以"盏无水痕"为上。蔡襄在《茶录》中说："视其面色鲜白，着盏无水痕为绝佳；建安开试，以水痕先者为负，耐久者为胜。"而黑瓷茶具，正如宋代祝穆在《方舆胜览》中说的，"茶色白，入黑盏，其痕易验"。福建建窑、江西吉州窑、山西榆次窑等都大量生产黑瓷茶具，成为黑瓷茶具的主要产地。黑瓷茶具的窑场中，建窑生产的"建盏"最为人称道。蔡襄在《茶录》中这样说："建安所造者……最为要用。出他处者，或薄或色紫，皆不及也。"建盏配方独特，在烧制过程中使釉面呈现兔毫条纹、鹧鸪斑点、日曜斑点，增加了斗茶的情趣。宋代茶盏在天目山径山寺被日本僧人带回国后，一直被称为珍贵无比的"唐物"而备受崇拜，直至今天。明代开始，由于"烹点"之法与宋代不同，黑瓷建盏基本上完成实际功能的历史使命，而作为审美功能永恒存在于现实生活中。

4.彩瓷茶具

彩瓷茶具的品种花色很多，其中尤以青花瓷茶具最引人注目。青花瓷是指以氧化钴为成色剂，在瓷胎上直接描绘图案纹饰，再涂上一层透明釉，然后在窑内经高温还原烧制而成的器具。古人将黑、蓝、青、绿等诸色统称为"青"，"青花"由此具备了以下特点：花纹蓝白、相映成趣，色彩淡雅、华而不艳，彩料涂釉、滋润明亮。元代中后期，青花瓷茶具开始成批生产，江西景德镇成为中国青花瓷茶具的主要生产地。元代绘画的一大成就，是将中国传统绘画技法运用在瓷器上，因此青花瓷茶具的审美突破民间意趣，进入中国国画高峰文人画领域。明代，景德镇生产的青花瓷茶具，花色品种越来越多，质量愈来愈精，无论是器形、造型还是纹饰等都冠绝全国，成为其他生产青花瓷茶具窑场模仿的对象。清代，特别是康熙、雍正、乾隆时期，青花瓷茶具在古陶瓷发展史上，又进入了一个高峰期，它超越前朝，影响后代。康熙年间烧制的青花瓷器具，史称清代之最。

彩瓷茶具还可以灌注粉彩、斗彩、釉里红以及各种明艳动人的单色釉。

（三）金属茶器

由金、银、铜、铁、锡等金属材料制作而成的器具，是我国最古老的日用器具之一，早在公元前18世纪至公元前221年秦始皇统一六国之前，青铜器就得到了广泛的应用。自秦汉至六朝，茶叶作为饮料已渐成风尚，茶具也逐渐从与其他饮具共享中分离出来。大约到南北朝时，我国出现了包括饮茶器皿在内的金银器具。到隋唐时，金银器具的制作达到高峰。20世纪80年代中期，陕西扶风法门寺出土的鎏金茶具，堪称金属茶具中罕见的稀世珍宝。当代，金壶、银壶开始问世，尤其银壶银盏因其优良的特性且美而实用，受到爱茶人士的追捧。

铁壶的外形古朴厚重，早期由于冶金水平低下，铁质内保留了部分铁磁性氧化物，从而使早期的铸铁壶具有一定程度的水质软化功效。老铁壶在茶席上，确实能给人肃穆沉静的感觉，只是较其他茶具更难以养护。尤其是铁壶连壶带水的分量十分重，从某种程度上说，并不适合女士茶艺的展示。

明清时期，民间普遍用铜壶煮水泡茶。铜对水还有杀菌、抑菌的作用，之所以如今少有用铜壶，是怕铜有腥味，破坏水的甘甜。

文人最推崇锡制茶器，金、银、铜、铁、锡，价格依次递减，锡最廉价、最低调、最谦逊，古人称锡乃"五金之母"。最简朴的反而最高贵，与茶性最合。如锡制茶叶罐密封性好，可长期保持茶叶的色泽和芳香，茶味不变。

（四）漆器茶具

漆器茶具始于清代，主要产于福建福州一带。福州生产的漆器茶具多姿多彩，有"宝砂闪光""金丝玛瑙""釉变金丝""仿古瓷""雕填""高雕""嵌白银"等品种，特别是创造了红如宝石的"赤金砂"和"暗花"等新工艺以后，更加鲜丽夺目，惹人喜爱。漆器茶具较有名的有北京雕漆茶具、福州脱胎茶具、江西鄱阳等地生产的脱胎漆器等，均具有独特的艺术魅力。如乾隆时期精美绝伦的漆雕盖碗茶器；南宋审安老人《茶具图赞》中的"漆雕秘阁"，也就是宋代十分流行的漆器制成的茶盏托。

（五）玻璃茶具

玻璃茶具一般是用含石英的砂子、石灰石、纯碱等混合后，在高温下熔化、成形，再经冷却后制成。玻璃茶具有很多种，如水晶玻璃、无色玻璃、玉色玻璃、金星玻璃、乳浊玻璃茶具等。用玻璃可制成各种其他盛具，如酒具、碗、碟、杯、缸等，多为无色，也有用有色玻璃或套色玻璃的。玻璃质地透明，光泽夺目，外形可塑性强，形态各异，用途广泛。玻璃杯泡茶，茶汤的鲜艳色泽、茶叶的细嫩柔软、茶叶在整个冲泡过程中的上下浮动、叶片的逐渐舒展等，可以一览无余，可以说是一种动态的艺术欣赏。特别是冲泡各类名茶，茶具晶莹剔透，杯中轻雾缥缈，澄清碧绿，芽叶朵朵，亭亭玉立，观之赏心悦目，别有风趣。

（六）竹木茶具

隋唐以前，我国饮茶虽渐次推广开来，但属粗放饮茶。当时的饮茶器具，除陶瓷器外，民间多用竹木制作而成。陆羽在《茶经·四之器》中开列的20多种茶具，多数是用竹木制作的。这种茶具原料来源广、制作方便，对茶无污染，对人体亦无害，因此从古至今，一直受到饮茶人的欢迎。其缺点是不能长时间使用，无法长久保存。历史上，广大农村，包括产茶区，多使用竹或木碗泡茶，至于用木罐、竹罐装茶，至今仍然随处可见。明代流行的"苦节君"是竹制茶器的典范，竹炉煮茶堪称绝配。

除此以外，中国历史上还有用玉石、水晶、玛瑙等材料制作的茶具，但因这些器具制作困难、价格高昂，使用并不广泛。

在现代文学中，提倡"性灵小品"的散文大家周作人也很喜欢茶道，他的文集中就有一部叫作《苦茶随笔》。周作人的小品文平和淡然，非常闲适，也贴近生活，就像喝茶一样，茶苦茶香，都由喝者的心境所决定。下面是从他的作品《喝茶》中节选的一段文字：

喝茶当于瓦屋纸窗之下，清泉绿茶，用素雅的陶瓷茶具，同二三人共饮，得半日之闲，可抵十年的尘梦。喝茶之后，再去继续修各人的胜业……

从这段文字中不难看出茶对一个人的影响。在中国的传统文化中，练字需要平和的心境，心不静字也写不好；画画需要随心而动，心之所至，玉汝于成；唱戏需要动静结合，随心所欲。其实，茶能从柴米油盐之中脱颖而出，就证明了它平实之中的不平凡。茶道能陶冶情操，培养朴实无华、自然大方、洁身自好的精神。

资料来源　周作人.苦茶随笔［M］.长沙：岳麓书社，2019.

五、茶具的艺术及延伸

俗语说"柴米油盐酱醋茶"，茶在百姓眼里可以与"油盐酱醋"为伍，在文人心里又与"琴棋书画"等高雅之事为伴。它既是古今文人生活的重要内容之一，也是进行文学艺术创作的重要题材和手段。文学艺术与茶完美结合，使得茶这一翠嫩的绿叶，承载起丰富的文化内涵，包含了极为愉悦的审美体验。人们在品茶汤的色、香、味、形和追求品茗环境的高雅的同时，也要欣赏茶具的艺术美，即要求茶具在具有泡茶的实用功能之外，还要具有一定的审美价值，成为茶人品茶时的欣赏对象之一。

茶具艺术的升华，某种程度上还体现为茶文化最大限度地包容了儒、释、道的思想精华。也就是说，它能够同时融汇儒、释、道三家的基本思想，而体现出自己特有的精神。茶文化是一种实体性的既包含物质形态同时又体现高雅趣味的文化，而茶具正是这一人文与自然结合的至高艺术的物质载体。茶具的发展演变与文化的传承统一于源远流长的华夏文明中。

茶诗赏析6-1

1.佳作品读

泊舟

宋　赵汝燧

前头无泊处，且住荻花林。
水沸知滩浅，烟峰花在瓶。
呼童治茶具，有客扣柴扃。
共说山林话，休嗟两鬓星。

2.作者简介

赵汝燧，宋宗室，居袁州，字明翁，号野谷，宁宗嘉泰二年进士。博记工文，尤长于诗，为江湖派诗人，著有《野谷诗稿》。

3.佳作赏析

整首诗以简洁明快的语言，描绘了一个宁静自然的山林生活场景。诗人和客人

茶诗赏析6-1 《泊舟》

在这片荻花丛中，品茶论道，享受着生活的宁静与美好。同时，诗中也透露出诗人对自然、对生活的热爱和珍视，以及对岁月流转的豁达态度。

任务二　紫砂茶具赏析

◎ 任务导入

　　紫砂茶具起始于宋，盛于明清，流传至今。在明代中叶以后，逐渐形成了集造型、诗词、书法、绘画、篆刻、雕塑于一体的紫砂艺术。北宋梅尧臣有"小石冷泉留早味，紫泥新品泛春华"的诗句，欧阳修有"喜共紫瓯吟且酌，羡君萧洒有馀清"的诗句。由此可知，紫砂茶具在北宋开始兴起。1976年，宜兴丁蜀镇羊角山发掘出一处宋代龙窑窑址，出土了许多紫砂陶残器，考古发掘的实物和文献记载互相印证。

◎ 知识探究

一、何为紫砂

茶课视频6-2

茶具之紫砂

　　宜兴紫砂所用的原料是我国特有的宝藏，而这种紫砂主要分布在宜兴丁蜀地区。即使在宜兴，也只能在丁蜀地区的陶土矿中找到紫砂，宜兴紫砂是绿泥（本山绿泥）、红泥（朱砂泥）和紫泥的总称。这种紫砂泥是用质地细腻、含铁量高的特种黏土制成的，它原本也属于疏松的黏土，是深藏于岩层之下紧夹在粗陶泥之中的页岩类黏土，在地质变化的进程中因被其他岩石压在下面经高压而硬化，颜色以赤褐色为主，是一种质地较坚硬的无釉制品。

茶事趣读6-3

　　中国科学院上海硅酸盐研究所以现代显微结构分析研究发现：宜兴紫砂陶的矿物组成属含铁的黏土—石英—云母系。铁质主要以赤铁矿形式存在，主要物相是石英、莫来石和云母残骸，尺寸细小均匀。紫砂陶显微结构的主要特征是团粒结构，这种显微结构上的特点在试样中形成了双重气孔——团粒内的小气孔和团粒间的断续链状气孔，这是紫砂陶具有良好透气性的主要原因。同时，这些团粒间和团粒内的气孔彼此互相贯通，一个套一个，一个通一个，形成网络，不仅透气，还具有吸收茶香的功能。紫砂壶之所以留香不散，久用后，即使不放茶叶也有茶香，其道理就在于此。

　　资料来源　孙荆, 阮美玲. 宜兴紫砂陶的显微结构和紫砂器的透气性 [J]. 中国陶瓷, 1993 (4).

二、紫砂壶风格的形成

　　宜兴紫砂文化概括起来说，就是中国悠久的陶文化与成熟于唐代的茶文化相互融合，主要表现在造型、泥色、铭款、书法、绘画、雕塑和篆刻等诸多方面。紫砂高手善于以壶为主体，融合诸艺术于一体，在形式内容方面和谐、神形兼备。宜兴紫砂艺术方面最大的特点是素质、素形、素色、素饰，不上彩、不施釉、质朴无华。其素面素心的特有品格，使人对它情有独钟。

如今紫砂学界有一些学者提出了一个新颖的观点，即对紫砂茗壶进行归属划分。第一类是具有传统的文人审美风格的作品，讲究内在文化底蕴，追求"文心"，提倡素面素心的清雅风貌，在壶体上镌刻题铭，切壶、切茶、切景诗出为三绝，称为"文人壶"。第二类是富丽鲜亮、明艳精巧的市民趣味作品。在紫砂壶上用红、黄、蓝、黑等泥料绘制山水人物，以草木虫鱼做纹饰，或镶铜包银，此类称"民间壶"。第三类是对紫砂壶进行抛光处理，镶以金口金边，造型风格迎合西亚及欧洲人的审美趣味，有明显的外销风格，称"外销壶"。第四类是不惜工本精雕细琢、讲究豪华典雅的宫廷御用紫砂茗壶，称"宫廷壶"，此类器物代表了紫砂制陶的最高成就。另外，宜兴紫砂还有一个独特的现象：自明朝迄今，有诸多文人参与设计、书法、题诗、绘画、刻章，与陶艺师共同完成每件作品。题诗镌刻的内容已经完全提升到文学高度，以壶寄情，曾一度发展到"字依壶传""壶随字贵"的境地。其中，较著名的有陈继儒、董其昌、郑板桥、陈曼生、任伯年、吴昌硕、黄宾虹、唐云、冯其庸、亚明等，这对宜兴紫砂文化内涵的扩展和深化起到了极其重要的推动作用。这一现象是其他工艺领域中所罕见的，其中影响较深远的首推陈曼生。

> **◆ 茶事趣读6-4**　　　　　　　**第一把紫砂壶的诞生**
>
> 　　紫砂茶具创造于明代正德年间，根据明人周高起《阳羡茗壶系》的"创始篇"记载，紫砂壶首创者是明代宜兴金沙寺一个不知名的寺僧，他选紫砂细泥捏成圆形坯胎，加上嘴、柄、盖，放在窑中烧成。"正始篇"又记载，明代嘉靖、万历年间，出现了一位卓越的紫砂工艺大师——龚春（供春）。龚春幼年曾为进士吴颐山的书童，他天资聪慧，虚心好学，随主人陪读于宜兴金沙寺，闲时常帮寺里老和尚抟坯制壶。传说寺院里有株银杏参天，盘根错节，树瘿多姿。他朝夕观赏，乃模拟树瘿，捏制树瘿壶，造型独特，生动异常。老和尚见了拍案叫绝，便把平生制壶技艺倾囊相授，使龚春最终成为著名的制壶大师。龚春在实践中逐渐改变了前人单纯用手捏制的方法，改为木板旋泥并配合着竹刀使用，烧造的砂壶造型新颖、雅致，质地较薄但又坚硬。龚春在当时就名声显赫，人称"供春之壶，胜如金玉"。有一把失盖的树瘿壶，造型精巧，现存北京历史博物馆，是龚春唯一传世的作品，但也有人疑为赝品。这位民间紫砂艺人最早把紫砂器推到一个新境界，供春壶成为紫砂壶的一个象征，其作品也被后世所仿造。
>
> 　　资料来源　佚名.史上出土的第一把紫砂壶［EB/OL］.［2023-11-13］. https://www.zisha.com/knowledge/catalog/31396.shtml.

三、紫砂壶的评价标准及美学欣赏

评价一件紫砂壶的内涵，必须具备三个主要因素：美好的形象结构、精湛的制作技巧和优良的使用功能。美好的形象结构，是指壶的嘴、把、盖、纽、脚，应与壶身整体比例协调；精湛的制作技巧，是评审壶艺的准则。优良的使用功能，是指容积和重量恰当，壶把便于执握，壶盖周圆合缝，壶嘴出水流畅，同时要考虑色地和图案的脱俗和谐。

紫砂壶艺的审美，可以总结为形、神、气、态四个要素。形，即形式的美，是指作品的外轮廓，也就是具象的面相；神即神韵，一种能令人意会，体验出精神美的韵味；气，即气质，壶艺所内含的本质的美；态，即形态，作品的高、低、肥、瘦、刚、柔、方、圆的各种姿态。从这四个方面贯通一气，才是一件真正的完美的好作品。

鉴定宜兴紫砂壶优劣的标准归纳起来，可以用五个字来概括：泥、形、工、款、功。前四个字属艺术标准，后一个字为功用标准。

一是"泥"：紫砂壶得名于世，固然与它的制作分不开，但根本的原因，是其制作原材料紫砂泥的优越。近代许多陶瓷专著分析紫砂原材料时，均说其含有氧化铁的成分。其实含有氧化铁的泥，全国各地不知有多少，但别处就产生不了紫砂，只能有紫泥，这说明问题的关键不在于含有氧化铁，而在于紫砂的"砂"。现代科学分析，紫砂泥的分子结构确有与其他泥不同的地方，就是同样的紫砂泥，其结构也不尽相同，有着细微的差别。这样，由于原材料不同，其带来的功能及给人的官能感受也就不尽相同。

功能好的则质优，不然则质差；官能感受好的则质优，反之则质差。泥色的变化，只给人带来视觉观感的不同，与功用、手感无关。而紫砂壶是实用功能很强的艺术品，它需要不断把玩，让手感舒服，达到心理愉悦的目的，所以紫砂质地的感觉比泥色更重要。紫砂与其他陶泥相比，一个显著的特点即手感不同。一个熟悉紫砂的人，闭着眼睛也能区别紫砂与非紫砂，摸非紫砂的物件，如摸玻璃质器物——粘手，而摸紫砂物件就如摸豆沙——细而不腻，十分舒服。所以评价一把紫砂壶，壶的质地手感是十分重要的内容。近年来时行的铺砂壶，正是强调这种质地手感的产物。

二是"形"：紫砂壶之形，是存世各类器皿中最丰富的，素有"方非一式，圆不一相"之赞誉。如何评价这些造型，也是"仁者见仁，智者见智"，因为艺术的社会功能即满足人们的心理需要。

三是"工"：中国艺术有很多相通的地方，如京剧的舞蹈动作与国画的大写意，属于豪放之列；京剧唱段与国画工笔，则属于严谨之列；而紫砂壶成形技法与京剧唱段、国画工笔技法有着同工异曲之妙，也是十分严谨的。

点、线、面是构成紫砂壶形体的基本元素，在紫砂壶成形过程中，必须交代得清清楚楚，犹如工笔绘画一样，起笔落笔、转弯曲折、抑扬顿挫，都必须清楚。面，须光则光，须毛则毛；线，须直则直，须曲则曲；点，须方则方，须圆则圆，不能有半点含糊。否则，就不能算是一把好壶。按照紫砂壶成形工艺的特殊要求，壶嘴与壶把绝对在一条直线上，并且分量要均衡，壶口与壶盖结合得要严紧。这也是"工"的要求。

四是"款"：款即壶的款识。鉴赏紫砂壶款的意思有两层：一是鉴别壶的作者是谁，或题诗镌铭的作者是谁。二是欣赏题词的内容、镌刻的书画及印款（金石篆刻）。紫砂壶的装饰艺术是中国传统艺术的一部分，它具有中国传统艺术"诗、书、画、印"四位一体的显著特点。所以，一把紫砂壶可看的地方除泥色、造型、制作工艺以外，还有文学、书法、绘画、金石诸多方面，能给赏壶人带来更多美的享受。

五是"功"："功"是指壶的功能美。紫砂壶与别的艺术品最大的区别，就在于它是实用性很强的艺术品，它的"艺"全在"用"中品，如果失去"用"的意义，"艺"亦不复存在。

茶诗赏析
6-2

《和梅公仪
尝茶》

茶诗赏析6-2

1.佳作品读

和梅公仪尝茶

宋　欧阳修

溪山击鼓助雷惊，逗晓灵芽发翠茎。

摘处两旗香可爱，贡来双凤品尤精。

寒侵病骨惟思睡，花落春愁未解酲。

喜共紫瓯吟且酌，羡君萧洒有馀清。

2.作者简介

欧阳修，字永叔，号醉翁，晚号六一居士，江南西路吉州庐陵永丰（今江西省吉安市永丰县）人，景德四年（1007年）出生于绵州（今四川省绵阳市），北宋政治家、文学家。他是宋代文学史上最早开创一代文风的文坛领袖，与韩愈、柳宗元、苏轼、苏洵、苏辙、王安石、曾巩合称"唐宋八大家"，并与韩愈、柳宗元、苏轼被后人合称"千古文章四大家"。

3.佳作赏析

整首诗通过描绘自然景色和诗人的情感变化，展现了生活的多样性和复杂性。从清晨的活力到病痛的忧虑，再到品茶的喜悦，诗人的情感在诗中得到了充分的表达。同时，诗中也透露出诗人对生活的热爱和对自然的敬畏。

任务三　青瓷茶具赏析

◎ 任务导入

宋代饮茶，盛行茶盏，使用盏托也更为普遍。茶盏又称茶盅，实际上是一种小型茶碗，它有利于发挥和保持茶叶的香气。宋代瓷窑众多，出产的茶盏、茶壶、茶杯等亦品种繁多，样式各异，风格大不相同。唐代顾况在《茶赋》中云"舒铁如金之鼎，越泥似玉之瓯"；皮日休在《茶瓯》中云"邢客与越人，皆能造兹器。圆似月魂堕，轻如云魄起"；韩偓在《横塘》中云"越瓯犀液发茶香"。这些诗都赞扬了翠玉般的越窑青瓷茶具的优美。

◎ 知识探究

茶课视频
6-3

茶具之青瓷

一、认识青瓷

青瓷是中国传统瓷器的一种。在坯体上施以青釉（以铁为着色剂的青绿色釉），在还原焰中烧制而成。我国历代所称的千峰翠色、艾色、翠青、粉青等瓷，都是指这种瓷器。唐代越窑，宋代龙泉窑、官窑、汝窑、耀州窑等，都属于青瓷系统。青瓷以瓷质细腻、线条明快流畅、造型端庄浑朴、色泽纯洁斑斓著称于世。唐代制瓷业已经成为独立的部门，唐代诗人陆龟蒙曾以"九秋风露越窑开，夺得千峰翠色来"的名句赞美青瓷。青瓷"青如玉，明如镜，声如磬"，被称为"瓷器之花"，珍奇名贵。

早在东汉年间，我国已开始生产色泽纯正、透明发光的青瓷。晋代浙江的越窑、婺州窑、瓯窑已具相当规模。宋代五大名窑之一的浙江龙泉哥窑生产的青瓷茶具，远销各地。明代青瓷茶具质地细腻、造型端庄，蜚声中外。

二、龙泉青瓷

中国有一种美的颜色，在宋瓷里；宋瓷之中论青色，属龙泉无愧。龙泉窑问世于三国两晋时期，兴于宋，风头一度盖过越窑，成为江南一带的显赫窑口。青瓷的气脉，从未因为时代的更替而断掉，即便在明清各个窑口逐渐没落的情况下，它的生命力依旧旺盛，是我国烧制历史最为悠久的窑口之一。2009年，龙泉青瓷烧制技艺被列入联合国人类非物质文化遗产代表作名录，这也是全球迄今唯一入选的瓷器类项目。

早在三国两晋时期，龙泉窑便开始了青瓷的烧制。到了北宋时期，博采众长的龙泉青瓷得以旺盛发展，这时的龙泉青瓷已经达到通透澄净的淡青色。

半刀泥作为一种青瓷经典装饰技艺，也在北宋时期发展到炉火纯青的程度，莲花纹青瓷器更是名噪一时，在现存品较少的北宋瓷器中，依旧可以清晰看到半刀泥荷花纹风靡北宋的痕迹。到了南宋，龙泉青瓷达到了空前的繁盛，也应运而生了多种妙思。杯底贴花内饰，便是南宋龙泉青瓷中的一个分支，受制于当时的烧制技术，杯底容易积釉，因而上品很少。黑胎青瓷是龙泉青瓷非常特殊的品种。南宋后期，只有官窑才能烧出黑胎瓷器。

元明时期，龙泉窑所制青瓷随着贸易的发展传入世界各地。点彩是龙泉窑这一时期烧制工艺的一大特色。其中，以褐色点彩装饰的"飞青瓷"，让更多人看到了青瓷的另一种美。用含铁较多的褐釉，在施过青釉的器物上整齐地排列或随意地点饰，在高温烧制时，自然流动变化，成为变幻莫测的自然装饰。青瓷点彩因此突破常态，"破茧化蝶"。梅子青釉点缀褐彩装饰，在高温熔融中褐彩产生了晕散和流动的艺术效果，让点彩装饰"活起来"，这需要匠人对点彩布局有高度把控。

三、越窑青瓷

越窑是我国古代著名的青瓷窑系，浙江上虞、慈溪、余姚一带古为越地，故称越窑，是中国越瓷的发源地。东汉时，中国最早的瓷器在越窑的龙窑里烧制成功，因此越窑青瓷被称为"母亲瓷"。越窑持续烧制了1 000多年，于北宋末、南宋初停烧，是我国烧制时间最长、影响范围最广的窑系之一。其中，慈溪上林湖一带烧制的越窑青瓷最为著名。据记载，五代吴越国钱氏王朝在上林湖曾设置过官监窑，专门从事生产釉色青绿、釉质莹澈的"秘色瓷"，作为宫廷用品，并向中原诸王朝进贡。于是，"秘色瓷"便成为上林湖"似玉类冰"上乘青瓷的代名词。

唐代，文人雅士喜欢饮茶。越窑青瓷温润如玉的釉质、青绿略带闪黄的色彩能完美烘托出茶汤的绿色，因此越窑青瓷受到了文人雅士的喜爱。盛行的饮茶风尚对越窑青瓷的形制也有所影响。唐代早期以瘦高的立型器为主，到了唐代晚期出现了荷叶式、花口式的盘和碗。瓷器装饰以光素为主，也有划花、刻花、堆贴和镂空的纹饰，以划花为多。常见的纹饰是花鸟、水草和人物等，线条流畅简洁、纤细生动。

唐代茶圣陆羽认为，茶具"越州上"，因为它"类玉""类冰""瓷青则茶色绿"。这虽是从饮茶的角度来议论，却反映了越瓷青色微浅，釉色透明又具幽美感，实属工艺与设计结合的完美佳品。唐王室墓出土的青瓷，证实青绿釉或是青黄釉都是"秘色瓷"的范畴。釉色以青绿色及湖绿色为上，这也印证了"千峰翠色"的诗句。

唐代"秘色瓷"造型严谨，釉色青翠均匀、色泽典雅，体现了盛唐时卓越的制瓷工艺水平。1987年4月，陕西省考古工作者在扶风县法门寺唐代地宫发掘出13件越窑青瓷器，在记录法门寺皇室供奉器物的《物账碑》上，这批瓷器明确记载为"瓷秘色"，从而使人们进一步认识了"秘色瓷"。陕西法门寺地宫出土的"秘色八棱净水瓶"就是越窑青瓷的上品，此瓶以腹部突起的八条突棱为装饰，与瓶颈三道弦纹呼应，造型简洁典雅，釉色均匀如湖水般碧绿柔和，风格素雅。法门寺出土的秘色瓷碗，釉中含铁，用还原焰烧成。釉色青绿光润，细腻华美。

茶诗赏析6-3

1.佳作品读

秘色越器

唐　陆龟蒙

九秋风露越窑开，夺得千峰翠色来。

好向中宵盛沆瀣，共嵇中散斗遗杯。

2.作者简介

陆龟蒙，唐代农学家、文学家，字鲁望，别号天随子、江湖散人、甫里先生，江苏吴县人；曾任湖州、苏州刺史幕僚，后隐居松江甫里，著有《甫里先生文集》等。他的小品文主要收在《笠泽丛书》中，现实性强，议论也颇精切，如《野庙碑》《记稻鼠》等。陆龟蒙与皮日休交友，世称"皮陆"，诗以写景咏物为多。

3.佳作赏析

"秘色瓷"是在唐代瓷器制作技术的基础上发展起来的青瓷精品，产于浙江慈溪上林湖一带的越州。越窑是中国青瓷重要的发源地和主产区，东汉年间这里最早完成了陶器的制作，后来又完成了从原始青瓷到青瓷的历史过渡。这一带战国时属越国，唐时改为越州，"越窑"因此而得名。

本诗的意思是：九月深秋的晨风中，露水沾衣，越窑中烧制的瓷器出窑；颜色似青如黛，与周围的山峰融为一体，夺得千峰万山的翠色。那些堆放到正确的朝向的瓷器，到夜半时就会盛载一些露水，浅浅地盛有露水的碗如同嵇中散留下的斗酒时还残存浊酒的杯子。

茶诗赏析
6-3

《秘色越器》

任务四　　柴烧茶具赏析

◎ 任务导入

何为柴烧？"柴烧"是一种烧窑方式。简单讲，即使用木柴作为燃料烧制的素胎陶瓷器。再具体一点，即练土、制作坯胎、晾干后，无须施釉，直接将其码入柴窑，使用大量木柴，经过长时间不间断的烧制（1.5立方米的窑一般3～5天），木柴化为灰烬随窑内气流一层层飘落于器物表面，高温熔化后形成各种自然釉色（自然落灰），经冷却开窑打磨，便是整个柴烧过程了。

◎ 知识探究

在中国瓷都景德镇，市场上大部分仿古瓷都是气窑烧制，还有一种裸烧的柴烧瓷器。手作的柴烧制品，往往器形轮廓不尽相同，这恰恰是它浑然天成的美感所在。柴烧类产品，经过三天三夜或是更长时间的无施釉高温烧制，表面会形成丰富多彩的釉色变化，古朴自然，这也是气窑烧制所不能达到的。由于柴烧的特殊性，因此每件产品都独一无二。

一、柴烧的历史渊源

自汉代开始，陶瓷器慢慢烧得坚硬，无釉陶由于烧窑技术及温度的提高，飘落于器物上的草木灰开始融化，在陶瓷外围形成一层薄薄的釉衣，使其得到保护，这便是早期自然釉的无意形成。其影响了随后的草木灰制釉，推动陶瓷正式进入釉烧时代。柴烧也随之进入漫长的蛰伏期，在各地民窑体系中承担着自己的义务。如南京市博物馆馆藏明代"吴经提梁壶"壶面所附的"缸坛釉泪"，便是当时紫砂还未套匣钵烧制而产生的自然落灰及火痕的效果，这种无意识也让美有了多样性。

茶课视频
6-4
茶具之柴烧

二、柴烧制器

欧阳修认为："工之善者，必得于心，应于手，而不可述之言也。"宗白华说，艺术是一种技术，然而艺术家的技术不只服役于人生，而且表现着人生，流露着情感与人格魅力。

一件好的柴烧作品，既是技术的体现，也是制作者情感的表达，制作者只有全身心融入其中，与泥对话，才能真正与其相互理解。制作出的坯胎的优劣，决定了器物的风骨。毫不夸张地说，有了好的胎体，即便不烧制，它也是美的。

美学高度，体现在陶人对经典陶瓷、文学、绘画等文艺门类的认知程度上。陶人的作品风格，也是建立在这些认知基础之上，再融入自己的思想而产生的风格。如宋瓷，其简洁的形制饱含了宋代文人的风雅与品格，是自由的也是克制的。为了标榜个性而制作的陶瓷，实则毫无意义。

有了好的茶陶器型，有了美学高度，还需要研究泥土，更要对比了解土、茶、器型三者之间的关系。泥土分陶土和瓷土两大类。陶土又分精陶、细陶、粗陶。陶土含铁量高，矿物质多，致密度低，烧成温度广泛。瓷土分普通泥、中白泥、高白泥。瓷土的高岭土含量高，杂质少，致密度高，烧成温度高。

三、柴烧烧窑

烧窑对陶瓷器美感的形成是极为关键的，这已不是简单的技术问题。坯胎就如一张画纸，画中之空灵或充实完全交于火焰来完成。火焰在窑内初火时呈暗红色，中火时呈橘红色，大火时呈金红色，高火时呈白红色，投柴时的节奏促使火势前后摆动，就像一支巨大的画笔，将柴灰不断地有轻有重地绘制在陶瓷表面。由于火焰带着灰烬朝着一个方向飘去，所以我们看到的绝大部分柴烧作品都是有朝火的阳面与背火的阴面的，而两面交界处会有一层或几层交界线，这便是火当时在器物上来回游走的痕迹。

柴烧作品的艺术价值离不开理性的烧窑，所有精美的背后都是无数的失败经验与坚持，满窑时的精心排布决定了落灰与火痕的大致走向，烧窑时的火力大小、气氛的掌控，决定了色彩的大致呈现。此外，木柴的干湿、粗细、支钉、棚板都需要严谨对待。即便如此，也常不尽如人意，变形、开裂、起泡、粘连等问题不断，也许正是这些不易，那些烧成功的美丽之物，才更显珍贵吧。

四、柴烧之美

美妙的柴烧有"燕子渐归春悄，帘幕垂清晓"之空灵；又有"天风浪浪，海山苍苍，真力弥满，万象在旁"之充实。

柴烧之美体现在它的自然性上。在柴烧过程中，火焰与陶土相互作用，形成独特的火痕和落灰。这些痕迹并非刻意为之，而是大自然的恩赐，它们如同天然的画作，让人感受到一种质朴、粗犷、真实的美。这种美，正是柴烧工艺的魅力所在，它让人们能够从中体验到一种返璞归真的感觉。

柴烧之美也体现在它的变化性上。由于柴烧过程中火势、温度、时间等因素不可控，因此每一件柴烧作品都是独一无二的。这种不确定性使得柴烧作品具有极高的艺术价值和收藏价值。同时，它也让人们能够从中感受到一种生活的哲学，即生活中的变数和不确定性，正是我们人生旅程中不可或缺的一部分。

柴烧之美还体现在它所承载的文化内涵上。柴烧作为一种古老的技艺，它承载了人类的历史和文化记忆。通过柴烧作品，我们可以感受到古人的智慧和情感，也可以了解到不同地区、不同民族的文化特色和艺术风格。这种文化的传承和交流，使得柴烧之美具有了更加深远的意义。

五、柴烧与茶汤

柴烧茶陶，作为实用与美学融合的典范，展现了自然与人工的和谐关系。茶，源于自然；柴烧工艺，同样遵循自然法则。当柴烧茶陶中注入茶汤后，两者间的灵动与和谐便悄然诞生了。从细细观赏茶杯到慢慢品味香茗，这一过程本身就是一种享受。

瓷土赋予茶以清冽之感，陶土则让茶味显得浑厚深沉。手握茶杯的触感、嘴唇接触杯沿的微妙、茶香扑鼻的嗅觉享受，以及茶汤入口时的味觉盛宴，在这一刻都达到了完美融合与展现。此时，茶已超越了其单纯的饮品属性，柴烧茶陶也不仅仅是烧制而成的器物。

虽然柴烧茶陶无法像白釉那样直观展现茶汤的原色，但它与茶汤在精神层面上的共鸣，却远远超越了色彩观察本身。这种共鸣的达成，依赖思维的自由与开放。至于其中蕴含的人生哲理与意义，则需要每一位捧杯之人用心去体会、去探索。

茶诗赏析6-4

1. 佳作品读

秋日三首（其二）

宋　秦观

月团新碾瀹花瓷，饮罢呼儿课楚词。

风定小轩无落叶，青虫相对吐秋丝。

2. 作者简介

秦观，字太虚，又字少游，号邗沟居士，世称淮海居士，文学家、词人，官至太学博士、国史院编修官。秦观一生仕途坎坷，但文学成就斐然。他自幼研习文词，30 岁进京赶考，虽两度应考未中，但在苏轼、王安石的赏识和推荐下，最终于元丰八年（1085 年）考中进士。此后，他历任定海主簿、蔡州教授、太学博士、秘书省正字兼国史院编修官等职。然而，因新旧党争，秦观屡遭贬谪，于元符三年（1100 年）去世，享年 52 岁。

3.佳作赏析

《秋日三首》是一组描绘秋日景象与诗人生活情趣的诗歌。这组诗通过细腻的笔触，展现了诗人在秋日里的所见所感，以及他对生活的热爱与对自然的欣赏。第二首诗则特别聚焦于家庭生活的闲适与教子的乐趣。"月团新碾瀹（yuè）花瓷，饮罢呼儿课楚词"，诗人取来新制的月团茶饼，细细碾碎成茶末，然后用精美的花瓷茶具泡制出一壶好茶。诗人在品茶之后，呼唤儿子前来学习楚词。这两句诗通过细腻的笔触和生动的场景描绘，展现了诗人在秋日里闲适自得的生活状态和对家庭生活的热爱。同时，通过"月团新碾瀹花瓷"的精致与"饮罢呼儿课楚词"的温馨，也传达了诗人对品质生活的追求和对文化传承的重视。整首诗意境深远、情感真挚，给人以美的享受和深刻的思考。

茶诗赏析
6-4

《秋日三首
（其二）》

知识巩固 👆

一、选择题

1.紫砂茶具的特点包括（ ）。

A.可塑性、透气性、保温性好、美观性

B.透气性、保温性好、美观性、经久耐用

C.可塑性、透气性、保温性好、经久耐用

D.可塑性、美观性、保温性好、经久耐用

2."南青北白"中"南"和"北"分别指（ ）。

A.浙江、河北　　　　　　　　　B.广东、陕西

C.浙江、陕西　　　　　　　　　D.广东、河北

3.素有"陶都"之称的是（ ）。

A.景德镇　　　　B.宜兴　　　　　C.建安　　　　　D.杭州

4.被称为"瓷器之花"的是（ ）。

A.黑釉盏　　　　B.青瓷　　　　　C.青花　　　　　D.汝窑

二、判断题

1.茶具是从食具和酒具中分离出来的。 （ ）

2.瓷制茶具有白如玉、明如镜、薄如纸、声如磬的特点。 （ ）

3.清代，宜兴的陶瓷造艺达到了最高水平。 （ ）

4.茶圣陆羽在其名著《茶经》中指出，茶具"越州上"，因为它"类玉""类冰""瓷青则茶色绿"。 （ ）

在线测评
6-1

知识巩固

三、简答题

1.按材质不同，茶具可以分为哪几种？

2.唐代煮茶法和宋代点茶法分别使用什么茶具？

3.明清时期茶具有了哪些新的发展？

4.对紫砂的评价和审美可以总结为哪几个要素？

实践训练

一、实训任务

3~4人组成一个小组，讨论茶具发展的历史背景及脉络，以及每个历史时期不同饮茶文化对茶具的影响，并就某一种茶具展开美学鉴赏。

二、实训步骤

1.小组分工，使用一套茶具冲泡一杯香茗，并开展美学讨论；

2.撰写品鉴报告，并制作PPT；

3.各小组选派1名代表进行汇报。

三、实训评价

实训评价见表6-1。

表6-1   **实训评价表**

考评教师			被考评小组	
被考评小组成员				
考评标准	内容		分值	得分
	主题鲜明，条理清楚，逻辑性强		20分	
	运用所学知识归类的能力强		20分	
	美学知识运用熟练，鉴赏能力强		20分	
	表述清晰，语速适中，仪表大方		20分	
	实践运用和操作体现美学元素		20分	
合计			100分	

注：考评满分为100分，90~100分为优秀，80~89分为良好，70~79分为中等，60~69分为及格。

7

项目七　茶艺创新与美学赏析

项目概述

　　本项目介绍了品饮茶艺的生活美学，涵盖如何选茶、如何择水、如何看茶泡茶以及冲泡时注水的手法，详细介绍了绿茶（玻璃杯）、红茶（盖碗）、乌龙茶（紫砂壶）的冲泡手法，同时对茶艺赛项及其优秀作品做了详细的讲解。

项目目标

知识目标 1.掌握品饮茶艺的冲泡手法。

2.理解茶艺编创的基础。

3.掌握茶艺作品的赏析方法。

能力目标 1.能够正确运用各种冲泡手法进行茶艺展示。

2.能够灵活运用茶艺编创的设计要素。

3.能够辨析茶艺作品中的优秀部分。

素养目标 1.提升劳动技能，培养工匠精神。

2.感悟创新茶艺中的美学。

3.具有优秀茶艺作品的鉴赏能力。

任务一　品饮茶艺美学仪式

◎ 任务导入

中国人早已视饮茶为生活的一大乐趣，茶是媒介，从天南到地北，从城市到乡村，或喜庆婚嫁，或探亲访友，或邀游赏景，或相聚闲聊，或开会座谈，或访问参观，或洽谈业务，或赋诗泼墨，或研讨学问，或工作家居，饮茶使人们的生活变得更加丰富多彩。

品饮是一门学问，是一种艺术的享受。鲁迅先生说："有好茶喝，会喝好茶，是一种'清福'。不过要享这种'清福'，首先就须有功夫，其次是练习出来的特别感觉。"鲁迅说的功夫和感觉就是饮茶学问、饮茶艺术，中国茶艺是学问与艺术的结合，概括起来应做到"四要""七会"：要精茶、真水、活火、妙器；会选择茶、会选择水、会选择茶具、会选择环境、会煮水、会泡茶、会品茶。换句话说，就是要求做到茶、水、器、环境、技艺、心灵的完美统一。

陈从周教授说："饮茶，中国人称之为品茗，意在品字。"这是真正的东方文化。"壶中美玉液，佳品妙真香。"茶艺的最高境界是人与景、人与物、人与自然的形神结合，达到人、物、情、景的融合。这种融合是要以文化素养和灵感培养为基础的。

◎ 知识探究

一、品饮茶艺的冲泡要素

茶人习茶，通过视觉、味觉、嗅觉、触觉、听觉等，感受茶的形态、色泽、滋味、香气，静心领悟涤器、煮水、冲泡、品饮诸过程的节奏韵律之美，同时要在用具、衣着、环境、情绪、举止、修养、品位等多个方面不断自我约束与提高。

茶课视频 7-1

普洱茶的品饮

（一）选茶

茶有茶性，人亦有各自不同的个性喜好。依个人口味偏好和季节不同，选择各自喜好的茶。泡茶之前，要充分了解所泡之茶品种的特点，知茶性才能给予最适当的滋润，使茶性发挥最佳。

（二）择水

中国人饮茶历来讲究用水，明代许次纾在《茶疏》中道："精茗蕴香，借水而发，无水不可与论茶也。"明代张源在《茶录》中道："茶者水之神；水者，茶之体。非真水莫显其神，非精茶曷窥其体。"陆羽在《茶经》中道："其水，用山水上，江水中，井水下。"泡茶用水，天然水最好，而且透水还需活火煎。

现代人选择泡茶用水：泉水和山溪水；江、河、湖水；井水；雪水与雨水；自来水；桶装矿泉水和纯净水。

"清、轻、甘、冽、活"五项指标俱全的水，才称得上宜茶好水。清：水质要清，水清则无杂、无色、透明、无沉淀物，最能显出茶的本色。轻：水体要轻，水的比重越大，说明溶解的矿物质越多。甘：水味要甘，即一入口，舌尖顷刻便会有甜滋滋的美妙感觉，咽下去后，喉中也有甜爽的回味。冽：冷寒之意，因为寒冽之水都出于地层深处的泉脉之中，所受污染少，泡出的茶汤滋味纯正。活：水源要活，"流水不腐"，在流动的活水中细菌不易繁殖，同时活水经过自然净化，氧气和二氧化碳等气体的含量较高，泡出的茶汤特别鲜爽。

（三）备器

一杯好的香茗，需要做到茶、水、火、器四者相配。好茶、好器，犹如红花与绿叶，相映生辉。选配茶器要根据不同的茶叶，选用不同的器具，有壶泡法、杯泡法、盖碗泡法：壶泡法，以乌龙茶和黑茶类为佳；杯泡法，适用于名优、大宗绿茶；盖碗泡法，六大茶类及花茶皆适宜。

（四）环境

品茶不仅是艺术创作过程，更传达了一种高品质的生活方式。有了好茶、好水和匹配的茶具，还需要优美、娴静的空间，才能更好地体味这道茶给身心带来的愉悦。古人有"青山翠竹、小桥流水或琴棋书画、幽居雅室"；现代城市人虽难以具备如此条件，但应该尽量使品茗环境幽雅、安静。

（五）冲泡

泡茶时，应根据茶的种类、制作工艺、老嫩度、年份等选择适合的茶水比、器具、温度、冲泡时间、冲泡手法，从而更好地展现茶汤。看茶泡茶、看人泡茶、看器泡茶、看时泡茶，方能科学饮茶。

日常冲泡流程为：

（1）备器：根据人数准备冲泡的茶叶以及相对应的茶具；

（2）煮水：准备好泡茶用水；

（3）备茶：从茶罐中取适量茶叶至茶荷中备用，也可以请品茗者先欣赏茶叶的外形和闻干茶香；

（4）温器：开水注入主泡器、品茗杯中，以提高器皿的温度，更好地激发茶叶的香气，同时起到再次清洁的作用；

（5）置茶（投茶）：将需冲泡的茶叶置入主泡器中；

（6）冲泡：将温度适宜的开水注入主泡器中冲泡；

（7）分茶：品茗杯倒至七分满；

（8）奉茶：应双手奉茶，以示尊敬；

（9）收具：品茶结束后，泡茶人应将茶杯回收，将壶（杯）中的茶渣倒出，将所有的茶具清洁后归位。

（六）品茶

品茶与喝茶不同，喝茶是为了解渴，满足的是生理上的需求；品茶则是一种精神领域的追求，重在身心的体验，所以要从茶汤的色、香、味、形细细品尝，将人、茶、境进行联结，从而使身心愉悦。一杯茶汤在手，应从四个方面去欣赏品味：一观茶形，二看茶色，三闻茶香，四品滋味。

二、品饮茶艺的生活冲泡和细节美学

在茶席间，以端坐为正，以目光作礼，以手语示敬，以茶人的礼仪修养为规范，行于外而成于内，修得恭敬之心，才能生发出平常心。茶为本，始于礼，旨在道，践行于生活。习茶让人于茶席间、于生活中都能够做一个知礼、行礼之人。

（一）茶具介绍

茶叶罐（如图7-1所示）是用来存放茶叶的罐子，材质各异。

茶荷（如图7-2所示）是将茶叶由茶叶罐移至主泡器的用具，除了具有装茶的功用外，还有赏茶功能。

图7-1　茶叶罐

图7-2　茶荷

茶拨又名"茶匙"，形状像汤匙故名茶匙，由于茶叶被冲泡过后膨胀于主泡器内，故茶匙的用途是挖取泡过的壶内茶叶；也可用于投茶时，将茶荷内的茶叶拨至主泡器中。

品茗杯，也就是通常所称的"茶杯"，可与杯垫配套使用，也可单独使用，视实际情况而定。

盖碗为上有盖、下有托、中有碗的汉族茶具，又称"三才碗""三才杯"，盖为天、托为地、碗为人，暗含天地人和之意。

公道杯也称"茶海""茶盅"。用公道杯分茶，每只茶杯分到的茶水一样多，以示一视同仁。其常被用来盛放茶汤，再把茶汤分放到品茗杯中，使茶汤浓度相近、滋味一致，并起到沉淀茶渣的作用。

水洗也叫"茶洗""水盂"，用来盛放废水和茶叶渣。

水壶，盛放开水的容器。

（二）冲泡要领

1.备具

摆杯具的时候要注意细节、体现关怀；客人到来前，茶具必须摆放整齐，桌子上不要有茶渍水渍，器物不能有丝毫的不洁；布茶席时不要给自己设置障碍。

2.避免触摸杯口

泡茶前询问客人喜欢喝哪类茶，奉茶时，用手指托住杯底和杯身1/2以下部分，避免接触杯口，如果有茶托，尽量使用茶托。

素手泡茶，泡茶前净手、喝茶前清口。

3.冲泡茶汤

不越物、不交叉，左边的事情交给左手，右边的事情由右手来做，所有的交接都在胸前完成，如行云流水般和谐地行茶。倒茶时不能溅出茶水，避免烫伤客人，做到每人茶水量一致，以示公正平等，茶水倒七分满。

4.分茶

放置茶壶、公道杯时，壶口壶底不冲着客人，礼敬之意尽在其中，煮水器的壶嘴也是。要及时清理水渍以保持桌面干净。行茶中茶杯的顺序是以左为尊，最后为自己倒茶。示意茶友饮用后将杯子放置原处，方便斟茶。

5.茶点

在饮茶过程中不宜吃奶糖、蜜饯等食物，可少吃一些干果类的食物。

（三）泡茶三要素与泡茶三度

泡茶三要素：投茶量、冲茶的水温、泡茶的时间。根据对茶品的认知、对在座饮茶人的了解，综合考虑这三个要素，才能冲泡出浓淡适宜，香气、滋味、韵味协调合一的一泡茶。

泡茶三度：力度、角度、温度。为了展现一泡茶汤的美妙，为了每一款茶的生命在茶师的碗里充分绽放，茶人鲜活的感知力非常重要，在泡茶时综合考虑注水的力度、角度和温度尤为关键，让冲泡茶的技术与艺术达到完美结合。

（四）生活泡茶手法

1.定点低斟

冲泡方法：定点注水、细流慢冲，把碗口视为钟表，建议6点处定点（在没有茶叶的地方，如图7-3所示）。茶的内质释放舒缓、协调；呈现汤感的润度、滑度、细腻度，能更好地体现茶汤的韵味。如果冲泡块型茶，定点于茶块上，以便紧结的块型茶舒展，呈现茶汤的饱满度。定点低斟适合紧压茶的润茶，以及冲泡普洱茶（生、熟）、黑茶等。

图7-3　定点低斟

2.定点高冲

冲泡方法：建议于碗口的6点处定点注水，水流高冲，使茶叶上下翻滚，利于茶叶舒展、茶的内质快速释放（如图7-4所示）；利于激发茶香，使香气高扬；利于快速释放茶性，增加茶汤的饱满度、丰富度。适合冲泡高香型的茶，如芽型红茶、球型乌龙茶等。

图7-4　定点高冲

3.定点旋冲

冲泡方法：建议于碗口的7点半处定点，煮水器壶嘴内斜与杯壁呈45°角注水，借力发力，让水呈涡流般旋转，用水流带动条索型茶叶有秩序地排序和均匀地释放内质（如图7-5所示），让角度和力度完美结合，呈现汤感的协调性、层次性、饱满度。适合冲泡条索型乌龙茶、叶型红茶等，能让茶条在水流的作用下整理得有秩序。

图7-5　定点旋冲

4.定点熏蒸

冲泡方法：定点于6点处注水，使茶叶浮在水面缓缓上升，让茶叶通过热气浸润慢慢苏醒过来，可以呈现茶汤的甘润，提升滋味的鲜灵度（如图7-6所示）。适合温润级别高、品质特征偏鲜爽的叶型茶，如年份短的高级别白茶（白牡丹、贡眉）、叶型的绿茶等。

5.覆盖式

冲泡方法：以N字形水流覆盖式注水，使茶叶不漂浮在水面，全部得以浸润，实现茶汤的协调感和饱满度（如图7-7所示）。适合温润叶型较大且轻的茶叶、紧实的块型茶等。

图7-6　定点熏蒸

图7-7　覆盖式

三、茶艺规范冲泡手法

（一）茶礼

1.鞠躬礼

（1）站姿。男士、女士的站姿均应身体正直、呼吸均匀、下颚微收、目光端正、头平直。男士双脚分开小于肩宽，左手握右手腕关节处，置于小腹部，双臂微收并放松；女士双脚脚跟并拢，脚尖打开，自然合适就好，右手握住左手，右手在上，双手放于小腹部。

（2）善礼（15°鞠躬礼）。男士双手打开放于裤线两侧，身体以胯为轴躬身15°，双臂双手保持不动，头、颈、肩、背平直，双腿直立不弯曲。女士双脚脚跟并拢，脚尖自然打开，右手握住左手，双手提放于小腹部，头、颈、肩、背平直，身体以胯为轴躬身15°，双腿直立不弯曲。

（3）恭礼（45°鞠躬礼）。男士双手打开放于裤线两侧，身体以胯为轴躬身45°，双臂双手保持不动，头、颈、肩、背平直，双腿直立不弯曲。女士双脚脚跟并拢，脚尖自然打开，右手握住左手，双手提放于小腹部，头、颈、肩、背平直，身体以胯为轴躬身45°，双腿直立不弯曲。

（4）诚礼（90°鞠躬礼）。男士双手打开放于裤线两侧，身体以胯为轴躬身90°，双臂双手保持不动，头、颈、肩、背平直，双腿直立不弯曲。女士双脚脚跟并拢，脚尖自然打开，右手握住左手，双手提放于小腹部，头、颈、肩、背平直，身体以胯为轴躬身90°，双腿直立不弯曲。

2.注目礼

目光亲善，关怀专注，以目光传达恭敬之意。于茶席间，用目光正视大家，表达尊重及关照。

3.端坐礼

泡茶前上身端坐，自然挺拔，尾骨不受压迫，脚踏实地，上身与大腿呈90°，大腿与小腿呈90°，男士双腿自然打开与肩同宽，双手握空拳自然放在双膝上；女士膝盖碰合，右手握左手，自然放于腿上。开始泡茶双手置于茶席上，右手在上左手在下，置于主泡器后面，以修持中正平衡。

4.双手礼

（1）正面双手礼：双手拿递接送，中正谦恭，并躬身行礼（善礼或恭礼）。

（2）侧面双手礼：一只手持茶具，另一只手抵在腕关节下6厘米处垂直托护，手与腕纵横交错，以示茶人的全心全意，同时行善礼。

5.奉茶礼

使用双手礼奉茶，与茶友对坐饮茶，用"正面双手礼"奉茶。与茶友坐同侧或中途添加茶汤，应使用"侧面双手礼"奉茶，以不打扰茶友为好，在茶友左侧则用左手添茶，在茶友右侧则用右手添茶，即为环抱式斟茶以完成安静服务。

6.蹲位礼

给客人奉茶时，要考虑茶桌高度，依茶桌高矮，采用优美的蹲姿。

（1）交叉式蹲姿。右脚在前左脚在后，左膝由后面伸向右侧，两腿前后靠紧，合力支撑身体。臀部向下，上身稍前倾。

（2）高低式蹲姿。左脚在前，右脚在后不重叠，两腿靠紧向下蹲，右膝低于左膝，右膝内侧靠于左小腿内侧，臀部向下，基本上以右腿支撑身体。

7.伸掌礼

伸掌礼常表示"请""谢谢"，行伸掌礼时应将手斜伸在所敬奉的物品旁，四指自然并拢，虎口稍分开，手掌略向内凹，手心要有含着小气团的感觉。行伸掌礼的同时应欠身点头微笑，讲究一气呵成。

8.谢茶礼

接受茶汤的人，在座位上以善礼（躬身15°）回礼，以表示感谢。

9.退让礼

茶师起身离席时，应正面退出座位，并示意或告知大家自己要离开，以免唐突，退行三步转身，在离开大家视线时（关门、转弯等）以正面示人，不把后背留给大家。不求他人的关注，只有对自我的要求和修习。

（二）冲泡流程

1.绿茶冲泡流程

绿茶冲泡流程如下：备具→备水→布具→翻杯→备茶→温杯→投茶→浸润泡→冲泡→奉茶→收具行礼。

（1）备具、备水（如图7-8所示）。将准备好的玻璃杯冲泡法所需用具，水壶、水盂、茶巾、六君子、茶叶罐、茶荷各1份，玻璃杯、杯垫各3份，放入大茶盘内。水壶内准备2/3沸水。将茶盘置于茶桌上，走到茶桌右侧方行45°恭礼。

图7-8　备具、备水

（2）布具（如图7-9所示）。第一，先将水壶摆放在茶席右上方，再依次摆放水盂、茶巾，与水壶形成一条斜线。第二，将六君子摆放在茶席左上方，再依次摆放茶叶罐、茶荷，与六君子形成一条斜线，两条斜线呈外八形状。第三，将杯垫摆放在茶席中间，与水壶、水盂、茶巾平行，再依次倒放玻璃杯。第四，男士双手打开与肩同宽，掌心相对，轻握空拳，先行注目礼，再行15°示意礼。女士双手叠放于中间，右手在上，左手在下，先行注目礼，再行15°示意礼。

图7-9　布具（行礼）

（3）翻杯（如图7-10所示）。自上向下依次翻杯。

图7-10　翻杯

（4）备茶（如图7-11所示）。左手取茶叶罐，开盖后在不交叉的前提下，用右手将茶叶从茶叶罐内取出置于茶荷中，双手拿起茶荷微微向外倾斜15°自右向左赏茶，赏茶过程中要与宾客进行眼神交流以示尊重。

图7-11　备茶

（5）温杯（如图7-12所示）。自上向下依次在3个杯中各注水三分满，右手持杯左手托杯底于胸前逆时针缓缓旋转一圈后弃水入水盂。

图7-12　温杯

（6）投茶（如图7-13所示）。双手取茶荷交由左手，在不越物的前提下右手取茶拨，将茶叶自上向下依次拨入玻璃杯中，茶叶平铺杯底即可，要做到每杯投茶量均匀。

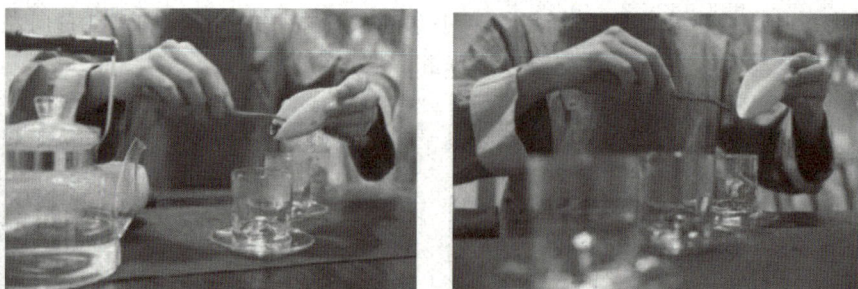

图7-13　投茶

（7）浸润泡（如图7-14所示）。逆时针注水一圈，水没过茶叶即可；右手取玻璃杯至胸前，右手持杯左手托杯底，迅速逆时针旋转摇香2~3圈。

图7-14　浸润泡

（8）冲泡（如图7-15所示）。采用凤凰三点头的方式自上向下依次注水至七分满。凤凰三点头，即高提水壶，让水直泻而下，接着利用手腕的力量，上下提拉注水，反复三次，让茶叶在水中翻动。凤凰三点头不仅是泡茶本身的需要，显示了冲泡者的优美姿态，而且是中国传统礼仪的体现。三点头像是对客人鞠躬行礼，既是对客人的敬意，也表达了对茶的敬意。

图7-15　冲泡

（9）奉茶（如图7-16所示）。将玻璃杯呈品字形放入茶盘中，依次为宾客奉上。

图7-16　奉茶

（10）收具行礼。将茶具根据茶荷—茶叶罐—六君子—茶巾—水盂—水壶的顺序依次放回茶盘内。收具后在原位行15°示意礼（头、颈、肩、背保持在同一平面，躬身15°），再到茶桌左侧行45°恭礼后将茶盘端走。

2.乌龙茶冲泡流程

乌龙茶冲泡流程如下：备具→备水→布具→翻杯→备茶→温壶→投茶→浸润泡→冲泡→润壶→洗杯→出汤→分茶（关公巡城，韩信点兵）→奉茶→闻香品茗→收具行礼。

（1）备具、备水（如图7-17所示）。将准备好的紫砂壶冲泡法所需用具，水壶、紫砂壶、茶巾、六君子、茶叶罐、茶荷各1份，紫砂品茗杯、紫砂闻香杯、杯垫各4份，放在大盛水上。水壶内准备2/3沸水。将大盛水置于茶桌上，走到茶桌右侧方行45°恭礼。

（2）布具、翻杯（如图7-18所示）。第一，先将大盛水放置于茶桌最中央，水壶摆放在茶席旁右上方，再依次摆放杯垫、茶巾，与水壶形成一条斜线。第二，将六君子摆放在茶席旁左上方，再依次摆放茶叶罐、茶荷，与六君子形成一条斜线，两条斜线呈外八形状。第三，闻香杯位置不变，将紫砂壶置于大盛水右下角位置，紫砂品茗杯置于大盛水左下角位置。第四，男士双手打开与肩同款，掌心相对，轻握空拳，先行注目礼，再行15°示意礼。女士双手叠放于中间，右手在上，左手在下，先行注目礼，再行15°示意礼。第五，紫砂闻香杯自右向左依次翻杯，紫砂品茗杯自右上角那杯逆时针依次翻杯。

（3）备茶（如图7-19所示）。将茶荷摆放在桌面上，左手取茶叶罐，开盖后在不交叉的前提下，用右手将茶叶从茶叶罐内取出置于茶荷中，双手拿起茶荷微微向外倾斜15°自右向左赏茶，赏茶过程中要与宾客进行眼神交流以示尊重。

图7-17 备具、备水

图7-18 布具、翻杯

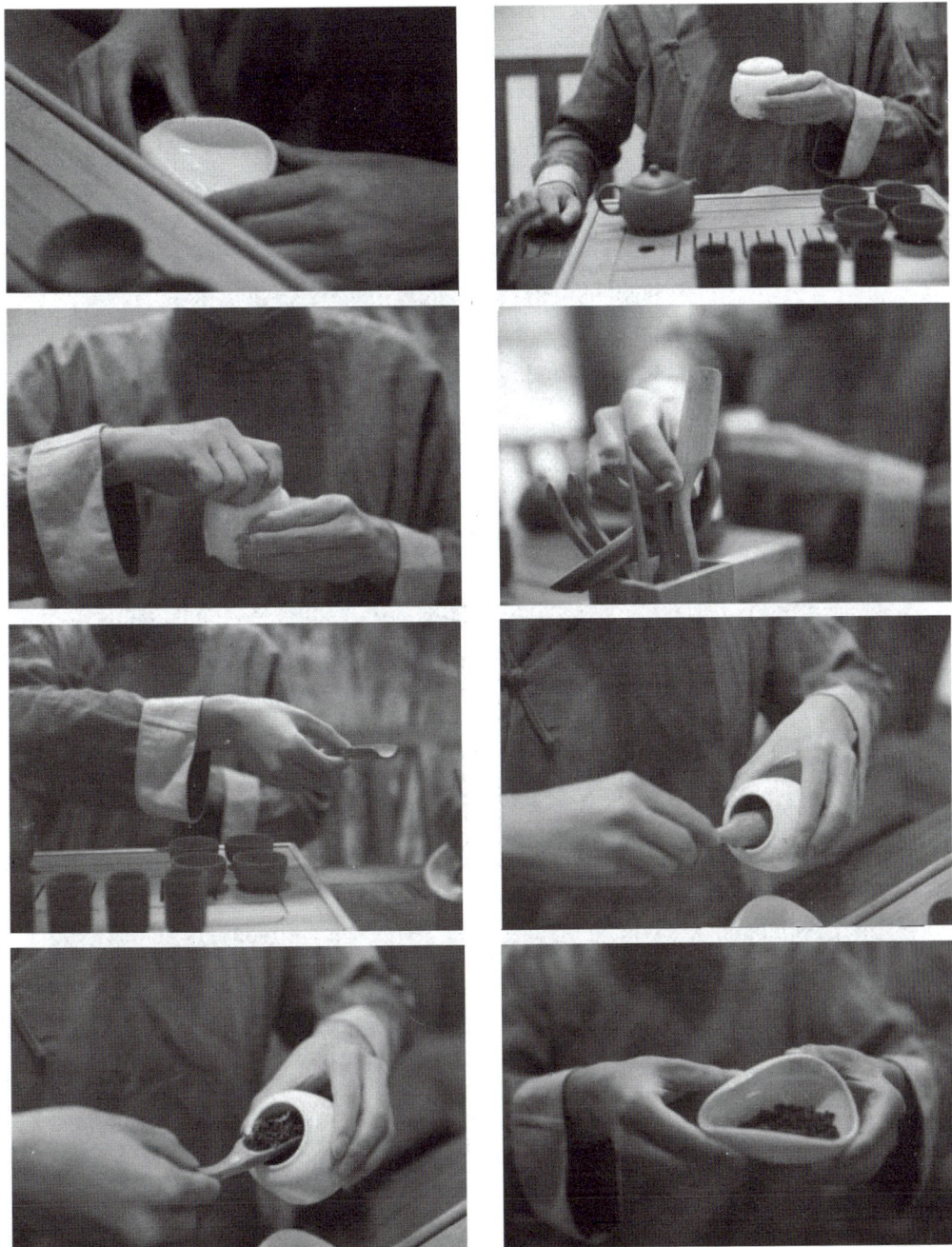

图7-19　备茶

（4）温壶（如图7-20所示）。紫砂壶开盖，定点注水，注满后从右上角开始逆时针依次注入紫砂品茗杯中。

（5）投茶（如图7-21所示）。双手取茶荷交由左手，在不越物的前提下右手取茶拨，将茶叶缓缓拨入壶内。

（6）浸润泡（如图7-22所示）。在紫砂壶内定点注水至水溢出，立即将第一泡茶汤自右向左、自左向右一个来回注入闻香杯中，剩余茶汤直接注入大盛水中。

图7-20 温壶

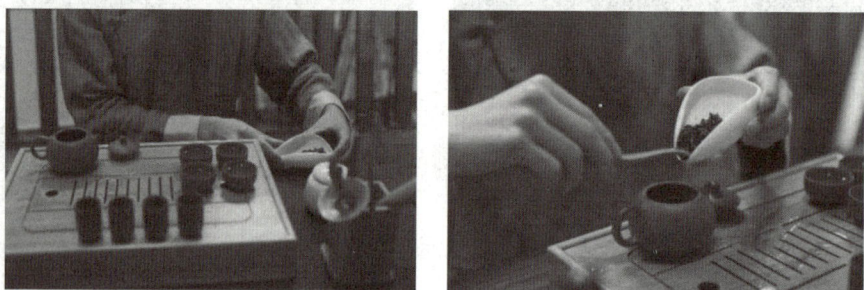

图7-21 投茶

图7-22 浸润泡

（7）冲泡（如图7-23所示）。定点在紫砂壶内注入沸水。

图7-23　冲泡

（8）润壶（如图7-24所示）。将最左侧与最右侧闻香杯同时拿起淋于紫砂壶上后归位，再将中间两杯拿起淋于紫砂壶上后归位，以提高壶温。

图7-24　润壶

（9）洗杯（如图7-25所示）。将离自己近的两个品茗杯中的水倒入前面两个品茗杯中，将品茗杯放入前面两个品茗杯中向内旋转洗杯，归位后将前面两个品茗杯按上述方法操作一遍后，将水倒入大盛水中。

图7-25　洗杯

（10）出汤（如图7-26所示）。将紫砂壶内的茶汤注入闻香杯中，自左向右再自右向左一个来回，最后几滴茶汤自左向右依次滴入闻香杯中。

图7-26　出汤

（11）分茶、奉茶（如图7-27所示）。取杯垫放于茶巾边上，再取奉茶盘置于桌面，右手取右边第1个闻香杯，左手取右上方品茗杯盖于右手闻香杯上，食指中指夹住闻香杯，大拇指按住品茗杯底部，翻转，在茶巾上略停顿后置于杯垫上，连同杯垫一起置于茶盘中（其余品茗杯以逆时针方向为顺序，闻香杯自右向左为顺序），3组茶汤以一字形摆放至茶盘内，余下1组置于大盛水中间位置，奉茶。

图7-27　分茶、奉茶

（12）闻香品茗（如图7-28所示）。奉茶后归位入座，将闻香杯缓缓旋开，双手持闻香杯，轻轻呼出浊气后闻香，再拿起品茗杯细品茶汤。

（13）收具行礼（如图7-29所示）。将茶具根据茶荷—茶叶罐—六君子—紫砂壶—水壶—茶巾顺序依次放回茶盘内。收具后在原位行15°示意礼，再到茶桌左侧行45°恭礼后将茶盘端走。

图7-28 闻香品茗

图7-29 收具行礼

3.红茶冲泡流程

红茶冲泡流程如下：备具→布具→翻杯→备茶→温器→投茶→润茶→泡茶→温杯→分杯→奉茶→收具行礼。

（1）备具（如图7-30所示）。将准备好的盖碗冲泡法所需用具水壶、水盂、茶巾、六君子、茶叶罐、茶荷、盖碗、茶漏、公道杯各1份，品茗杯、杯垫各3份，放入大茶盘内。水壶内准备2/3沸水。将茶盘置于茶桌上，走到茶桌右侧方行45°恭礼。

图 7-30　备具

（2）布具（如图 7-31 所示）。第一，先将水壶摆放在茶席右上方，再依次摆放水盂、茶巾，与水壶形成一条斜线。第二，将六君子摆放在茶席左上方，再依次摆放茶叶罐、茶荷，与六君子形成一条斜线，两条斜线呈外八形状。第三，将盖碗放置于茶桌内侧中央，公道杯、茶漏依次放置，与盖碗形成一条斜线，与水盂、水壶平行。第四，依次摆放杯垫、品茗杯，使其与盖碗呈一条直线并与茶叶罐、六君子平行。

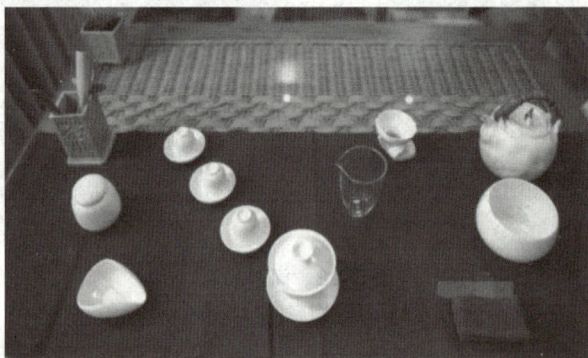

图 7-31　布具

（3）翻杯（如图 7-32 所示）。自上向下依次翻杯。

图 7-32　翻杯

（4）备茶（如图 7-33 所示）。左手取茶叶罐，开盖后在不交叉的前提下，右手将茶叶从茶叶罐内取出置于茶荷中，双手拿起茶荷微微向外倾斜15°自右向左赏茶，赏茶过程中要与宾客进行眼神交流以示尊重。

图 7-33　备茶

（5）温器（如图7-34所示）。第一，以逆时针顺序开盖，将茶漏置于公道杯上，依次在盖碗内注入1/2沸水、公道杯内注入2/3沸水；第二，将公道杯内的沸水依次注入3个品茗杯中，公道杯中留有1/3水温杯；第三，右手将公道杯取至胸前，右手持公道杯左手托住杯底，逆时针缓缓旋转一圈后弃水入水盂；第四，右手拿起盖碗，左手托住盖碗底部，逆时针缓缓旋转一圈后弃水入水盂。

图 7-34　温器

（6）投茶（如图7-35所示）。双手取茶叶交由左手，在不越物的前提下右手取茶拨，将茶叶缓缓拨入盖碗内。

图 7-35　投茶

（7）润茶（如图7-36所示）。沿着3点处向杯壁注水至七分满后立即出汤，将茶汤倒入水盂中。

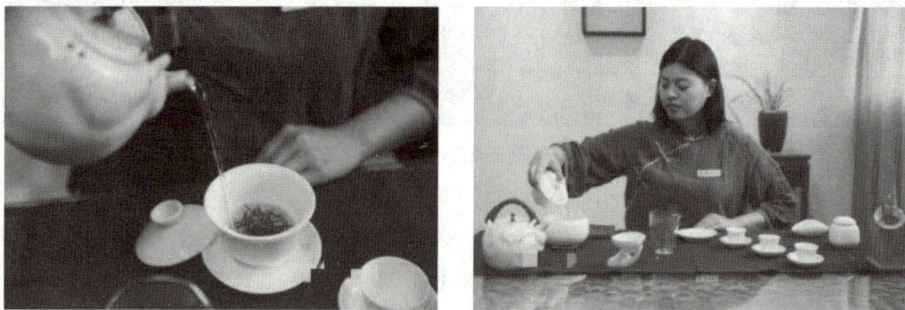

图7-36 润茶

（8）泡茶（如图7-37所示）。沿着3点处向杯壁注水高冲低斟至七分满，将茶漏置于公道杯上，出汤，取盖碗将茶汤倒入公道杯中。

图7-37 泡茶

（9）温杯（如图7-38所示）。左手持品茗杯交由右手，温杯后弃水入水盂，自上至下依次温杯。

图7-38 温杯

（10）分茶（如图7-39所示）。右手持公道杯，自上至下分茶至杯中七分满，不交叉、不越物，公道杯底切忌朝向客人。

图7-39　分茶

（11）奉茶（如图7-40所示）。将品茗杯呈一字形放入茶盘中，依次为宾客奉上。

图7-40　奉茶

（12）收具行礼。将茶具根据茶荷、茶叶罐、六君子、茶巾、水盂、水壶的顺序依次放回茶盘内。收具后在原位行15°示意礼，再到茶桌左侧行45°恭礼后将茶盘端走。

◢ 茶事趣读7-1　　　　　　　　　历代爱茶之人

　　唐代陆羽善于煮茶、品茶，耗一生之功著成《茶经》，流传千古，后世尊为茶圣。陆羽取水极为讲究，煮茶必佳泉。他将煮水分为三个阶段，即一沸、二沸、三沸，认为一沸、三沸之水不可取，二沸之水最佳，即是当锅边缘水像珠玉在泉池中跳动时取用。

　　南宋爱国诗人陆游是一位嗜茶诗人，他出生茶乡，当过茶官，晚年又归隐茶乡。陆游坎坷的经历使他晚年钟爱诗歌、书艺和茶。他写的关于茶的诗达200多首，为历代诗人之冠。陆游谙熟茶的烹饮之道，总是以自己动手烹茶为乐事，一再在诗中自述："归来何事添幽致，小灶灯前自煮茶""山童亦睡熟，汲水自煎茗""名泉不负吾儿意，一掬丁坑手自煎""雪液清甘涨井泉，自携茶灶就烹煎"。

　　明代湖州司马冯可宾一生茶壶不离手。他喜欢自斟自饮，认为只有这样才能品味出其中乐趣。即使是客人来了，他也是每人发一把小壶，任他们自饮。

现代文学家中，爱好饮茶的人颇多，其中不少人对茶文化很有兴趣。

鲁迅爱品茶，经常一边构思写作，一边悠然品茗。他客居广州时，曾经赞道：广州的茶清香可口，一杯在手，可以和朋友作半日谈。因此，当年广州的陶陶居、陆园、北园等茶居，都留下了他的足迹。他对品茶有独到见解，曾有一段著名妙论："有好茶喝，会喝好茶，是一种'清福'，不过要享这'清福'，首先就须有功夫，其次是练习出来的特别感觉。"

郭沫若从青年时代就喜爱饮茶，而且是品茶行家，对中国名茶的色、香、味、形及历史典故都很熟悉。1964年，他到湖南长沙品饮高桥茶叶试验站新创制的名茶高桥银峰，大为赞赏，写下《初饮高桥银峰》诗："芙蓉国里产新茶，九嶷香风阜万家。肯让湖州夸紫笋，愿同双井斗红纱。脑如冰雪心如火，舌不忘来眼不花。协力免教天下醉，三闾无用独醒嗟。"

当代著名文学家老舍是位饮茶迷，还研究茶文化，深得饮茶真趣。他曾这样感叹：喝茶本身是一门艺术。本来中国人是喝茶的祖先，可现在在喝茶艺术方面，日本人却走在我们前面了。他以清茶为伴，文思如泉，创作了《茶馆》，通过对旧时北京裕泰茶馆兴衰际遇的描写，反映从戊戌变法到抗战胜利后50多年的社会变迁，成为文学史上的经典之作。

资料来源　金枝芽.这些爱喝茶的都是文化人［EB/OL］.［2018-03-29］. https://www.sohu.com/a/226684864_100114687.

🦋 茶诗赏析7-1

1.佳作品读

煎茶赠履约

明　文徵明

嫩汤自发鱼生眼，新茗还夸翠展旗。

谷雨江头佳节近，惠泉山下小船归。

山人纱帽笼头处，禅榻风花绕鬓飞。

酒客不通尘梦醒，卧看春日下松扉。

2.作者简介

文徵明，初名璧，字徵明，后以字行，更字徵仲，号衡山，长洲（今江苏苏州）人。明正德末以岁贡生荐试吏部，授翰林院待诏。预修武宗实录，三年后乞归。诗、文、书、画皆工，是"吴中四子"之一。著有《甫田集》。

3.佳作欣赏

本诗通过细腻的笔触和丰富的意象，展现了诗人与友人在谷雨时节煎茶品茗、共赏春光、共悟人生的美好场景，传达出一种超脱世俗、追求心灵自由与宁静的高雅情怀。

任务二　　茶艺创编美学体现

◎ 任务导入

　　茶艺创编是一项融入了音乐、舞蹈、茶文化等多项内容，且极具表演效果的艺术展现活动。茶艺表演过程中融入了社会大众自身的情感理念和审美思维，茶艺表演的美学特征也是实现该活动最优呈现的重要诉求。一个优秀的茶艺作品是一项系统工程，既需要有一个有力的合作团队，也需要有深厚的茶艺文化底蕴，以及科学的创编设计方法。

◎ 知识探究

一、创新茶艺编创设计

　　主题是创新茶艺的灵魂。首先，主题决定了整个茶艺作品的格调，是整个茶艺的主心骨；其次，主题决定了其他茶艺要素的设计，一旦主题确定，茶、具、音乐、解说词，以及程序和操作方法等都要紧紧围绕主题来安排；最后，发展到现代，茶艺已经逐渐走上了舞台，面向广大人民群众。茶艺的作用已经不仅仅是简单地展现视觉美感和对茶汤色香味的品味，更是具备丰富和深邃的审美价值。主题是这个审美作用的主要承载者，人民群众审美的基本标准，就是外在的观赏性和内容的丰富性，从而达到深刻的思想性。

　　一个好的主题，首先，应该正确、真实，合乎社会公序良俗、道德规范，如实地反映历史、民俗等特色，表达真情实感；其次，主题要集中，即作者的意图要得以突出，这体现在择茶布局、茶艺演绎等方面；再次，要具有新颖性和创新性，注重对当下社会现实的提炼与升华，也可以表达为对传统主题与现代实事的创新性融合；最后，要注重主题的深刻性和时代精神。茶艺如果能正确地反映客观世界的本质，揭示事物的发展规律，那么其主题就是深刻的；如果能深刻地反映现实，回答时代提出的问题，那么其主题就具有时代精神。主题的深刻性、时代性与主题的新颖性、独创性是相互联系的。如作品《红船精神》（如图7-41所示），通过梅花、江山图、正红茶具等元素深刻揭示了红色主题，与传统茶艺相结合，富有新颖性，同时符合时代精神。

　　在确定好茶艺主题后，就要进行茶艺的编排设计。首先，编排设计要满足泡茶的科学功能，泡茶技艺是茶艺编排设计的核心部分，以泡茶技艺为核心，再进行有机融合与调配。如果茶都泡不好，再好的表演设计也只是形式。其次，要符合茶艺的基本特征，包含备具、备水、备茶、投茶、泡茶、分茶、奉茶、品茶等基本程序。同时，地方名茶茶艺要有地方的基本特征，少数民族茶艺要有少数民族的基本特征。再次，要融入恰当的表演艺术形式。在主题立意的呈现上，有时仅靠茶艺本身的艺术表现是不够的，可根据主题立意增加表演艺术形式，如舞台剧情、舞蹈、书法、古典乐器演奏、国画、香道、插花等，表演艺术的分量不宜过重，否则可能本末倒置。最后，应创新茶艺的表现形式，艺术化地呈现茶艺。

图7-41　《红船精神》作品

在主题立意清晰、茶艺编排设计基本确定后，接下来就是舞台设计了。常见的舞台设计包括布景、灯光、道具等，其任务是根据剧本的内容和演出要求，在统一的艺术构思中运用多种造型艺术手段，创造出剧中环境和角色的外部形象，渲染舞台气氛。

茶艺背景展示的主要目的是营造氛围、烘托主题。随着信息化技术的发展，视频技术在文化传播中的应用逐渐广泛。在创新茶艺中，仅靠舞台上的表演往往难以表现出某些主题的背景画面，从而影响观众对茶艺主题内涵的理解。因此，以主题立意为核心，挖掘主题背景，选择适当的场景，设计合理的剧情，并将其拍摄成视频作为茶艺表演过程中的背景，对提升主题表现力和舞台感染力具有重要意义。需要注意的是，视频背景只是辅助手段，而非主角。背景的切换和变化都是为了更好地辅助表现不同阶段茶艺的内涵进程，因此要特别注意视频背景与舞台中茶艺表演的相互融合，发挥其辅助作用。当然，视频背景的制作具有极佳的融合性，它可以集音乐、视频、图片、解说于一体，使得茶艺表演的实施更便捷。如作品《独钓寒江雪》（如图7-42所示），以中国水墨画为背景视频，并插入诗词，茶席中船型杯垫象征着孤舟，落花则比喻飘雪，深刻准确地烘托了主题，丰富了整个茶艺作品的表现力。

图7-42　《独钓寒江雪》作品

茶艺解说词是茶艺表演的灵魂伴侣，承载着解释说明的作用，还肩负着引导和帮助观众深入理解的重任。其语言要求通俗易懂、精练准确、表达口语化。解说词的内容可以包括主题背景文化、茶叶特点、人物风情、艺术特色以及表演者所传达的意境等多个方面。解说词的创编应具有新意，避免冗长乏味，只需要在恰到好处的时刻，以精练的言辞进行适当解读。因此，富有美感的解说词并不追求结构的完整性，而是紧扣主题、层层递进，为茶艺内涵和意境渲染起到关键性的作用。通过解说与观众产生情感共鸣，这种美感在时空上得到无限延伸，使观众仿佛身临其境，为茶艺表演营造出所需的现场氛围。

音乐是烘托情感、表达意境最有效的手段之一。音乐最容易吸引观众的注意力，引领观众进入主题所表达的境界。茶艺表演中，背景音乐扮演着举足轻重的角色，其中常见的便有中国古典名曲。这些名曲多以琵琶、古琴、古筝、洞箫、二胡等乐器独奏或合奏形式演绎，乐曲或情感细腻、委婉缠绵，或清脆圆润、空灵悠远，为茶艺表演增添了深厚的文化底蕴。如《春江花月夜》《高山流水》《梅花三弄》《湘妃竹》等古典名曲，每一首都蕴含着独特的主题与情感。《平湖秋月》以其悠扬的旋律展现了江南水乡之美，《阳关三叠》则通过深情的曲调传达了深深的思念之情。除了古典名曲，还有现代茶艺音乐，根据茶艺表演的内容、环境、类型等谱写，如《芳气满闲轩》《清香满山月》等音乐将品茶者带入茶的世界，让他们感悟茶之美、茶之韵。

二、茶艺中的美学体现

从我国茶文化体系的具体内涵及形成背景看，整个茶文化在应用过程中，实际上就是将社会大众自身的饮食生活与相关文化体系进行了深度融合。而文化机制的形成，正是社会实践具体推动的结果，也是根植于我国整体文化内涵背后的文化认同。尤其对于茶艺表演活动来说，其实际上是一项融入了音乐元素、情感内涵及思维体系的综合活动。在整个茶艺表演过程中，想要实现活动的最佳效果，需要充分注重从人文属性的成熟性和完善性入手。因此，当前在具体应用茶文化时，必须从茶文化的深层次认知出发，尤其是通过具体探究茶文化体系的多样性和包容性，从而为更好地应用茶文化资源提供基础。当然，对于整个茶文化机制来说，茶文化的出现和形成，其基础及前提是人们的具体理解与认知。结合整个茶文化体系的丰富融合属性，如果能够将具体的茶文化内涵进行挖掘，就能在大大提升茶文化元素的认知效果基础之上，丰富文化启迪，实现茶文化体系应用发展的最佳效果。茶文化是我国文化体系的成熟反映和核心所在。当然，在具体应用茶文化元素时，不能脱离必要的物质属性和精神内涵，只有构建合理完善的应用机制，才有可能真正应用好茶文化。

结合茶文化体系中茶艺元素的展现、内容及价值理念的应用特点，可以发现：融入茶文化的成熟思维和价值理念，能全面提高茶文化传播效果，深化茶文化元素的应用机制，促进茶文化体系的全面成熟发展。如茶艺表演中的舞蹈元素，能展现艺术特点和价值思维，不仅诠释美学理念，也为社会大众品味茶文化内涵提供了支撑。在茶艺表演的创新与优化中，可融入时代理念和价值内涵等元素，为探究茶艺表演形式提供有效补充。茶艺表演的交流场所是系统化发展所必需的。一场成功的茶艺表演，除了基本的场地和设备，还需要融入服装、情感等审美内容。

当前茶艺表演活动的实施状况显示，文化属性和艺术内涵是推动和提升茶文化艺术化呈现的重要因素。为推广和传承茶艺表演，需要对其内涵和发展历程进行成熟理解和全面分析，融入丰富的文化思维，以实现其最大影响力和传播价值。茶艺表演活动具有全面的、多样化的内涵，需要在多元文化背景下更好地发挥和应用其价值体系。任何表演艺术形式的发展都离不开多元要素的综合融入和展现，受政治、历史等因素影响，在特定文化氛围下形成。因此，要全面认知和理解茶艺表演，就需要对其艺术溯源有必要的了解。茶艺表演更多基于主观要素，引导人们将表演内涵、茶艺文化等与个人主观体验结合，以满足更高层次的审美需求。表演活动是情感认知和文化交流的语言体系。茶艺表演需要立足于其文化内涵和思维要素，通过情感认同和价值认同，达到最佳效果。

❤ 茶诗赏析7-2

1.佳作品读

和章岷从事斗茶歌

宋　范仲淹

年年春自东南来，建溪先暖冰微开。

溪边奇茗冠天下，武夷仙人从古栽。

新雷昨夜发何处，家家嬉笑穿云去。

露牙错落一番荣，缀玉含珠散嘉树。

终朝采掇未盈襜，唯求精粹不敢贪。

研膏焙乳有雅制，方中圭兮圆中蟾。

北苑将期献天子，林下雄豪先斗美。

鼎磨云外首山铜，瓶携江上中泠水。

黄金碾畔绿尘飞，碧玉瓯中翠涛起。

斗茶味兮轻醍醐，斗茶香兮薄兰芷。

其间品第胡能欺，十目视而十手指。

胜若登仙不可攀，输同降将无穷耻。

吁嗟天产石上英，论功不愧阶前蓂。

众人之浊我可清，千日之醉我可醒。

屈原试与招魂魄，刘伶却得闻雷霆。

卢仝敢不歌，陆羽须作经。

森然万象中，焉知无茶星。

商山丈人休茹芝，首阳先生休采薇。

长安酒价减百万，成都药市无光辉。

不如仙山一啜好，泠然便欲乘风飞。

君莫羡花间女郎只斗草，赢得珠玑满斗归。

2.作者简介

范仲淹，字希文，祖籍邠州，后移居苏州吴县（今江苏苏州）。北宋政治家、文学家。范仲淹幼年丧父，母亲改嫁长山朱氏，遂更名朱说。大中祥符八年（1015年），范仲淹苦读及第，授广德军司理参军，后历任兴化县令、秘阁校理、陈州通判、苏州知州等职，因秉公直言而屡遭贬谪。皇祐四年（1052年），改知颍州，在扶疾上任途中逝世，享年64岁。后累赠太师、中书令兼尚书令、楚国公，谥号

"文正"，世称范文正公。

3.佳作赏析

《和章岷从事斗茶歌》是一首描绘宋代斗茶盛况与茶文化精髓的诗歌。全诗以生动的笔触、丰富的想象和深邃的寓意，展现了茶文化的独特魅力与斗茶活动的热烈氛围，同时也寄托了作者的高洁情操与超脱情怀。

开篇"年年春自东南来，建溪先暖冰微开"以自然景象引入，点明时节与地域，为后文描写建溪的奇茗铺垫。"武夷仙人从古栽"一句将茶树的种植赋予了神话色彩，增强了茶文化的神秘与高雅。"新雷昨夜发何处，家家嬉笑穿云去"描绘了茶农们趁着春雷初响、万物复苏之际，满怀喜悦地上山采茶的情景。"研膏焙乳有雅制"则详细描述了茶叶制作过程中的精细工艺，体现了宋代茶文化的讲究与雅致。"北苑将期献天子，林下雄豪先斗美"揭示了斗茶活动的背景与目的，既有向皇室进贡的庄重，也有民间斗技的热烈。"黄金碾畔绿尘飞，碧玉瓯中翠涛起"以夸张的手法描绘了斗茶时的场景，茶粉飞扬如绿尘，茶汤注入碧玉瓯中泛起绿色的泡沫，形象生动，引人入胜。"斗余味兮轻醍醐，斗茶香兮薄兰芷"则是对茶叶品质的高度评价，斗茶不仅比色、比形，更比味、比香。诗中通过"众人之浊我可清，千日之醉我可醒"等句，表达了茶具有提神醒脑、净化心灵的作用，以及茶人追求的高洁情操。同时，"屈原试与招魂魄，刘伶却得闻雷霆"等典故的运用，进一步丰富了茶文化的精神内涵，将茶与古代先贤、文人墨客的高尚品德相联系。"商山丈人休茹芝，首阳先生休采薇。长安酒价减百万，成都药市无光辉。不如仙山一啜好，泠然便欲乘风飞"以对比和夸张的手法，强调了茶的独特魅力与超越世俗的价值。茶不仅超越了山珍海味、美酒佳肴，更能让饮者心旷神怡，飘然欲仙。

茶诗赏析
7-2

《和章岷从事斗茶歌》

任务三　　优秀茶艺作品赏析

◎ 任务导入

茶艺，不仅仅对泡茶者的神情、姿势、表情、服饰有严格要求，对茶具、茶汤和泡茶技法等诸多方面的艺术性和观赏性也有越来越高的要求。因此，当今的茶艺已经从生活型发展为综合型，成为一门新兴的文艺形式，其独特的形象性、感染性、自然性和艺术性吸引了一代代文人骚客。

◎ 知识探究

一、优秀茶艺作品的赏析角度

中国茶文化历史悠久、源远流长。中国的地大物博，为茶艺题材创作提供了丰富的土壤，使得茶艺主题丰富多彩。茶艺之所以能够在历史的长河中盛行不衰，正是因为它具备了形象性、感染性、自然性和艺术性的特征，使得人们在品茶的过程中不仅能够享受到身体上的愉悦，更能够在精神上得到升华和满足。

首先，茶艺艺术体现为形象美，茶艺中的颜色、香气、味道、形状、情景以及精美的茶具等，就是茶艺所展现给人们的形象之美。在品茶的过程中，人们不仅注重品茶本身带给人的愉悦，更注重品茶的环境带给人的意境以及泡茶者本身的仪态和姿势给人们所展现的形象之美。在茶艺表演过程中，表演者所呈现出的形体动作、仪态神情和高超的泡制技艺往往可以尽情地展现出茶艺的形象之美，并且可以表达出主题思想，从而进一步达到茶艺的艺术性。

其次，茶艺所传达出的艺术之美具有使人愉悦、怡情养性的感染性，与观赏者的思想情怀紧密相连。在一个优美舒适的场景中，精致美丽的茶具、沁人心脾的茶香、口齿留香的余味，甚至泡茶者娴熟优美的动作等，都以其强烈的感染性传达出茶艺之美。具有强烈主题性的茶艺表演，常常使品茶者在享受中达到诗意和哲思的双重境界，从而使身心得到愉悦、境界得到升华。

再次，一切与艺术相关的美都有其客观的存在性和自然性。具有艺术之美的茶艺同样包含很多重要的客观存在的自然元素。比如来自大自然馈赠的各种各样的茶叶、清纯可口的山泉、风景宜人的品茶环境、制作精美的茶具等，它们的自然性是茶艺艺术中一道亮丽的风景线，是营造人们所追求的融入自然、与天地共存的意境必不可少的要素。因此，在品茗过程中，越是天然质朴的元素越能给人带来品茗的乐趣，比如用新做好的竹筒充当茶杯，用清晨竹叶上的露水冲泡茶叶，在静谧美丽的大自然中饮茶等，这份真实而惬意的享受都来自茶艺中的自然之美。

表演型茶艺与其他艺术往往是相通的，随着表演型茶艺的不断发展，现已演变为以泡茶技艺为主线，广泛吸收融合舞蹈、戏剧、音乐、绘画、手工艺等多种艺术元素，具有更多表演性和观赏性的新型艺术形式。其具有更强的、更综合的、更高的艺术性，更能激发出人们对于美的追求和享受。表演型茶艺通过其独特的泡茶技艺来展示生活中的艺术情节，不仅可以学习和欣赏茶艺师的泡茶技艺，还可以在舒适优美的环境中品尝到茶水带给人们的味蕾享受。在美妙的意境中，人们常常会即兴创作出脍炙人口的诗歌或意境优美的书画作品，具有深邃隽永的韵味，这又是茶艺艺术中更高层次的艺术形式。

启智润心 7-1　　惊艳亚运的点茶绝技

2023年9月，第19届杭州亚运会隆重开幕，这是继北京和广州之后，中国第三次举办亚运会。在此等盛会中，我国的代表性符号"茶"自然也不能缺席。在开幕式当天下午的外交宴会上，组委会就向国际贵宾展示了茶品品鉴、茶艺表演，其中，宋代点茶给中外嘉宾留下了深刻的印象。

宋代点茶堪称中国饮茶艺术的巅峰，"古人客来点茶、客罢点汤，此常礼也"，这是风靡宋朝的待客之道，宋徽宗所著的《大观茶论》中就详细记载了点茶技艺。点茶的手法繁复精妙，简单来说就是将团茶碾压成末状后，置于茶盏中，一边以汤瓶注入沸水，一边用茶筅旋转击打拂动茶汤，使其泛起汤花。正因点茶的技术含量极高，引申出了以汤色、水痕、茶味为考量的斗茶竞技！宋朝民间时兴茶百戏，这是一种使茶汤纹脉形成各种物象的古茶道。在此次亚运会的外交宴会上，欣赏了茶艺师展现点茶技艺、在茶汤上作画，国际奥委会主席巴赫直呼"不想破坏这样一件艺术品"。

资料来源　懂茶帝.惊艳亚运的点茶绝技，只是茶道的冰山一角！[EB/OL]．[2023-09-29]．https://baijiahao.baidu.com/s? id=1778327198649716179&wfr=spider&for=pc.

思政元素：文化自信 文化传承

学有所悟：茶为国饮，亦为国礼。在杭州亚运会开幕式当天的外交宴会上展示中国饮茶艺术，充分体现了中华传统文化的魅力和文化自信。这让我们深刻认识到，传统文化是国家的瑰宝，我们有责任传承和弘扬中华优秀传统文化。宋代点茶作为中国饮茶艺术的巅峰，其繁复精妙的手法，展现了古人对生活品质的追求和对礼仪的重视。从点茶技艺中，我们可以学习到精益求精的精神，无论在学习中还是在工作中，都要以高标准要求自己，不断追求卓越。宋朝民间时兴的茶百戏，是一种使茶汤纹脉形成各种物象的古茶道，充满了艺术气息。国际奥委会主席巴赫对茶艺师在茶汤上作画的赞叹，让我们看到了中华传统文化在国际舞台上绽放魅力。这对我们的启示是：要培养自己的艺术修养，提高审美能力，让生活充满诗意。

"茶"作为中国的代表符号在一些重要的外交活动、重大赛事中精彩呈现。我们要从中国茶文化中汲取智慧和力量，传承中华优秀传统文化，追求卓越品质，培养竞争意识和艺术修养，以更加自信的姿态走向世界，为实现中华民族伟大复兴的中国梦贡献自己的力量。

二、优秀茶艺作品鉴赏

（一）2020 年温州市茶艺师职业技能大赛一等奖作品：《那一抹中国红》（如图7-43 所示）

图7-43 《那一抹中国红》作品

1.茶艺表演设计的主题与用意

在中国历史奔腾的浪潮中，人民群众创造了极具中国特色的文化，它蕴含着丰富的红色精神和厚重的历史文化，以及茶文化内涵。以青年茶师的自我独白和茶艺展示，辅以视频背景，展现了在伟人们带领下中华民族的崛起和复兴的画面，用红色精神激励当代青少年为理想和信念而拼搏、奋斗。

借岩茶的岩骨花香致敬并学习伟人们坚毅挺拔的品格，激励当代中国青年成为栋梁砥柱，有责任也有义务传承和弘扬红色精神，做有担当、真正勇往直前的"后浪"。

2.茶席设计理念

茶席以黑色为底，万里江山图铺垫席面，展现了大气磅礴的祖国山河。草木灰器具象征着朴实与坚定。骨肉兼具的武夷岩茶，在沸水的冲击交融下，迸发出幽幽花果香与醇厚滋味。喷薄而出的荆棘果寓意青少年怒放的青春，即使面对艰难险阻亦毫不退缩，终将收获累累硕果。

3.表演准备

茶品：武夷肉桂。

茶具：草木灰系列茶器。

音乐：《我爱你中国》。

4.结束语

"青春由磨砺而出彩，人生因奋斗而升华。"能够在最美的年华遇见最伟大的时代，能够在最伟大的时代展示最美好的茶文化，这是人生中最幸福的事。为这个伟大的时代奉上一杯好茶，祝愿祖国更加繁荣富强！

（二）2020年温州市茶艺师职业技能大赛三等奖作品：《幽幽茶香　母爱深深》（如图7-44所示）

图7-44　《幽幽茶香　母爱深深》作品

1.茶艺表演设计的主题与用意

一个人有什么样的朋友，决定了他的生活层面，也决定了他的生活品质。所以，我们一定要送给自己的孩子一个"好朋友"作为礼物，"茶"就是这样一位朋友。

一个爱茶的人，必定是一个高雅的人。孩子在习茶的过程中接受传统文化熏陶，在潜移默化中培养动手能力，学会感恩，变得细心、耐心，更懂礼貌。

这个世界的未来是孩子们的，父母可以做的是：给他们留下高雅、文明的茶文化，用茶影响孩子，让孩子影响世界。

2.茶席设计理念

年幼，孩子跟着母亲习茶，在茶香中浸润，在茶中学会做人的基本——礼仪与孝道。长大后外出求学，在千里家书中想念母亲泡的白茶，那爱的滋味……

母亲泡茶，借茶送去祝福和思念。

3.表演准备

以孩子最喜欢的白茶，配以瓷杯，淡淡的毫香蜜韵中，感受母爱的甜和暖。

4.结束语

一片叶子，一缕芬芳，一盏澄明，停在哪里都会美好，行在哪里都会快乐！

（三）2020年浙江省职工茶艺技能大赛三等奖作品：《躬耕茶事》（如图7-45所示）

图7-45　《躬耕茶事》作品

1.茶艺表演设计的主题与用意

在绵延不断的历史长河中，中华儿女植五谷、饲六畜，农桑并举、耕织结合，形成了渔樵耕读的优良传统，创造了上下五千年灿烂辉煌的农耕文化，为中华民族发展壮大奠定了万代基业。其中，天地相融的茶文化是农耕文化中一颗璀璨的明珠。以"躬耕茶事"为主题，将展示家乡传统的制作和技艺、农耕的信仰和传说、农事活动和农谚、生产的时令和节气作为视频背景，表达了"应时、取宜、守则、和谐"的农耕文化内涵，以及"清敬和美乐"的茶文化核心理念。其中所蕴含的文化基因，需要我们在文字中记录，在技艺中传承，在产业中发扬，促进人们以农为本，以和为贵，以德为荣，以礼为重。

2.茶席设计理念

秋日，在家乡耕读小院的溪流边，置以简单又不失传统的小茶桌，以黄色的茶席搭配木质配具，茶品为农耕活动中最常饮用的绿茶，以石头滩林为底，小竹筏为点缀。融入大自然中的女子，以冲泡一盏茶的时间，徐徐展开农耕文化给人带来的充满希望的、美好的景象，也体现出天地人和谐共生的农耕文化核心理念。

3.表演准备

用简单的手法冲泡5克家乡绿茶，清香鲜爽，杯香持久。

4.结束语

尊重自然，热爱自然，保护自然，借一杯家乡味百姓茶，祝愿大家花好月圆人团圆！

（四）2020年温州市茶艺师职业技能大赛二等奖作品：《乘风破浪的姐姐》（如图7-46所示）

图7-46　《乘风破浪的姐姐》作品

1.茶艺表演设计的主题与用意

古有花木兰，今有《三十而立》顾佳；体育赛场上有女排精神，娱乐综艺有《乘风破浪的姐姐》。从女性展现出的强大精神世界中，我们看到她们身上承载的光荣与梦想。在丰富多彩的世界中，女性可以展现出不同的力量，绽放出不同的精彩。

茶艺作品《乘风破浪的姐姐》以茶艺师阿和自己为人物原型，讲述阿和作为家庭主妇10年的迷茫和困惑，从一次偶然的机会遇见茶，与茶结缘，到以传播茶和茶文化为事业的历程。突破了重重困难，实现了自我价值。故事讴歌了女性自信、独立、奋斗不息的精神。乘风破浪的姐姐，树立勇敢自信、突破束缚、实现自我的价值观，宣扬当代女性力量，彰显女性魅力。

2.茶席设计理念

茶席用白色亚克力壶承烘托橙色盖碗，用透明玻璃杯呈现朝阳红茶汤的红亮。在用银器与玉表达的女性沉稳思想下，以跳动色橙色传递一种活力，展现一颗积极、蓬勃向上之心。扬帆起航的帆船与别致的手绘山水画融合，赋予女性一股新生力量。

3.表演准备

茶品选用平阳朝阳红。朝阳红外形乌润细紧显毫，恰似成熟有韵味的知性女子，内敛有张力，淳朴有灵性；滋味甘醇甜和，茶汤红亮，柔软见芽，浅尝"她"，于茶香氤氲中感悟一个女人的美好时光。

器具选用纯手工柴烧陶盖碗、柴烧陶水盂、陶烧水炉、银茶叶罐、银壶。

4.结束语

无论身处何种境地，只要勇于追求梦想，敢于挑战自我，就能在人生的旅途中乘风破浪，绽放出属于自己的光彩。

茶课视频
7-2

《品著青春
悟道人生》
茶艺表演

茶课视频
7-3

《追根溯
源——红
茶》茶艺
表演

知识巩固 👆

一、选择题

1.茶艺的主要内容是（　　）。

A.泡茶和饮茶　　　　　　　　　B.表演和欣赏

C.评比和鉴赏　　　　　　　　　D.选茶和鉴别

2.倒茶时不能溢出茶水，以免烫伤客人，做到每人茶水量一致，以示公正平等，茶水倒（　　）分满。

A.五　　　　　B.六　　　　　C.七　　　　　D.八

3.红茶茶艺茶具不包括（　　）。

A.品茗杯　　　　B.闻香杯　　　　C.盖碗　　　　D.茶海

4.以下叙述错误的是（　　）。

A.先将大盛水放置于茶桌最中央，水壶摆放在茶席旁右上方，再依次摆放杯垫、茶巾，与水壶形成一条斜线

B.将六君子摆放在茶席旁左上方，再依次摆放茶叶罐、茶荷，与六君子形成一条斜线，两条斜线呈外八形状

C.将六君子摆放在茶席旁右上方，再依次摆放茶叶罐、茶荷，与六君子形成一条斜线，两条斜线呈外八形状

D.紫砂闻香杯自右向左依次翻杯，紫砂品茗杯自右上角那杯顺时针依次翻杯

二、判断题

1.陆羽《茶经》中指出：其水，用矿泉水上，溪水中，井水下，其溪水，拣乳泉石池急流者上。（　　）

2.公道杯也称"茶海""茶盅"。用公道杯分茶，每只茶杯分到的茶水一样多，以示一视同仁。（　　）

3.摆杯具的时候要注意细节、有关怀；客人到来后，茶具必须摆放整齐。（　　）

4.泡茶前询问客人喜欢喝哪类茶，奉茶时，用手指托住杯底和杯身1/3以下部分。（　　）

5.男士双手打开与肩同宽，掌心相对，轻握空拳，先行注目礼，再行45°示意礼。（　　）

在线测评
7-1

知识巩固

三、简答题

1.简述品饮茶艺的冲泡步骤。

2.优秀的茶艺作品具有哪些特质？

实践训练 📝

一、实训任务

五人一组进行品饮茶艺生活冲泡。

二、实训步骤

在茶艺实训室布好茶席，选择合适的冲泡器皿进行品饮茶艺生活冲泡。

三、实训评价

实训评价见表7-1。

表7-1　　　　　　　　　　　　　　　实训评价表

序号	鉴定内容	考核要点	配分	评分标准	扣分	得分
1	仪表及礼仪	①发饰整洁典雅；②服饰整齐，与该套茶艺文化特色协调；③自我介绍注重礼貌用语	10分	①发饰杂乱扣2分，发饰欠整洁扣0.5分；②服饰很普通扣2分，服饰尚整齐欠协调扣0.5分；③不使用礼貌用语扣1分，尚注意使用礼貌用语扣0.5分		
2	茶类品质特点介绍、推介及茶艺介绍	①茶类品质特点介绍表述准确；②茶品推介语言柔和；③茶艺程序熟悉、介绍内容完整	10分	①茶艺程序步骤介绍不完整，语言表达差，扣5分；②茶艺程序步骤介绍基本完整，内容欠详，扣3分；③茶艺程序步骤介绍完整，语言欠柔和清晰，扣2分		
3	茶具配套、摆放技能	①茶具配套齐全、准备利索；②摆设位置正确、美观	20分	①茶具准备错乱，准备不充分，扣3分；②主要茶具配套齐全，准备基本充分，扣2分；③茶具配套齐全，准备基本充分，扣1分；④摆设位置欠正确，欠美观，扣3分；⑤摆设位置基本正确，欠美观，扣2分；⑥摆设位置正确，尚美观，扣1分		
4	择水	根据茶性，选择和掌握好沏泡用水及水温	10分	①水质符合饮用标准，取水时手法正确卫生，动作不优美正确扣2~5分；②水温不当扣3~6分		
5	茶艺演示	①演示程序顺畅完成；②演示动作表现得当，体现艺术特色	40分	①未能连续完成，中断或出错3次以上，扣15分；②能基本顺利完成，中断或出错2次，扣4分；③能不中断地完成，出错1次，扣3分；④演示动作表现平淡，缺乏艺术感，扣6分；⑤演示动作表现基本适当，尚显艺术感，扣5分；⑥演示动作掌握适当，较显艺术感，扣3分		
6	茶汤质量	茶汤品质发挥得当	10分	①茶汤色、香、味不佳扣2~4分；②奉茶时茶汤过量、温度过凉扣2~4分		
	合计		100分			

注：考评满分为100分，90~100分为优秀，80~89分为良好，70~79分为中等，60~69分为及格。

8

项目概述

　　本项目深入探索茶艺空间设计的精髓与美学赏析的奥秘，通过系统学习茶空间的基础理论、历史脉络以及中、日、韩三国茶空间美学的独特差异，构建全面的茶空间设计知识体系。同时，聚焦于茶席设计的每一个细微之处，解析其构成要素，使学生能够灵活运用美学原理，创作出富有意境的茶席空间作品。

项目目标

知识目标
1. 了解茶空间的定义。
2. 掌握茶空间的发展历程。
3. 掌握茶席的来源、设计内容和元素。
4. 了解传统茶文化背景下茶空间设计的概念。

能力目标
1. 能够自主设计适应不同场景的茶席。
2. 能够分析茶艺空间设计中蕴含的美学思想。

素养目标
1. 具有创新品质，培养工匠精神。
2. 培养对茶空间设计的欣赏水平。

任务一　　中、日、韩茶空间美学

◎ 任务导入

　　随着历史的变迁和人们生活品质的提高，茶已成为人们的生活必需品以及精神食粮，人们也越来越关注与茶文化相关的各类活动及空间。了解中、日、韩各个国家的茶空间设计，是现代茶室空间设计的一项重要研究内容。

◎ 知识探究

一、茶空间的定义

　　对于茶空间的定义，学术上其实有严格的界定。就目前的研究现状，茶空间，广义上是指具有茶文化内涵的，或室内或室外，由茶文化元素构成的空间，这也是传统意义上的茶空间。它既包括生活中的茶空间，也包含具有一定审美意义的茶空间。一个具有审美性的茶空间，要具备"茶文化内涵"，是"人工布置"的，由"茶文化元素"构成，具有"审美意味"，这几项要素缺一不可。更重要的是，这个空间是一个具象的、可视的、可触摸的实际空间。这种说法得到了大家的一致认同。

　　茶空间还有另一种解读，即一种虚拟的心灵的茶文化空间，是充分发挥了人的想象，以意念和意境组成的，有着丰富的茶文化元素符号的神奇的另类空间。这样的虚拟空间与前述的实景空间互为映衬、虚实相济，使得茶空间的理念更加耐人寻味，发人深思。

　　广义上讲，凡是具有茶文化元素的空间都可称为茶空间，可见茶空间涵盖的范围极为广泛。现实生活中的茶空间品类繁多、多姿多彩，很难对其做出一个模式化的规定。通常来说，与茶相关的空间有大有小，有方有圆；有开放有私密，有通透有封闭；不同的民族、不同的地域会呈现出不同的风格流派，不同的饮茶习惯也会形成具有独特个性的文化空间等。表8-1对茶空间的分类及生活实例进行了简单的概括。

二、中国茶空间发展历程

　　现实生活中的茶空间，随处可见。传说中神农氏于山野之中日遇七十二毒，遇随风中飘落的茶叶落入口中，嚼之解毒；达摩禅定为驱睡魔，割下眼皮，变成茶树，继而日食茶叶醒神的境况，都是最早的传说中的茶空间。之后，如种茶制茶的过程、饮茶问茶的习俗等，都充实了茶空间的内容。

　　从先秦两汉时的"烹茶尽具""武阳买茶"到三国时吴国君主孙皓密赐韦曜以茶代酒，再到唐代煎煮茶事、宋代斗茶、明代茶冲泡，乃至清代茶摊、茶肆、茶馆的蓬勃发展，都为茶文化的广泛传播与茶空间的缤彩纷呈注入了鲜活的血液，市井宫廷、文人贵客对茶的钟爱从不同的角度促进了整个茶空间的发展与完善。

表 8-1　　　　　　　　　　　　　茶空间的分类及生活实例

分类			生活实例
现实空间	场所	室内	茶馆、办公室、居家、教室
		室外	园林、广场、庭院、露台
	状态	动态	品饮、表演、移动
		静态	陈列室、装饰、博物馆、商店
	功能	审美功能	表演性：茶艺表演、冲泡服务、教学示范
			参观性：展览、陈列
		实用功能	生活性：冲泡品饮
			经营性：茶叶店、茶具店、茶馆、茶厂、展销会
	风格	民族风格	汉族、白族、藏族
		地域风格	国度：中国、日本、韩国、英国
			地域：四川、云南、浙江、北京
虚拟空间	意念	听	悉煮水声、泡茶声、饮茶话茶声而思境
		闻	闻到茶香而想象
		读	读到文中字句心中构画
		梦	梦中思茶，脑中浮想

在古代诗文中，茶空间的情景比比皆是。柳宗元诗云："日午独觉无馀声，山童隔竹敲茶臼。"陆游诗云："细啜襟灵爽，微吟齿颊香。归时更清绝，竹影踏斜阳。"苏轼诗云："敲火发山泉，烹茶避林樾。"可见，为与茶性的冲淡、清和相投合，古人饮茶特别讲究环境之清幽，尤其崇尚一种"野趣"，或处竹木之阴，或会泉石之间，或对暮日春阳，或沐清风朗月。

南宋爱国诗人陆游作有一首《临安春雨初霁》，诗中"小楼一夜听春雨，深巷明朝卖杏花"一联脍炙人口。其中还有一联是与茶有关的："矮纸斜行闲作草，晴窗细乳戏分茶。"

周作人在《雨天的书·自序一》中写道："在江村小屋里，靠玻璃窗，烘着白炭火钵，喝清茶，同友人谈闲话，那是颇愉快的事。"他在《喝茶》一文中，又这样写道："喝茶当于瓦屋纸窗下，清泉绿茶，用素雅的陶瓷茶具，同二三人共饮，得半日之闲，可抵十年的尘梦。"读这样平和冲淡的文章，想象在这"江村小屋"里、"瓦屋纸窗"下品茶的意境，让人悠然神往，这样一种由意境而生的心灵空间，也可将之视为茶空间。

在国外，英国的"下午茶文化"很有名。英国著名作家乔治·吉辛在其作品《四季随笔·冬之卷》中，对下午茶和茶会、礼仪等景象都有精彩描述："我一天的光明时刻之一，便是下午散步后稍稍疲倦了回来，脱掉靴子，换上拖鞋，将户外的上衣挂起来，换上舒服、家庭常穿的短衣，坐在深深的软扶手椅上，端着茶盘，或者在喝茶的时候……现在，随着茶壶的出现，浓郁的香味飘然吹进我的书房里面，多么美妙啊。第一杯带给我心中怎样的安慰，以后则怎样从容不迫地啜饮啊；在寒冷的雨中散步之后，它带来的是怎样的温暖感啊！同时看着我的书籍和图画，安然品味着拥有它们的幸福。"这样的温馨情景欲隐还现……那一刻的一丝闲情逸致，在吉辛笔下淡淡描述而来，英国下午茶的美好空间，在他的描述下，栩栩如生，宛如就在眼前。又如英国作家约翰·普里斯特利，他的作品中也曾多次提到茶，在《住房问题》中表现艺术家设计的房子包括了喝茶时的周边环境，而且哪些人不能请来喝茶也是要考虑的，以免大煞风景。"我们自己的房子有极大的魅力……因而我们就可以围坐在修剪过的草地上或老橡树的枝柯下一起喝茶""黄昏开始拉上窗帘，点起明亮的炉火，端出茶和作为茶点的松饼……炉火在愉快的脸上闪烁，室内一切温暖舒适，室外风吹雨打，惬意，无忧无虑，啜饮我们足以忘忧的茶，吃我们的热奶油莲子"。还有《英国纪行》中的描述，"我在一个画室办的咖啡馆里喝茶，这是一间有趣的高雅小屋，陈列着一些小古董……一个风景如画的茶室"等，都为我们展示了英国下午茶优美舒适的饮茶空间与意境。

　　画作中的茶空间更是不胜枚举：古代文人聚会，在吟诗作对的同时，往往少不了品茶，而在一般老百姓的日常生活中，茶叶扮演着重要的角色，因此茶经常是入画的题材。品茶的地方如果挂上一幅应景的画，可以营造出一种清静的品茶意境。中国古代有不少以茶为题材的绘画，其中唐代作品居多。《萧翼赚兰亭图》是非常有名的中国古代茶画，被认为是中国乃至世界历史上第一幅表现茶文化的丹青，为唐代大画家阎立本所作。关于这幅茶画还有一个非常有趣的故事背景。这张画上展示的故事，发生在云门寺。云门寺前身为王献之故居，王羲之的《兰亭集序》真迹也曾长期保存在此。王羲之的第七代孙智永曾在这里出家为僧，创出书法"永字八法"。智永有个徒弟叫辨才，也是有名的书法传人，智永弥留之际将《兰亭集序》传给辨才。唐太宗李世民爱此稀世之宝，明知求不得，就派心腹御史萧翼化装混入云门寺，设计从辨才手中盗此帖，交给唐太宗。画面中，老僧辨才坐于禅椅中，正与萧翼侃侃而谈，毫无戒备，而萧翼则将头微低，双手笼袖，暗中算计；坐于其中的那位僧人，双眉紧锁，似露狐疑；画中有一老者蹲坐于风炉前，炉火正红，锅内茶汤将沸，老者左手执锅柄，右手持茶夹，正在搅动茶汤，一侍童双手端茶托茶碗，正待锅内茶汤盛碗向宾主奉茶。炉边竹几上置有茶托、茶碗和一个碾茶的茶轮、一个盛末茶的罐。此画的主题虽不在茶事，却仍不失为一幅生动反映唐代饮茶生活的绘画作品。这样的一桩书法传奇，置于烹茶背景之下，实在是一幅十分吸引人的场景，足显唐代煮茶风情。

　　近代著名漫画家丰子恺先生也曾画过一些茶画，如《人散后，一钩新月凉如水》：简陋的茶楼，临窗一角的小方桌上，只有一把茶壶，三只茶杯，却不见一个茶客。窗外的天上，一钩新月，茶桌上布满清辉，一派寂静的景象。画茶楼茶具而不画一个茶客，正是丰子恺的高明之处，留给读者无限联想的空间。真有"此时无声胜有声"的妙处，不著一字，尽得风流，妙在画外有画。一钩新月，半卷竹帘，人去楼空，茶烟未散。寥寥数笔，却将那一种凄清怅惘之感表达得淋漓尽致。欣赏这样一幅茶画，似乎可以想象在月下倚栏观赏新月，手持清茶一杯闲谈，夜深了，人散去的场景。

茶画鉴赏
8-1

《萧翼赚兰亭图》

茶画鉴赏
8-2

《人散后，一钩新月凉如水》

这些都是现实生活中茶空间的真实写照。从这些字里行间、画作墨迹，可以想见茶之清韵高致，也让我们领略到了各种让人产生无限遐想的茶空间。《茶店一角》说到底就是一种意境。其最是讲求物（包括茶、水、具）、境（环境、空间）、人（心境、心态）的浑然一体。它包含的不仅仅是静态的、室内的、自然界的、人为的、天然的、符号的物化艺术空间，更重要的是作为茶文化空间中的主体——人的状态。物我两忘、天人合一的状态，才是茶文化最终的结点，才是一种不言的大美。假如从动态的、活动的角度考虑，生活中还存在着一种移动中的茶空间，如观光游船上、飞机上、火车上等，这类茶空间是随性的、不受空间和时间限制的，当然也是动静结合之另类空间。车外风景的动与车内茶席的静、茶人泡饮的动与茶人内心的静无不是茶空间新的韵致。

三、中、日、韩茶空间美学的区别

唐宋可谓中国茶文化的第一个黄金期，尤其是经由唐代的发展，宋代茶文化已有较完备的体系，不过那时还未出现专门的茶室、茶寮，文人茶雅集多在林园之中举行，但对饮茶的环境已有了一定追求和说法，如欧阳修有句："泉甘器洁天色好，坐中拣择客亦嘉。"苏轼亦言："禅窗丽午景，蜀井出冰雪。坐客皆可人，鼎器手自洁。"总之，水品、茶器、天气、丽景、佳客、好茶，缺一不可，这些标准对后来明代文人茶事乃至现今茶事都有深远影响。

明代废除团饼，推广叶茶后，茶文化进一步普及开来，现在很多学者将明代称为中国茶文化的"文艺复兴"时期。明代文人十分注重饮茶空间的雅致化，以拥有一间自己的茶室为尚，次之，也要在书斋边置一茶寮，供品茗、清坐之用。饮茶空间中还要有配合的花木、奇石、茶果、挂画、焚香等。

从书画中可看出，宋人喜欢多人茶会，如宋徽宗赵佶的《文会图》，而明人往往是一人独饮，或三两知己共饮，伴以评书论画，如明人唐寅的《品茶图》。这可能也和空间的变换有关，室内空间变小，自然是"客少为贵，客众则喧，喧则雅趣乏矣"（明代张源《茶录》）。

不过明朝尽管已有茶室的出现，但以茶为主题的绘画中多数背景仍是在室外，可见中国古代文人还是不愿囿于一室之内，故宫博物院所藏《明人煮茶》茶画，就是在墨竹芭蕉下烹茶。唐寅、丁云鹏的茶画所绘，也都与晚明茶人所主张的"茂林修竹、小院焚香、清幽奇观、名泉怪石"的品茗环境相契合。

日本茶室则很不一样，一定是一间小屋，模仿禅寺的简单纯净，还要有专门的"露地"使其与外界隔绝。茶室内的陈设也与中国传统的对称美学理念很不一样，而是会刻意回避重复，造成一种不对称、不完满，希望人们用自己的想象力完成对称完满的过程，深受禅道两家影响。在茶室中要遵循一整套程序，安静喝茶，观乎己心。不仅是茶，日本文化似乎很喜欢走"自技而进乎道"的道路，如茶道、花道、剑道，喜欢收敛、深入、关注自身，是一种内省的文化。

再看中国，相比之下，则是明显的"大陆性格"。中国的文化是发散的、包容的，乐于交流的。于茶，更多注重茶的感官享受与审美，而不太注重以之载道，只以其作为感悟生命、修禅悟道、格物致知的凭借。不管是"柴米油盐酱醋茶"，还是"琴棋书画诗酒茶"，中国的茶总是一种生活方式，有烟火气息的，不似日本茶道的克制和寂然。中国的茶空间也不似日本是独立的，而是与自然平等对话的，将自己作为自然的一部分，将自然作为世俗的一部分，不隐山林隐于市。

韩国茶文化起源于中国，是两国文化交流的结晶，因茶而产生的品茗空间蕴含着共同的茶文化元素，又体现了各自的民族特性。韩国茶空间得益于僧人、贵族和商旅的推动，是一种自上而下普及的高雅文化。韩国室外茶空间融入了本民族的花郎精神，是一种崇尚自然、有着积极价值观的文化空间；韩国室内茶空间恪守儒家礼教，是一种仪式感很强的品茗空间。中韩古代品茶空间体系均体现了儒家思想。中韩寺院茶空间，都追求素雅，以茶清修，体现佛教思想；同时，都注重人与自然的关系，体现道家思想。中韩室内茶空间的功能都可分为待客空间和独处空间两种形式：待客空间主要有厅堂和阁楼，体现儒家的世俗会客茶礼；独处空间主要有精舍和茶屋，是个人精神的安放之所，体现儒家的慎独思想。中韩室外茶空间的儒道侧重点不同：中国自然品茗空间，以道家思想为核心，体现遁世情怀；韩国自然品茗空间，偏重儒家思想，体现入世情怀。中国文士喜欢在高山流水中，蕴养性灵之美；韩国文士喜欢在高台望月中，彰显青云之志。一个平和，一个励志，体现了中韩室外品茗空间的侧重点不同。中韩茶空间中儒家与佛教的关系不同：中国文士茶画，通常在文士的茶空间中，加入佛教和道教名人，通过文士与方外高人的交往，体现茶文化的张力和文雅，实现儒茶的道化；韩国文士茶画，很少涉及佛道人物，体现韩国品茗空间中儒与佛关系的疏远。总之，中韩两国一衣带水，在政治、经济、文化上都有很深的渊源。两国茶文化深受儒释道思想的影响，造就古代品茗空间的构成要素相似，只是在侧重点上有所不同。

中、日、韩的茶文化虽各有所长，但究其根本，是东方文化中的儒、释、道三家的哲学思想构建了其框架，体现了东亚文化中的社会之理解、艺术之品位、生命之安顿，在日常生活中解答生命的意义。

🍵 茶事趣读8-1　　　　　贡茶得官

北宋徽宗时期，宫廷里的斗茶活动非常盛行，上有所好，下必甚焉。为满足皇帝大臣们的欲望，贡茶的征收名目越来越多，制作也越来越"新奇"。《苕溪渔隐丛话》中记载：宣和二年（公元1120年），漕臣郑可简创制了一种以"银丝水芽"制成的"方寸新"。这种团茶色如白雪，故名"龙园胜雪"。郑可简即因此受到宠幸，官升至福建路转运使。

后来，郑可简又命其侄千里赴各地山谷搜集名茶奇品，发现一种叫"朱草"的名茶。郑可简便将"朱草"拿来，让其子待问去进贡，果然也因献茶有功而得官职。当时有人讥讽说"父贵因茶白，儿荣为草朱"。

郑可简等儿子荣归故里时，大办宴席，热闹非凡。宴会期间，他得意地说"一门侥幸"。此时，侄子千里因"朱草"被夺正愤愤不平，立即对上一句"千里埋怨"。

资料来源　佚名.茶事典故——贡茶得官［EB/OL］.［2017-11-23］. https://www.sohu.com/a/206264029_232738.

茶诗赏析 8-1

1.佳作品读

与元居士青山潭饮茶

唐 灵一

野泉烟火白云间，坐饮香茶爱此山。

岩下维舟不忍去，青溪流水暮潺潺。

2.作者简介

灵一，姓吴氏，人称一公，广陵人。初隐麻源第三谷中，后居若耶溪云门寺，从学者四方而至，又曾居余杭宜丰寺。与朱放、强继、皇甫冉兄弟、灵澈为诗友，酬倡不绝。著有诗集一卷，《文献通考》传于世。

3.佳作赏析

此诗极其富有意境与气韵，其所蕴含的唯美、高旷、清雅、幽远、宁静，令人为之神往。心有自然，则眼里尽是自然。心有悠然，则茶里尽是悠然。白云、青山、小溪、岩石、湖水、小舟、炉烟、茶香、暮色。陶醉其中，醺然不知身何处。山水之乐，尽在闲适与幽远。"野泉烟火白云间，坐饮香茶爱此山。"此句极为明确地阐述了唐代茶道思想的通天大道，就在回归自然之中。唐代禅茶流派的茶道境界，确实已令人高山仰止。唯美的诗句，展现了山水之间的煮茶幽趣，令人不禁沉醉其间。

茶诗赏析
8-1

《与元居士
青山潭
饮茶》

任务二 茶席设计与美学赏析

◎ 任务导入

弘扬茶文化与茶席设计有机结合是现代茶室空间设计的一项重要研究内容。茶席设计，需从主题、茶类、器具、环境、空间氛围等诸多方面进行构思与考量，确定其功能规则，通过艺术呈现，表达其美学内涵。无论是将茶席"物"化还是"事"化，赋予其文化内涵和人文主题之时，皆应体现茶席在空间中的故事性和艺术性，使参与者产生情感上的共鸣，从而更好地体现"天人合一"的哲学思想和茶道理念。

◎ 知识探究

一、茶席的来源与概念

"茶席"这一概念最早的雏形可以追溯到唐代茶圣陆羽的《茶经》、明屠隆《茶说》著作中的描述。"茶席"这一确定名词的出现，还应该是在乔木森先生于2005年出版的《茶席设计》一书中："所谓茶席，就是以茶为灵魂，以茶具为主体，在特定的空间形态中，与其他的艺术形式相结合所共同完成的一个有独特主题的茶道艺术组合整体。"近年来，"茶席"得以兴起，从当今的茶文化会展及其他与茶相关的活动来看，"茶席"融合了茶道及茶艺表演的形式而展开，并且有了更多的表现形式和内容。

由此可见，茶席不等同于茶室、品茗环境、饮茶场所，而是其中特定及不可缺少的一部分，我们应该将茶席与品茗空间区分开来，不要混为一体。

二、茶席设计内容与元素

茶课视频
8-1

茶席美学

茶席设计是由不同的要素组合构成的，同一个主题的茶席，由于布席人的生活经历、文化背景及思想性格等方面的差异，在进行茶席设计时会选择不同的构成要素，但基本上应包括茶品、铺垫、茶器、插花、焚香、挂画（背景）、玩赏摆件、茶人这八大要素。

茶席设计，贵在创意。构思前期需用心谋划，在满足实用功能的前提下追求形式美感，实用与形式不可孤立分割，茶席设计营造的空间及其衍生出的形式美感必须服务于功能。一席具有灵魂与文化内涵的茶席需要慎重选择和精心设计，从主题的确选、茶类的选择、器具陈列和环境的关系、空间氛围的营造等诸多方面进行构思与考量，确定其基本形式和功能规则，通过艺术的方式呈现出来，同时表达茶席设计的美学内涵。

（一）主题的确选

茶席的主题是灵魂，主题的选择直接影响到观者与茶客的意识倾向，好的主题需要进行多方面的思考和提炼。例如，以季节为主题的茶席设计，会以季节内代表的花卉、水果、植被等为设计元素进行茶席设计，也可以该季节内的节气为代表的茶品为设计元素；以集会为主题的茶席设计自古也有，如宋徽宗赵佶在《文会图》中就描绘了宋代文人墨客集会的盛大场面，其中就有茶席和茶事服务的内容；现代茶席设计，也有结合当下时事政治及社会热点提炼主题的，如以"勿忘初心""海峡情缘""游子"等为主题的茶席设计，切合时代背景，通过艺术化的表达来延展茶文化的美学内涵。

（二）茶叶品类的选择

茶，是茶席设计的主体，所有器具的选择和陈列均为茶而服务。因茶而产生的设计理念，是茶席设计中不可或缺的重要元素之一，因此茶叶品类的选择也是极其重要的。例如，在黄茶展示中，以十大名茶之一的"君山银针"为主体，结合"黄茶之乡"——湖南岳阳的地域文化特点展开，将"洞庭水""岳阳楼"等地理文化素材和"娥皇女英""香妃竹""柳毅井"等历史典故融入其中，提高了茶本身的价值，并且赋予了茶一定文化和地域内涵，从而在茶席及茶会活动中凸显茶重要的价值。中国是世界茶叶的原产地，从而种类丰富，茶文化源远流长，人们通常将茶叶分为六大类：白茶、青茶（乌龙茶）、黄茶、绿茶、红茶、黑茶。茶叶因产地、制作工艺的不同，而产生诸多形态、色彩和香味。不同品类的茶叶因其本身的特性不同，需要用不同的器具进行冲泡，因此茶叶品类对整体茶席主泡茶具和辅泡器具的选择有着至关重要的作用，再加之赋予的主题理念，才得以形成独特韵味的茶席。

（三）茶器具的陈列

茶器具的选择和陈列在茶席设计中有着举足轻重的作用，根据整体环境空间的关系，适合采用什么形态的器具，其大小、体量、色彩都非常关键。在满足基本功能和规则形式的前提下，如何以美的形式陈列茶器具是极其重要的。中国是礼仪之邦，茶礼也影响着茶席功能布局的各个形态，在茶器具陈列的同时也要遵循茶礼仪的规则，有主有次、有前有后、有高有低地进行，并且结合空间环境，既要突出主体又要有所融合。

（四）空间的营造

茶席设计不能脱离空间而存在，在有相对空间环境需求的前提下进行茶席设计，必须考虑该茶席与空间环境的关系。一方面，要考虑到该茶席空间环境的布局、体量、形态、色彩、风格以及该空间的文化艺术氛围，是否可在现有空间环境的条件下进行；另一方面，对该空间的可变性做考量，在满足基本需求的同时，结合茶席设计的主题、主体做空间上的氛围营造。例如，北京茶室结合场所周边环境来做空间环境营造，用不同类型的聚乙烯空心砖来创造良好的采光环境，并营造出柔和的禅意空间；同时，在空间结构上又运用传统中国造景艺术，使故宫远景融入其中；在茶席设计上也采用了传统宫廷结构的茶具及茶器相互呼应，与整体环境与意境相协调。

茶课视频 8-2

茶席赏析

三、茶席作品美学表达

茶，是传承数千年的物质及精神文化产物，茶席设计在文化传承与文化体验等方面必须尊重其内涵与美学的意境表达。茶席设计的主体是"茶"，在此可视为"物"，也可视为"事"。当以"物"为主体设计时，则主要从体量、形态、色彩、味道等方面考量，以突出其为"物"时的基础几何、美学设计关系；当以"事"为主体设计时，则需要考量其文化内涵、艺术体现以及人文关系等。因此，无论是将茶席的主体"物"化还是"事"化，当赋予茶席一定的文化内涵和人文主题之后，就应着重体现茶席在空间中的故事性和艺术性，这样才能让人产生情感上的共鸣，从而体现传统哲学的"天人合一"思想和茶道理念。

🍵 启智润心 8-1　　　　　　　　**中国茶席文化溯源**

茶席文化自古就有，可以追溯到晋代。晋代文学家左思在《娇女诗》中描写了居家日常煮茶的场景，说明茶席在晋代已具雏形。

真正意义上的茶席，出现在唐朝。陆羽的《茶经》把唐人从茶的药用、羹饮时代，带入了品茶清饮的新境界。在茶具方面，他提出了"青瓷益茶"的理念，规范了茶席的形制，如"若座客数至五，行三碗；至七，行五碗"。此时，中国的茶礼、茶道开始形成。这得益于唐朝盛世，万国来朝，诗人辈出，许多文人雅士对茶文化进行悟道与升华。人们对饮茶环境和茶席背景的选择，已经开始注重竹林、松下、名山、清涧等宜茶的幽境。

宋人会把一些艺术品摆在茶席上，插花、焚香、挂画与茶一起被合称为"四艺"，常在各种茶席间出现。宋代茶具多采用茶盏。黑釉茶盏的烧制在宋代得到了极大的发展，茶和茶器互相烘托，像一场舞台设计。当时的茶席已经将茶饮活动设计得符合茶的自然属性，并且具有一定的艺术境界。

明代朱元璋下诏废掉团茶后，茶席构架和器具也发生了翻天覆地的变化，茶席布置由华丽繁复趋向隐逸清净。在文徵明自绘的《品茶图》里：草席内两人对坐品茗，上置一壶两杯，童焗火煮茶，后有茶叶罐。这是一幅文人茶会图。茶室简朴清静，傍溪而建，没有富丽堂皇，芳草屋反映茶室的俭朴。在那时就有人提出了"茶壶以小为贵""茶杯适意者为佳"的实用理念。人们于庭院、竹荫、蕉石前，插花、煮水、烹茶、焚香，这些都充分体现了明人饮茶，更加注重空间的审美与趣味。

茶，雅俗共赏，包罗万象，尤其在现今时代，更是见仁见智。在茶席的布置上，每个人的理解和感悟不同，一百个人就有一百种茶席风格。

资料来源　景素.中国茶席文化溯源［EB/OL］.［2018-10-24］. https://www.sohu.com/a/271013217_471285.

思政元素：和　敬　廉　美

学有所悟：茶席文化源远流长，自古代便与人们的日常生活紧密相连。从最初的实用性质，逐渐发展为一种融艺术、文化、礼仪于一体的综合性活动。茶席不仅是泡茶、喝茶的地方，更是一个融合了茶道精神、礼仪规范、审美追求的文化空间。茶席的设计、布置、泡茶过程等，都体现了茶文化的深厚内涵和独特魅力。茶席是对中华优秀传统文化的传承和弘扬，有助于深入了解和学习茶文化，增强文化自信心和民族自豪感。通过茶席，我们可以更好地领略中华文化的博大精深，感受中华优秀传统文化的独特魅力和时代价值。茶席涉及多个领域的知识和技能，如茶文化、艺术审美、礼仪规范等，通过茶席设计、泡茶实践等活动，我们可以提高动手能力、创新能力等；茶席中蕴含的茶道精神、礼仪规范等，有助于我们树立正确的价值观和人生观，领悟到"和、敬、廉、美"的茶道精神，以及尊重他人、谦虚有礼、勤劳节俭的优秀品质，从而在日常生活中践行这些价值观。

（一）以"物"为主体设计的空间美学表现

现今大多数以"茶"为名的茶室、茶馆等文化空间，过度追求浓厚的艺术设计氛围，缺少对茶的主题思想以及茶席设计的基本诉求的表达，没有与茶客产生精神沟通与契合，因此只能呈现出基本的物理组合形态；与之对应的茶席设计因其艺术形式所体现的文化、艺术价值具有不确定性，所以在茶室空间中只能体现体量、形态、色彩、味道等表面上的"物"化。

茶席设计中的体量，指的是茶席在茶室空间中的体量大小，所占空间的具体尺度及给人带来的尺度感。茶席的组成内容繁多，不仅在二维平面中体现，也有对器具的位置、尺度等要素的三维构建。形态，则包含了整体布局的排列组合方式，以及器具选择的基本形态，于"物"中的器具形态及组合形式要注意整体性，且不能过于规整，主泡茶具与辅泡器具互相呼应又各具特色，既要体现出茶的特征，也要体现出与该空间环境的关系。色彩指的是整体茶席的配色，如果过于杂乱，则无法体现其在空间环境中的特殊性。味道，可以是香道、花道在茶席设计中的体现，整体茶席设计的主体是"茶"，则茶味是根本，焚香味、花香味均为次，不能使其盖过茶本身的味道。以"物"为主体的茶席设计不能舍弃根本，更不能为"摆"而"摆"，否则会丧失了茶席的灵魂及其艺术文化内涵。

（二）以"事"为主体设计的空间美学表现

单纯的茶室空间，即狭义的茶席；广义的茶席，应是根据当下茶室空间环境的具体情况，具有主题且有内容地展开的设计活动，即需要与环境和主题相结合。以"事"为主体的茶席设计主要从文化内涵、艺术体现以及人文关系上做考量，赋予茶席以丰富的内涵和一定的美学艺术属性，如此才能使茶席有叙事性，茶客才能在良好的品茶氛围中感受茶的滋味，品味茶文化的美学内涵。茶文化的美学内涵是由与茶相关的各元素构成的具有主题、内容的视觉艺术表达，通过整体茶席的设计与茶室空间氛围的营造，使茶客能感受其所表达的主题性与艺术性，这是茶席设计的关键所在。在与茶空间环境相协调的同时，把主题性、故事性的内容通过茶叶的选择、整体茶席用品布局设计、茶器具的选择与搭配、与主题相关的艺术品合理且美观的布置陈列，直观展现给茶客，使茶客感受到茶席主体与茶室空间环境内所呈现出来的意境与寓意。空间美学表达在茶席设计中是重点，它依托茶室空间设计，与空间环境相辅相成。

如今，茶席的运用早已突破了茶人圈，进入到收藏、设计等诸多领域。茶席不单单是一种文化艺术形式，也是一种思想情感的表达方式，是人与物、人与人交流的媒介。从唐代的注重实用，到宋代的注重气氛，再到明清的注重艺术，乃至如今的注重和谐，中国茶席集生活的实用性和艺术的欣赏性于一体，将"美"与"用"高度融合，很好地诠释了茶席美学即生活美学这一美的真谛，为人们提供了一种对美的陶冶与教化的氛围。

随着茶文化研究的不断深入，茶席设计日益为广大爱茶人士所喜爱并不断加以创新，进而挖掘其更深的文化与艺术价值。新的技术与理念的广泛应用，将茶席的实用性能和美学价值推向了更高的阶段和境界。但不管茶席的构成要素怎样千变万化，其最终目的都是为人服务的，只有兼具实用性与艺术美的茶席，方可称之为一个完美的茶席。

♪ 茶事趣读8-2   白居易与茶

白居易，字乐天，号香山居士，他不仅是著名的现实主义诗人，而且是饮茶的行家。他对自己的烹茶技艺十分自信，从他《谢李六郎中寄新蜀茶》的诗中可以得到印证，其他诗中也多处提到茶与酒、琴的关系，如"琴里知闻唯渌水，茶中故旧是蒙山""醉对数丛红芍药，渴尝一碗绿昌明"等。

白居易终生、终日与茶相伴，早饮茶、午饮茶、夜饮茶、酒后饮茶，有时睡下还要品茶。他爱茶，每当友人送来新茶，往往令他欣喜不已。《谢李六郎中寄新蜀茶》中云："故情周匝向交亲，新茗分张及病身。红纸一封书后信，绿芽十片火前春。汤添勺水煎鱼眼，末下刀圭搅麹尘。不寄他人先寄我，应缘我是别茶人。"收到红纸包封的新蜀茶，白居易立即添水煮茶尝新，并写诗致谢友人，同时也不忘自夸是识茶之人。这既可看到他收到友人寄来的新茶时的兴奋心情，也可从"不寄他人先寄我"的句中看出两人之间深厚的情谊。此外从"食罢一觉睡，起来两瓯茶"（《食后》），"游罢睡一觉，觉来茶一瓯"（《何处堪避暑》），"尽日一餐茶两碗，更无所要到明朝"（《闲眼》）等诗中可知，茶已经成了白居易生活的必需品，"醒后饮茶"似乎成了白居易的一种生活习惯。

　　白居易任杭州刺史期间，是他生活最闲适、惬意的时刻，由于公事不忙，遂能"起尝一瓯茗，行读一卷书"，独自享受品茗、读书之乐。而"坐酌泠泠水，看煎瑟瑟尘。无由持一碗，寄与爱茶人"，说明诗人欲以好茶分享好友。在杭州任内，他迷恋西子湖的香茶甘泉，留下了一段与灵隐韬光禅师汲泉烹茗的佳话。白居易以茶邀禅师入城，"命师相伴食，斋罢一瓯茶"。韬光禅师则不肯屈从，以诗拒之："山僧野性好林泉，每向岩阿倚石眠……城市不能飞锡去，恐妨莺啭翠楼前。"白居易豁达大度，亲自上山与禅师一起品茗。杭州灵隐韬光寺的烹茗井，相传就是白居易与韬光禅师的烹茗处。白居易晚年已无意仕途，遂辞官隐居洛阳香山寺，每天与香山僧人往来，自号香山居士。"鼻香茶熟后，腰暖日阳中。伴老琴长在，迎春酒不空。"诗人在此暮年之际，茶、酒、老琴依然是与他长相守左右的莫逆知己。

　　资料来源　佚名.文人与茶——中国茶文化［EB/OL］.［2020-08-21］. https://baijiahao.baidu.com/s?id=1675601200898083696&wfr=spider&for=pc.

▶ 茶诗赏析 8-2

1.佳作品读

尝茶和公仪

宋　梅尧臣

都蓝携具向都堂，碾破云团北焙香。

汤嫩水轻花不散，口甘神爽味偏长。

莫夸李白仙人掌，且作卢仝走笔章。

亦欲清风生两腋，从教吹去月轮傍。

2.作者简介

　　梅尧臣，世称宛陵先生，北宋著名现实主义诗人。皇祐三年（1051）始得宋仁宗召试，赐同进士出身，为太常博士。经欧阳修举荐，为国子监直讲，累迁尚书都官员外郎，故世称"梅直讲""梅都官"。曾参与编撰《新唐书》，并为《孙子兵法》作注。梅尧臣给后世留下了很多著作，其诗文被编为《宛陵集》60卷，收录于《四库全书》。

3.佳作赏析

　　这首诗通过对品茶过程的细腻描绘，展现了诗人对茶的喜爱与享受。首句"都蓝携具向都堂"写出了主人公都蓝带着茶具前往都堂的场景，暗示了品茗的正式与雅致。接着，"碾破云团北焙香"描绘了茶叶经过精心研磨，散发出浓郁的香气，犹如云雾般缭绕。"汤嫩水轻花不散"进一步描述了茶汤的质地，轻盈而花香四溢，即使在水中泡开，茶叶的形态依然保持完整。"口甘神爽味偏长"，诗人强调了茶汤的口感，让人感受到茶的甘甜和提神醒脑的效果。诗人将自己与唐代诗人李白和卢仝相提并论，暗示自己的品茶之乐不亚于这些文人墨客。最后两句"亦欲清风生两腋，从教吹去月轮傍"表达了诗人品茶后的畅快感，仿佛清风拂过，带走了疲劳，甚至有飘然欲仙之感，意在说明茶带来的不仅是口舌之享，更是精神上的愉悦。整首诗语言简洁，意境深远，充分体现了诗人对茶艺的热爱和对生活的细致体验。

茶诗赏析
8-2

《尝茶和公仪》

茶室设计与美学赏析

◎ 任务导入

我国茶文化历史悠久，而茶艺是我国传统茶文化的重要组成部分之一。茶艺中不仅蕴含了丰富的艺术特色和思想内涵，而且传达了丰富的美学思想。茶艺不仅能有效提升茶文化的审美价值，还能使人们在品茶和饮茶过程中得到良好的情感领悟，思考生命的真谛。这些特征也给现代设计美学的形成和发展提供了重要的启示，只要全面领悟茶艺美学思想内涵，并将其应用到现代设计美学中，就能帮助人们设计出具有良好美学价值的物品。

◎ 知识探究

一、茶空间设计的意义

茶艺中所谓的空间环境其实就是指品茗场所，茶艺的环境包括外部环境和内部环境两种。在古代，为了营造更好的外部茶艺空间环境，人们都会很慎重地选择一些植物来营造环境，所选择的植物在一定程度上反映了茶空间的品位。古时，人们在品茗的时候，很多人都会选择用竹子和松来营造环境，竹子和松向来给人一种气节之美。另外，除了注重对植物的选择之外，人们还比较注重追求外部的环境之美，比如幽雅的寺观丛林之美、淳朴的山野自然之美、宁静的都市园林之美以及朴素的农家田园之美。只要品茗的人心中有茗，并且十分热爱生活，在大自然的生活中就会发现很多好的品茗场所，能够给品茗之人带来独特的品茗体验，也就是茶空间设计的意义。

二、传统茶文化对茶室设计的影响

（一）茶室的环境营造

在"天人合一"等传统茶文化思想的影响下，长久以来我国的茶室在环境选择上特别注重自然之美。当然，这个"自然之美"并非单纯指把茶室建在青山绿水中，而是说把更多的自然元素注入到茶室之中。首先，茶室往往会闹中取静，即便外边是车水马龙的市井场景，但是会通过影壁、假山、游廊等物体的巧妙布局，让人一旦踏入茶室所处的院落，便有一种回归自然的感觉，仿若瞬间离开了嘈杂尘世。其次，有的茶室采取敞开式风格，或是一间草堂，或是一个亭子，周围栽种上些许竹子、松树、兰花等代表清雅高洁的植物，便能凸显出茶文化的自然之美。

（二）茶室的内部空间布局

传统的茶室主要分为两种。第一种是简单的并联式排列，这是最为简单也最为常见的茶室空间布局。古香古色的建筑分为上下两层：一层为大厅，并排放着些许茶桌；二层是雅座。这种茶室在装饰上以明清风格为主，家具则多为红木，颜色偏重深红色。第二种是L形空间布局形式，各个茶室通过走廊相互衔接，并设有偏门，能够自由出入。与第一种相比，这种茶室更加富有灵活性和私密性。以上所说的两种茶室空间布局大多为茶馆所用，至于私人所设茶室，则更加富有情趣，更加多样化。有的是在屋内设立茶室，有的是在屋外设立茶室，譬如亭子、草屋，甚至是水面上的小船内，诸如此类，不一而足。

（三）茶室的装饰风格和道具摆列

我国的传统茶室，大多讲究和追求那种朴素、自然、深沉、寂静的禅宗境界。在色彩上，多以素雅为主，如白色或者黑色，其中点缀着与大自然相关的绿色等颜色，一般颜色不超过三种，看上去一目了然，简约大方。这反映出来的是茶文化中源于自然、回归自然的精神。在道具摆放上，也以精简为主，不追求华丽的家具，而是要适度、恰当，适可而止。一张简约的桌子，几个椅子，桌子上放着一套茶具，墙上挂着字画，茶室内根据主人的品位，在恰当的位置放上一盆花，这就可以是一个最常见的茶室。这体现的是茶文化中的儒家思想，中庸和谐而不过分。

三、现代茶室空间设计

首先，在设计理念上，应当依据我国传统茶文化，把"天人合一"的茶道精神和中庸和谐的儒家思想贯穿始终，同时要结合一些新的建筑材料和空间设计理念，从而丰富茶室的功能布局，创造出能够满足饮茶者精神追求的环境空间。此外，应当依据茶文化的理念，提倡简约、朴素、淡雅以及清新的风格，既要有传统茶文化的精神沉淀，又要体现一些新的时代气息。

其次，在空间布局上，要根据不同的功能和不同饮茶者的喜好，来进行不同的分区。如果情况允许，功能区可以分为茶室、茶亭、茶廊等。设置茶亭是因为很多饮茶者喜欢在露天的环境里饮茶，因此这个功能区不可或缺。茶室的功能设计应当科学而合理，可以分成煮茶区和饮茶区两个区域。煮茶区不能像饭店的后厨一样隐蔽而杂乱，恰恰相反，应当置于比饮茶区更加显著的位置。因为煮茶的过程是茶文化的体现，它的整个环节都可供人欣赏品味。所以，应当在大厅或者走廊上设置煮茶区，并根据需求来增加茶艺表演以及一些古典乐器弹奏等项目。饮茶区一是要注重私密性和安静，二是要在物品配置上满足饮茶者对煎茶、品茶的不同需求。另外，在空间布局上还要注重开敞空间的运用。从大厅通往水池的侧面，以及茶廊和部分茶室应当适度采用开敞空间，一是为了增加采光度和通风性，二是可以让不同环境进行渗透和交流，扩展空间的外向性，达到对景和借景的目的。

灯具和灯光的选择也很重要。不同的照明设计可以营造出不同的环境氛围，并直接影响饮茶者的心境。在茶室的照明设计上，应当采用自然照明与人工照明两者结合的方式，根据不同的茶室环境设计不同的采光口。同时，要注重采光口的角度和透光材料的选择，以此来增加茶室的艺术性和趣味性。

另外还要注重对家具的选择及设计。在家具的选择上，应当摒弃那种复杂浮华的样式，而是选用简约、大方的风格。在家具材质上，尽量选择竹木或者布艺材料，增加与自然的贴近度。在装饰设计上，尽量不选用瓷砖等材料，多选用天然大理石、花岗岩、水磨石、木地板等，一方面增加室内的自然柔和度，另一方面也能达到耐腐蚀和耐磨的效果。

最后要说的是茶室内部对茶具和装饰物的选择。要根据中国传统茶文化的精神内涵，增加一些竹、石、清泉、植物等代表大自然的景观。譬如说，可以用鹅卵石铺路，在窗台放上茅草，在窗外栽上几棵竹子等。通过这样的巧妙设计和物品放置，让饮茶者仿若置身于世外桃源般的环境里，在饮茶的过程中，感悟到中国传统茶文化的思想精髓，获得心灵上的平静。

四、茶艺美学思想对设计美学的启示

我国传统茶艺不仅包含了丰富的美学思想，还具有高超的艺术设计技法，因此其对现代设计美学发展有重要的启示作用。

（一）茶艺符号对设计美学的启示

现代符号学理论认为，符号的两个基本要素为能指（符号的形式）和所指（符号的含义）。其中，能指是指人们能看得见和摸得着的实物符号，且这些符号能够给人们带来良好的感官和审美体验。所指是指人们通过对特定题材和内容中的符号的解读，理解其内涵和意义。根据这个理论我们可知，现代符号设计美学的最好体现是茶艺美学思想与中国传统文化的有机融合，并且在各种茶艺设计中发挥重要基础作用的是符号设计中的神话意义。纵观我国以往的茶器设计，便是由具有美学思想的符号设计组合而成的，茶器之所以能给人们提供深刻的审美体验和丰富的思想感悟，主要在于其在壶身、色彩、造型等方面进行了各种各样的符号设计，使其成为一个符号的集合体。人们通过视觉感受茶器的材质、色彩等，获得不同的心理暗示和情感体验。现代人们之所以那么喜爱陶瓷茶器，主要是因为茶叶与水是自然之物，茶器的材质也来自大自然。三者均吸收自然气息与自然融合，不仅能形成天然的茶水，还能使人们在品茶和饮茶的过程中，感受自身与自然生命的亲近。由此可见，作为一种符号文化，茶器具有明显的符号，不仅能通过各种各样的外在美学表象，将丰富的茶艺美学思想和茶文化特色体现出来，还能使人们在品茶过程中通过茶艺美学思想中的自然美、器物美、禅之美及人生美，深刻地感悟生命和艺术的魅力，从而不断提高自身的审美能力和意境。

（二）茶艺情感对设计美学的启示

美的物品能够使人们获得良好的视觉享受，却难以使人们获得身心的享受和愉悦，这是因为该物品只是被赋予了外在的美，而没有被赋予情感意义。这就犹如设计美学，如果只是一味地追求外在设计美，就难以设计出值得人们留恋的物品或工艺品。在前文所述的四种茶艺美学思想中，茶艺中的人生美是其美学思想的重要内容，也是茶艺美学思想情感价值的集中体现。茶艺之所以具有人生美，主要是因为人们在品茶和饮茶的过程中能够体会茶的情感意境和思想内涵，还能感受人生的味道。可见，饮茶是一种与人生体会相融合的过程，能给人们提供丰富的情感体验，这是饮茶成为一项极具审美价值的活动的主要原因。因此，在现代的美学设计过程中，为使设计出的产品具有极高的审美价值，获得更多人们的喜爱，需要充分将产品设计与人们的情感领悟、人生体验融合，使产品附加的情感意义更加丰富，这样才能达到引发人们情感共鸣和青睐的艺术设计效果。在产品美学设计过程中进行情感美学设计的方法有很多，其中最简单和有效的方法就是适度退化产品，使其存在的情感印记更强，从而给人们无限的回忆和留恋，使其成为一个具有良好美学价值的物品。

🍃 **茶事趣读8-3**　　　　　　　　　　浮生若茶

　　一个屡屡失意的年轻人慕名寻到老僧释圆，沮丧地说："像我这样的人，活着也是苟且，有什么用呢？"释圆听后什么也不说，只是吩咐小和尚："施主远途而来，烧一壶温水送过来。"

　　少顷，小和尚送来了一壶温水，释圆老僧抓了一把茶叶放进杯子里，然后用温水沏了，放在年轻人面前说："施主，请用茶。"

　　年轻人呷了两口，摇摇头说："这是什么茶？一点儿茶香也没有呀。"释圆笑笑说："这是名茶铁观音啊，怎么会没有茶香？"

　　释圆又吩咐小和尚说："再去烧一壶沸水送过来。"沸水送来后，释圆起身，又取一个杯子，撮了把茶叶放进去，稍稍朝杯子里注了些沸水。年轻人俯首去看，只见那些茶叶在杯子里上下沉浮，一丝细微的清香袅袅溢出来。年轻人禁不住欲去端那杯子，释圆忙微微一笑说："施主稍候。"说着便提起水壶朝杯子里又注了一缕沸水。年轻人再俯首看杯子，见那些茶叶沉沉浮浮得更杂乱了，同时，一缕更醇更醉人的茶香在禅房里轻轻弥漫。释圆如是地注了五次水，那一杯茶水沁得满屋生香。

　　释圆笑着问："施主可知同是铁观音，为什么茶味迥异吗？"年轻人思忖着说："一杯用温水冲沏，一杯用沸水冲沏。"

　　释圆笑笑说，用水不同，则茶叶的沉浮就不同。用温水沏的茶，茶叶轻轻地浮在水之上，没有沉浮，怎么会散逸它的清香呢？而用沸水冲沏的茶，冲沏了一次又一次，茶叶沉沉浮浮，就释出了它春雨的清幽，夏阳的炽烈，秋风的醇厚，冬霜的清冽。

　　是的，浮生若茶。我们何尝不是一撮生命的清茶？而命运又何尝不是一壶温水或炽热的沸水呢？茶叶因为沸水才释放了深蕴的清香；而生命，也只有遭遇一次次的挫折和坎坷，才能留下一脉脉人生的幽香！

　　资料来源　佚名.浮生若茶［EB/OL］.［2021-07-31］.https://www.unjs.com/zuowen/zuowenwang/20180719000008_1687626.html.

🍃 **茶诗赏析8-3**

　　1.佳作品读

谢朱常侍寄贶蜀茶剡纸二首（其一）

唐　崔道融

瑟瑟香尘瑟瑟泉，惊风骤雨起炉烟。

一瓯解却山中醉，便觉身轻欲上天。

　　2.作者简介

　　崔道融，唐代诗人，自号东瓯散人，荆州江陵（今湖北江陵县）人。早年曾游历陕西、湖北、河南、江西、浙江、福建等地，后入朝为右补阙，不久因避战乱入闽。僖宗乾符二年（875年），于永嘉山斋集诗500首，辑为《申唐诗》3卷。另有《东浮集》9卷，为入闽后所作。

　　3.佳作赏析

　　这首诗通过品茶这一日常行为，巧妙地融合了自然美景、人生哲理与诗人内心的情感体验，展现了一种超脱世俗、追求精神自由与升华的高尚情怀。

首句"瑟瑟香尘瑟瑟泉",以叠词"瑟瑟"开篇,既营造出一种细腻而微妙的触感,又赋予了香尘与泉水以生动的形态。香尘可能指的是茶香在空气中弥漫的细微颗粒,与清澈潺潺的泉水相呼应,形成了一幅清新雅致的画面。这里,"瑟瑟"二字不仅描绘了自然景物的轻盈与灵动,也暗含了诗人内心的宁静与平和。次句"惊风骤雨起炉烟",笔锋一转,将画面从宁静转向了动荡。惊风骤雨的到来,似乎打破了原有的宁静,但诗人并未因此感到惊慌或不安,反而以"起炉烟"这一细节,展现了他在风雨中依然从容不迫、继续品茶的闲适态度。炉烟的升起,不仅象征着生活的延续,也寓意着诗人在逆境中依然保持内心的宁静与坚定。第三句"一瓯解却山中醉",是整首诗的关键转折。诗人在山中或许因美景、因思考而沉醉,但一杯香茶的滋味,却让他瞬间清醒过来。这里的"解却山中醉",既指身体上的酒醉或沉醉被茶所解,更指心灵上的迷惘与困惑被茶的清香与哲理所启迪,达到了一种超脱与觉醒的状态。末句"便觉身轻欲上天",则是诗人内心感受的直接抒发。在品茶之后,他仿佛感受到了一种前所未有的轻松与自在,身体变得轻盈,心灵也得到了极大的释放与升华,以至于产生了"欲上天"的奇妙幻想。这种幻想,既是对茶之魅力的高度赞美,也是诗人对超越世俗、追求精神自由境界的向往与追求。

茶诗赏析 8-3
《谢朱常侍寄贶蜀茶剡纸二首(其一)》

知识巩固

一、选择题

1.以中国古色古香为蓝本,摆有八仙桌、太师椅、张挂名人字画、陈列古董工艺品等,反映中国文人家居特色的茶室,在装修风格中属于(   )。
A.乡土式   B.厅堂式   C.庭院式   D.仿古式

2.在唐朝已出现将(   )整合的娱乐活动。
A.挂画、插花、焚香、品茗   B.赋诗、作文、习字、品茗
C.练剑、击拳、擒拿、饮酒   D.作画、书法、抚琴、对弈

3.(   )是最为简单也最为常见的茶室空间布局。
A.并联式排列   B.L形空间布局形式
C.串联式排列   D.仿古式布局形式

4.茶器具的选择和陈列在茶席设计中有着举足轻重的作用,根据整体环境空间的关系,适合采用什么形态的器皿,其(   )、体量、色彩都非常关键。
A.重量   B.大小   C.高度   D.宽度

二、判断题

1.茶艺技师的技能要求之一是能够主持茶艺馆的主题设计,布置不同风格的品茗室。   (   )
2.茶室插花风格以清丽为主,器具与花卉素材的选择宜简不宜繁。   (   )
3.唐朝中期的茶人张源在其《茶录》一书中单列"茶道"一条,记载:"造时精,藏时燥,泡时洁,精、燥、洁,茶道尽矣。"   (   )
4.茶的最大实用价值是作为药材。   (   )
5.现代符号学理论认为,符号的两个基本要素为能指(符号的形式)和所指(符

在线测评 8-1
知识巩固

号的含义）。 　　　　　　　　　　　　　　　　　　　　（　　　）

三、简单题

1.简述茶艺馆装修的主要类型及其特点。

2.中国茶空间发展经历了几个阶段？

3.中、日、韩茶空间有什么异同点？

4.茶艺馆设计有哪些要点（原则)?

实践训练

一、实训任务

以3~4人组成一个小组，每个小组进行茶艺馆品茗区域布置。

二、实训步骤

1.小组分工，在学校茶艺社团场地进行模拟品茗区域布置，根据自身的理解在方寸之间打造舒适实用的茶空间；

2.各小组选派1名代表进行汇报。

三、实训评价

实训评价见表8-2。

表8-2　　　　　　　　　　　　　　实训评价表

考评教师		被考评小组	
被考评小组成员			
考评标准	内容	分值	得分
	环境整洁清爽，让人宁静放松	20分	
	营造出自然、静谧的氛围	20分	
	茶空间的色彩、灯光运用合理	20分	
	茶具茶席搭配合理，体现美的意境	20分	
	格调高雅，融入传统文化或有创新创意	20分	
合　计		100分	

注：考评满分为100分，90~100分为优秀，80~89分为良好，70~79分为中等，60~69分为及格。

参考文献

[1] 赵利民.茶经实用图鉴 [M].北京：光明日报出版社，2016.

[2] 九天书苑.茶道常识全知道（图解应用版）[M].北京：中国铁道出版社，2013.

[3] 陆羽.茶经 [M].昆明：云南人民出版社，2011.

[4] 杨涌.茶艺服务与管理实务 [M].2版.南京：东南大学出版社，2012.

[5] 徐传宏.茶百科 [M].北京：农村读物出版社，2006.

[6] 茶道茗哥.新手学茶道与茶艺 [M].哈尔滨：黑龙江科学技术出版社，2018.

[7] 张星海，许经伟.读懂中国茶 [M].北京：中国轻工业出版社，2022.

[8] 赵佶.大观茶论 寻茶问道 [M].南京：江苏凤凰科学技术出版社，2022.

[9] 盖拉德.DK茶叶百科 [M].沈周高，张群，李大祥，译.北京：科学普及出版社，2023.

[10] 王岳飞，周继红，陈萍.中国茶文化与茶健康 [M].杭州：浙江大学出版社，2023.